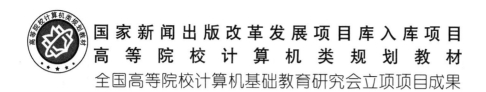

国家新闻出版改革发展项目库入库项目

高 等 院 校 计 算 机 类 规 划 教 材

全国高等院校计算机基础教育研究会立项项目成果

Oracle 数据库应用与实训教程

（第 2 版）

肖 璞 黄 慧 编著

U0161813

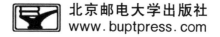

北京邮电大学出版社
www.buptpress.com

内 容 简 介

Oracle是目前很流行的数据库开发平台,拥有较大的市场占有率和众多的用户,是大型数据库应用系统的首选后台数据库系统。本书根据作者多年讲授数据库等课程和开发应用程序的经验,在参考Oracle原版手册和国内外同类图书的基础上,从实用性角度出发,以Oracle 19c版本为例深入浅出地介绍了数据库的基础知识、Oracle数据库的体系结构、Oracle数据库的应用与管理等知识,并且在实训环节设计了基础与验证型、设计与开发型、研究与创新型的多层次实验内容。

本书内容丰富,注重实训,可作为大中专院校相关课程的教材和参考书,也适合Oracle数据库管理员、数据库开发人员、数据库初学者及其他数据库从业人员阅读。

图书在版编目(CIP)数据

Oracle数据库应用与实训教程 / 肖璞,黄慧编著 . -- 2 版 . -- 北京 : 北京邮电大学出版社,2023.1
ISBN 978-7-5635-6859-8

Ⅰ. ①O… Ⅱ. ①肖… ②黄… Ⅲ. ①关系数据库系统 Ⅳ. ①TP311.132.3

中国国家版本馆 CIP 数据核字(2023)第 001903 号

策划编辑:马晓仟　　**责任编辑**:王小莹　　**责任校对**:张会良　　**封面设计**:七星博纳

出版发行:北京邮电大学出版社
社　　址:北京市海淀区西土城路 10 号
邮政编码:100876
发 行 部:电话:010-62282185　传真:010-62283578
E-mail:publish@bupt.edu.cn
经　　销:各地新华书店
印　　刷:唐山玺诚印务有限公司
开　　本:787 mm×1 092 mm　1/16
印　　张:15.75
字　　数:414 千字
版　　次:2016 年 6 月第 1 版　2023 年 1 月第 2 版
印　　次:2023 年 1 月第 1 次印刷

ISBN 978-7-5635-6859-8　　　　　　　　　　　　　　　　　　　　**定价**:42.00 元

· 如有印装质量问题,请与北京邮电大学出版社发行部联系 ·

前　言

为了反映数据库应用的新成果和新方向,适应当今数据库发展的新趋势,保持本书的先进性、科学性和实用性,作者对本书的第 1 版进行了修订。

本书共 13 章。第 1 章至第 3 章介绍了数据库技术的各类基础知识,包括数据库的发展历程、数据库系统的结构、数据模型、主流数据库、关系模型、关系规范化理论以及 SQL 语言基础等,这部分内容可作为学习关系型数据库的理论依据。第 4 章至第 12 章是 Oracle 数据库的主要内容,包括 Oracle 数据库的安装与卸载、Oracle 数据库的体系结构、Oracle 数据库的创建与维护、Oracle 数据库的安全性策略、Oracle 数据库的对象与数据类型、Oracle 数据库支持的 SQL 查询、其他方案对象、PL/SQL、数据库备份与恢复等内容。第 13 章是实训练习内容。

本书第 2 版主要修改的内容如下。

① 根据主流数据库的发展,对本书的内容进行了相应更新;根据标准的发展,对 SQL 内容进行了更新;针对 Oracle 数据库的最新版本,对本书的内容进行了修改。

② 对于数据库的重要知识点,本书专门提供了微课视频进行演示和讲解,读者可使用手机扫码观看。

③ 对第 1 版中的书写错误进行了修订。

本书可以完善计算机专业人才的培养模式,匹配新的课程体系,提高读者的实践应用能力,并且在讲解理论知识的基础上优化了实践教学环节,同时也形成了如何开展计算机系统能力培养的实践方案。本书在实训环节上既重视理论知识的讲解,又注重读者数据库设计与应用能力的培养,让读者在实训中了解和验证理论知识。

为适应多媒体教学的需要,方便读者教学或学习,本书提供了配套的电子教案和实训练习的参考答案。如有需要,读者可以通过北京邮电大学出版社网站(http://www.buptpress.com)下载。

　　在本书的编写过程中,刘亚军教授提供了宝贵的意见和很多帮助。三江学院计算机科学与工程学院数据库兴趣小组的成员夏奕飞、古锐、张旺、徐冉参加了本书编写前期的资料收集和整理工作。本书是全国高等院校计算机基础教育研究会立项项目成果。在编写过程中,作者参考了大量的相关技术资料和程序开发源码资料,以及很多网上提供的有益资料,在此对众多作者一并表示感谢!

　　由于作者水平有限,书中难免存在错误或不足之处,敬请读者批评指正。如果读者在使用本书的过程中有什么问题可直接与作者联系,作者 Email:puxiao100@163.com。

作　者

2022 年 6 月

目　　录

第 1 章　数据库技术基础

数据库技术是信息系统的一个核心技术，是一种计算机辅助管理数据的方法。它研究如何组织和存储数据以及如何高效地获取和处理数据，是通过研究数据库的结构、存储、设计、管理以及应用的基本理论和实现方法，并利用这些理论来实现对数据库中的数据进行处理、分析和理解的技术。因此，数据库技术是研究、管理和应用数据库的一门软件科学。

本章将介绍数据库技术的发展历程、数据库系统、数据模型和大型数据库等内容。

1.1　数据库的发展历程

信息技术（Information Technology，IT）是当今使用频率最高的名词之一，随着计算机技术在工业、农业以及日常生活中的广泛应用，掌握信息技术已经被越来越多的个人和企业作为自己赶超世界潮流的标志之一。而数据库技术则是信息技术中一个重要的支撑。没有数据库技术，人们在浩瀚的信息世界中将显得手足无措。

数据库技术是计算机科学技术的一个重要分支。从 20 世纪 50 年代中期开始，计算机应用从科学研究部门扩展到企业管理及政府行政部门，人们对数据处理的要求也越来越高。1968 年，世界上诞生了第一个商品化的信息管理系统（Information Management System，IMS），从此数据库技术得到了迅猛发展。在互联网日益被人们接受的今天，Internet（互联网）又使数据库技术、知识、技能的重要性得到了充分的放大。如今数据库已经成为信息管理、办公自动化、计算机辅助设计等应用的主要软件工具之一，帮助人们处理各种各样的信息数据。

数据库技术从诞生到现在，在不到半个世纪的时间里，形成了坚实的理论基础、成熟的商业产品和广泛的应用领域，吸引越来越多的研究者加入该领域。到目前为止，国内外已经开发建设了成千上万个数据库，它已成为企业、部门乃至个人日常工作、生产和生活的基础设施。同时，随着应用的扩展与深入、数据库数量和规模的增大，数据库的研究领域也已经大大地拓宽和深化。我们可以沿着历史的轨迹，追溯数据库的发展历程。

1.1.1　数据管理的诞生

数据库的历史可以追溯到 60 年前，那时的数据管理非常简单。通过大量数据的分类和比较，用表格绘制出数百万穿孔卡片，再使用机器运行处理，将其处理结果在纸上打印出来或制成新的穿孔卡片。而数据管理就是对所有这些穿孔卡片进行物理的储存和处理。

然而，1951 年雷明顿兰德公司（Remington Rand Inc.）的一种叫作 Univac I 的计算机推出了一种一秒钟可以输入数百条记录的磁带驱动器，从而引发了数据管理的革命。1956 年，IBM 生产出第一个磁盘驱动器——the Model 305 RAMAC。此驱动器有 50 个盘片，每个盘片的直径是 2 英尺（1 英尺＝30.48 cm），可以储存 5 MB 的数据。使用盘片最大的好处是可以随机地存取数据，而穿孔卡片和磁带只能顺序存取数据。

1951 年,Univac 系统使用磁带和穿孔卡片作为数据存储。

数据库系统萌芽在 20 世纪 60 年代。当时计算机开始广泛地应用于数据管理,人们对数据的共享提出了越来越高的要求。传统的文件系统已经不能满足人们的需求,能够统一管理和共享数据的数据库管理系统(Database Management System,DBMS)应运而生。数据模型是数据库系统的核心和基础,各种 DBMS 软件都是基于某种数据模型设计而成的。

1.1.2　数据库技术的发展阶段

数据库技术涉及许多基本概念,主要包括信息、数据、数据处理、数据库、数据库管理系统以及数据库系统等。

数据库技术是现代信息科学与技术的重要组成部分,是计算机数据处理与信息管理系统的核心。数据库技术研究和解决了计算机信息处理过程中大量数据有效地组织和存储的问题,能在数据库系统中减少数据存储冗余、实现数据共享、保障数据安全以及使检索数据和处理数据高效。数据库技术的根本目标是要解决数据的共享问题。

数据库技术研究和管理的对象是数据,所以数据库技术所涉及的具体内容主要包括:通过对数据的统一组织和管理,按照指定的结构建立相应的数据库和数据仓库;利用数据库管理系统和数据挖掘系统设计出能够实现对数据库中的数据进行添加、修改、删除、处理、分析、理解和打印等多种功能的数据管理和数据挖掘应用系统,并利用应用管理系统最终实现对数据的处理、分析和理解。

数据管理技术的发展大致划分为以下 4 个阶段:人工管理阶段、文件系统阶段、数据库系统阶段、高级数据库阶段。

1. 人工管理阶段

在 20 世纪 50 年代以前,计算机主要用于数值计算,计算机的软硬件均不完善。从硬件来看,硬件存储设备只有纸带、卡片、磁带,没有直接存取设备;从软件来看(实际上,当时还未形成软件的整体概念),没有操作系统以及管理数据的软件;从数据来看,数据量小,数据无结构,由用户直接管理,且数据间缺乏逻辑组织,数据依赖特定的应用程序,缺乏独立性。这个阶段由于还没有软件系统对数据进行管理,程序员在程序中不仅要规定数据的逻辑结构,还要设计其物理结构,包括存储结构、存取方法、输入输出方式等。当数据的物理组织或存储设备改变时,用户程序就必须重新编制。数据的组织面向应用,不同的计算程序之间不能共享数据,使得不同的应用之间存在大量的重复数据,很难维护应用程序之间数据的一致性。

这一阶段的主要特征可归纳为以下几点。

- 计算机中没有支持数据管理的软件。
- 数据组织面向应用,数据不能共享,数据重复。
- 在程序中要规定数据的逻辑结构和物理结构,数据与程序不独立。
- 数据处理方式为批处理。

2. 文件系统阶段

20 世纪 50 年代中期到 20 世纪 60 年代中期,计算机大容量存储设备(如硬盘)的出现推动了软件技术的发展,而操作系统的出现标志着数据管理步入一个新的阶段。这一阶段的主要标志是计算机中有了专门管理数据库的软件——操作系统(文件管理)。

在文件系统阶段,数据以文件为单位存储在外存,而且由操作系统统一管理。操作系统为用户使用文件提供了友好界面。文件的逻辑结构与物理结构脱钩,程序和数据分离,使数据与程序有了一定的独立性。用户的程序与数据可分别存放在外存储器上,各个应用程序可以共享一组数据,实现了以文件为单位的数据共享。

数据处理系统把计算机中的数据组织成相互独立的数据文件,系统可以按照文件的名称对其进行访问,对文件中的记录进行存取,并可以实现对文件的修改、插入和删除,这就是文件系统。文件系统实现了记录内的结构化,即给出了记录内各种数据间的关系,但是,文件从整体来看却是无结构的。其数据面向特定的应用程序,因此数据的共享性和独立性差,且冗余度大,管理和维护的代价也很大。

但由于数据的组织仍然面向程序,所以存在大量的数据冗余。而且数据的逻辑结构不能方便地修改和扩充,数据逻辑结构的每一点微小改变都会影响应用程序。由于文件之间互相独立,所以它们不能反映现实世界中事物之间的联系,操作系统不负责维护文件之间的联系信息。如果文件之间有内容上的联系,那也只能由应用程序处理。

3. 数据库系统阶段

20 世纪 60 年代后期,随着计算机在数据管理领域的普遍应用,人们对数据管理技术提出了更高的要求:希望面向企业或部门,以数据为中心组织数据,减少数据的冗余,提供更高的数据共享能力,同时要求程序和数据具有较高的独立性。当数据的逻辑结构改变时,不涉及数据的物理结构,也不影响应用程序,以降低应用程序研发与维护的费用。数据库技术正是在这样一个应用需求的基础上发展起来的。

数据库中的数据不再只针对某一特定应用,而是面向全组织,具有整体的结构性,共享性高,冗余度小,具有一定的程序与数据间的独立性,并且实现了对数据进行统一的控制。数据库技术有以下特点。

① 面向企业或部门,以数据为中心组织数据,可形成综合性的数据库,为各应用共享。

② 采用一定的数据模型。数据模型不仅要描述数据本身的特点,还要描述数据之间的联系。

③ 数据冗余小,易修改、易扩充。不同的应用程序根据处理要求,从数据库中获取所需要的数据,这样就减少了数据的重复存储,也便于增加新的数据结构以及维护数据的一致性。

④ 程序和数据有较高的独立性。

⑤ 具有良好的用户接口,用户可方便地开发和使用数据库。

⑥ 对数据进行统一的管理和控制,提供了数据的安全性、完整性以及并发控制功能。

从文件系统发展到数据库系统,这在信息领域中具有里程碑的意义。在文件系统阶段,人们在信息处理中关注的核心问题是系统功能的设计,因此程序设计占主导地位;而在数据库方式下,数据开始占据了核心位置,数据的结构设计成为信息系统首先关心的问题,而应用程序则以既定的数据结构为基础进行设计。

4. 高级数据库系统阶段

自 20 世纪 80 年代以来,关系型数据库理论日趋完善,逐步取代网状数据库和层次数据库占领了市场,并向更高阶段发展。目前数据库技术已成为计算机领域中最重要的技术之一,它是软件科学中的一个独立分支,正在朝分布式数据库、数据库机、知识库系统、多媒体数据库方向发展。特别是现在的数据仓库和数据挖掘技术大大加快了数据库向智能化和大容量化发展的趋势,充分发挥了数据库的作用。

随着互联网的普及,以及 Web、数据仓库、大数据等应用的兴起,数据的绝对量在以惊人的速度迅速膨胀;同时,移动和嵌入式应用快速发展。针对市场的不同需求,数据库正在朝系列化方向发展。数据库管理系统是网络经济的重要基础设施之一。支持 Internet〔甚至于

Mobile Internet(移动互联网)]的数据库应用已经成为数据库系统的重要方面。

数据、计算机硬件和数据库应用这三者推动着数据库技术与系统的发展。数据库要管理的数据复杂度和数据量都在迅速增长;计算机硬件平台的发展仍然实践着摩尔定律;数据库应用迅速向深度、广度扩展。尤其是互联网的出现极大地改变了数据库的应用环境,向数据库领域提出了前所未有的技术挑战。这些因素的变化推动着数据库技术的进步,使得出现了一批新的数据库技术,如 Web 数据库技术、并行数据库技术、数据仓库与联机分析技术、数据挖掘与商务智能技术、内容管理技术、海量数据管理技术等。限于篇幅,本章不能逐一展开来阐述这些方面的变化,只是从这些变化中归纳出数据库技术发展呈现的突出特点。

事实上,数据库系统的稳定性和高效性也是技术上长久不衰的追求。此外,从企业信息系统发展的角度来看,一个系统的可扩展能力也是非常重要的。由于业务的扩大,原来的系统规模和能力已经不再适应新的要求的时候,此时不是重新更换更高档次的机器,而是在原有的基础上增加新的设备,如处理器、存储器等,从而达到分散负载的目的。数据的安全性也是一个重要的课题,普通的基于授权的机制已经不能满足许多应用的要求,新的基于角色的授权机制以及一些安全功能要素,如存储隐通道分析、标记、加密、推理控制等,在一些应用中成为切切实实的需求。

数据库系统要支持互联网环境下的应用,要支持信息系统间"互联互访",要实现不同数据库间的数据交换和共享,要处理以 XML 类型的数据为代表的网上数据,甚至要考虑无线通信发展带来的革命性变化。与传统的数据库相比,互联网环境下的数据库系统要具备处理更大容量的数据以及为更多的用户提供服务的能力,要提供对长事务的有效支持,还要提供对XML 类型数据进行快速存取的有效支持。

1.2 数据库系统概述

1.2.1 数据库的基本概念

数据(Data):描述事物的符号记录,可以是数字,也可以是文字、图形、图像、声音、语言等。数据有多种形式,它们都可以经过数字化后存入计算机。数据的含义称为数据的语义,数据与语义是不可分的。

数据库(Database,DB):存储数据的仓库,是长期存放在计算机内、有组织、可共享的大量数据的集合。数据库中的数据按照一定数据模型组织、描述和存储,具有较小的冗余度、较高的独立性和易扩展性,并为各种用户共享。

数据库系统(Database System,DBS):在计算机系统中引入数据库后的系统,一般由数据库、数据库管理系统、应用系统、数据库管理员(Database Administrator,DBA)构成,简称数据库。

数据库
基本概念

数据库管理系统(Database Management System,DBMS):位于用户与操作系统之间的一层数据管理软件。它的主要功能包括以下几点。

- 数据定义功能:提供数据定义语言(Data Definition Language,DDL),让用户方便地对数据库中的数据对象进行定义。

- 数据组织、存储和管理功能:提高存储空间的利用率和存储效率。

- 数据操纵功能:提供数据操纵语言(Data Manipulation Language,DML),实现对数据库的基本操作,如新增、修改、删除和查询等。

- 数据库的建立和维护功能:统一管理控制数据库,以保证安全、完整、多用户并发使用。
- 其他功能:如与网络中其他软件系统的通信功能、异构数据库之间的互访和互操作功能等。

数据库管理员(Database Administrator,DBA):从事管理和维护数据库管理系统的相关工作人员的统称,属于运维工程师的一个分支,主要负责业务数据库从设计、测试到部署交付的全生命周期管理。DBA的核心目标是保证数据库管理系统的稳定性、安全性、完整性和高性能。

1.2.2 数据库系统的组成

数据库系统一般由4个部分组成。

① 数据库:数据库中的数据按一定的数学模型组织、描述和存储,具有较小的冗余、较高的数据独立性和易扩展性,并可为各种用户共享。

② 硬件:构成计算机系统的各种物理设备,包括存储所需的外部设备。硬件的配置应满足整个数据库系统的需求。

③ 软件:包括操作系统、数据库管理系统及应用程序。数据库管理系统是数据库系统的核心软件,在操作系统的支持下工作,解决如何科学地组织和存储数据、如何高效地获取和维护数据的系统软件。其主要功能包括数据定义功能、数据操纵功能、数据库的运行管理功能和数据库的建立与维护功能。

④ 人员:主要有以下4类。

第一类为系统分析员和数据库设计人员。其中:系统分析员负责应用系统的需求分析和规范说明,他们和用户及数据库管理员一起确定系统的硬件配置,并参与数据库系统的概要设计;数据库设计人员负责数据库中数据的确定、数据库各级模式的设计。

第二类为应用程序员。他们负责编写使用数据库的应用程序。这些应用程序可对数据进行建立、修改、删除或检索。

第三类为最终用户。他们利用系统的接口或查询语言访问数据库。

第四类为DBA。他们负责数据库的总体信息控制。DBA的具体职责包括决定数据库中的信息内容和结构,决定数据库的存储结构和存取策略,定义数据库的安全性要求和完整性约束条件,监控数据库的使用和运行,负责数据库的性能改进、数据库的重组和重构,以提高系统的性能。

各种人员与数据库之间的数据视图如图1-1所示。

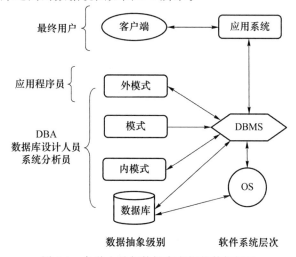

图1-1 各种人员与数据库之间的数据视图

1.2.3　数据库系统的特征

1. 数据结构化

数据库系统实现了整体数据的结构化,这是数据库最主要的特征之一。这里所说的"整体"结构化,是指在数据库中的数据不再仅针对某个应用,而是面向全组织;不但数据内部是结构化,而且数据整体是结构化的,数据之间是有联系的。

2. 数据共享性高、冗余度低、易扩充

数据因为是面向整体的,所以可以被多个用户、多个应用程序共享使用,减少数据冗余,节约存储空间,避免数据之间的不相容性与不一致性。

3. 数据独立性高

数据独立性包括数据的物理独立性和逻辑独立性。

物理独立性是指在磁盘上的数据库中数据如何存储是由 DBMS 管理的,用户程序不需要了解,应用程序要处理的只是数据的逻辑结构,这样一来当数据的物理结构改变时,用户的程序不用改变。

逻辑独立性是指用户的应用程序与数据库的逻辑结构是相互独立的,也就是说,数据的逻辑结构改变了,用户的应用程序可以不改变。

数据与程序相互独立,把数据的定义从程序中分离出去,加上存取数据由 DBMS 负责提供,因而应用程序的编写简化了,应用程序的维护和修改工作量大大减少了。

4. 数据由 DBMS 统一管理和控制

数据库的共享是并发的(concurrency)共享,即多个用户可以同时存取数据库中的数据,甚至可以同时存取数据库中的同一个数据。

DBMS 必须提供以下几方面的数据控制功能:数据的安全性保护、数据的完整性检查、数据库的并发访问控制、数据库的故障恢复。

1.2.4　数据库系统的结构

1. 数据库系统模式的概念

在数据库模型中有型和值的概念。型是对某一数据结构和属性的说明,值是型的一个具体赋值。

模式是数据库中全体数据的逻辑结构和特征的描述,它仅仅涉及型的描述,不涉及具体的值。模式的一个具体值称为模式的一个实例。同一个模式可以有很多实例。

模式是相对稳定的,而实例是相对变动的。因为数据库中的数据是在不断更新的。模式反映的是数据的结构及其联系,而实例反映的是数据库某一时刻的状态。

2. 数据库系统的 3 级模式结构(早期微机上的小型数据库系统除外)

数据库技术中采用分级的方法将数据库的结构划分为多个层次。最著名的是美国 ANSI/SPARC 数据库系统研究组于 1975 年提出的 3 级划分法,如图 1-2 所示。

数据库系统的 3 级模式结构是指数据库系统是由模式、外模式和内模式 3 级构成的。

(1)模式

模式也称概念模式,是数据库中全体数据的逻辑结构和特征的描述,是所有用户的公共数据视图。它是数据库系统的中间层,既不涉及数据的物理存储细节和硬件环境,也与具体的应用程序、所使用的应用开发工具及高级程序语言无关。

　　模式实际上是数据库数据在逻辑级上的视图。一个数据库只有一个模式。数据库模式以一个数据模型为基础,统一综合地考虑了所有用户的需求,并将这些需求有机地结合成一个逻辑整体。定义模式时不仅要定义数据的逻辑结构,还要定义数据之间的联系,以及与数据有关的安全性、完整性要求。

　　(2)外模式

　　外模式也称用户模式,它是数据库用户(包括应用程序员和最终用户)能够看见和使用的局部数据的逻辑结构和特征的描述,是数据库用户的数据视图,是与某一应用有关的数据的逻辑表示。外模式通常是模式的子集。一个数据库可以有多个外模式。由于它是各个用户的数据视图,因此如果不同的用户在应用需求、看待数据的方式、对数据保密的要求等方面存在差异,则其外模式描述就是不同的。即使对于模式中的同一数据,其在外模式中的结构、类型、长度、保密级别等都可以不同。另外,同一个外模式也可以为某一用户的多个应用系统所使用,但一个应用程序只能使用一个外模式。外模式是保证数据库安全性的一个有力措施。每个用户只能看见和访问所对应的外模式中的数据,数据库中的其余数据对其是不可见的。

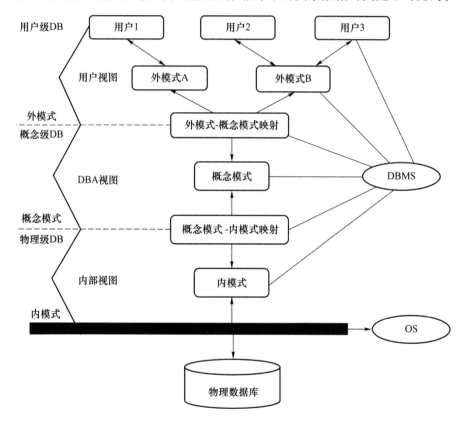

图 1-2　数据库系统的结构层次图

　　(3)内模式

　　内模式也称存储模式,一个数据库只有一个内模式。它是数据物理结构和存储方式的描述,是数据在数据库内部的表示方式,如记录数据的存储方式是顺序结构存储还是 B 树结构存储,索引按什么方式组织,数据是否压缩、是否加密,数据的存储记录结构有何规定,等等。

　　在数据库系统中,外模式可有多个,而模式、内模式只能各有一个。

内模式是整个数据库实际存储的表示,而模式是整个数据库实际存储的抽象表示。外模式是模式某一部分的抽象表示。

3. 数据库的二级映像功能与数据独立性

数据库的3级模式结构是对数据的3个抽象级别。为了能够在系统内容实现这3个抽象级别的联系和转换,数据库管理系统在这3级模式之间提供了两层映像:外模式/模式映像、模式/内模式映像。这两层映像保证了数据库系统中的数据能够具有较高的逻辑独立性和物理独立性。

(1)外模式/模式映像

模式描述的是数据的全局逻辑结构,外模式描述的是数据的局部逻辑结构。对应于同一个模式可以有多个外模式。对于每一个外模式,数据库系统都有一个外模式/模式映像,它定义了该外模式与模式之间的对应关系。这些映像定义通常包含在各模式的描述中。

当模式改变时,由DBA对各个外模式/模式映像做相应的改变,可以使外模式保持不变。应用程序是依据数据的外模式编写的,从而应用程序可以不必修改,保证了数据与程序的逻辑独立性(简称数据的逻辑独立性)。

(2)模式/内模式映像

数据库中只有一个模式,也只有一个内模式,所以模式/内模式映像是唯一的,由它定义数据库全局逻辑结构与存储结构之间的对应关系。

模式/内模式映像的定义通常包含在模式描述中。当数据库的存储设备和存储方法发生变化时,数据库管理员对模式/内模式映像要做相应的改变,使模式保持不变,从而应用程序也不必改变,保证了数据与程序的物理独立性(简称数据的物理独立性)。

在数据库的3级模式中,数据库模式即全局逻辑结构,是数据库的中心与关键。它独立于数据库的其他层次。因此,涉及数据库模式结构时应首先确定数据库的逻辑结构。

数据库的内模式依赖它的全局逻辑结构,但独立于数据库的用户视图(外模式),也独立于具体的存储设备。它是将全局逻辑结构中所定义的数据结构及其联系按照一定的物理存储策略进行组织,以达到较好的时间与空间效率。

数据库的外模式面向具体的应用程序,它定义在逻辑模式之上,但独立于存储模式和存储设备。当应用需求发生较大变化,相应外模式不能满足其视图要求时,该外模式就得做相应改动,所以设计外模式时应充分考虑到应用的扩充性。

特定的应用程序是在外模式描述的数据结构上编制的,它依赖特定的外模式,与数据库的模式和存储结构独立。不同的应用程序有时可以共用同一个外模式。数据库的二级映象保证了数据库外模式的稳定性,从而从底层保证了应用程序的稳定性,除非应用需求本身发生变化,否则应用程序一般不需要修改。

数据库的3级模式是数据库在3个级别(层次)上的抽象,使用户能够逻辑地、抽象地处理数据而不必关心数据在计算机中的物理表示和存储。实际上,对一个数据库系统而言,物理级数据库是客观存在的,它是进行数据库操作的基础,概念级数据库中不过是物理数据库的一种逻辑、抽象的描述(模式),用户级数据库则是用户与数据库的接口,它是概念级数据库的一个子集(外模式)。

用户应用程序根据外模式进行数据操作,通过外模式/模式映射,定义和建立某个外模式与模式间的对应关系,将外模式与模式联系起来,当模式发生改变时,只要改变其映射,就可以使外模式保持不变,对应的应用程序也可保持不变。另外,可通过模式/内模式映射,定义建立数据的逻辑结构(模式)与存储结构(内模式)间的对应关系,当数据的存储结构发生变化时,只需改变模式/内模式映射,就能保持模式不变,因此应用程序也可以保持不变。

数据与程序之间的独立性使得数据的定义和描述可以从应用程序中分离出去。另外,由于数据的存取由 DBMS 管理,因此用户不必考虑存取路径等细节,从而简化了应用程序的编制,大大减少了应用程序的维护和修改工作量。

数据库的 3 级模式结构的好处在于如下方面。

① 保证了数据的独立性:模式和内模式分开,保证了数据的物理独立性,把外模式和模式分开,保证了数据的逻辑独立性。

② 简化了用户接口:用户不需要了解数据库的实际存储情况,也不需要了解数据库的存储结构,只要按照外模式编写应用程序就可以访问数据库。

③ 有利于数据共享:所有用户使用统一的概念模式导出不同的外模式,可以减少数据冗余,有利于多种应用程序间共享数据。

④ 有利于数据安全保密:每个用户只能操作属于自己的外模式数据视图,不能对数据库的其他部分进行修改,保证了数据安全性。

1.3　数据模型

模型是指所研究的系统、过程、事物或概念的一种表达形式,也可指根据实验或者图样放大或缩小而制作的样品,一般是展览、实验、铸造机器零件等时用的模子。模型是对现实世界的抽象。在数据库技术中,表示实体类型及实体类型间联系的模型为数据模型。它必须满足3 个要求。

① 能够比较真实地模拟现实世界。

② 容易被人们理解。

③ 便于在计算机上实现。

数据模型是数据库系统的核心和基础,各种机器上实现的 DBMS 软件都是基于某种数据模型的。

由于计算机不能直接处理现实世界中的具体事物,所以必须将具体事物转换成计算机能够处理的数据。在实际处理过程中,为了把现实世界中的具体事物抽象、组织为某一个数据库管理系统支持的数据模型,首先需要将现实世界的事物及联系抽象成信息世界的概念模型,然后将其再抽象成机器世界的数据模型,如图 1-3 所示。

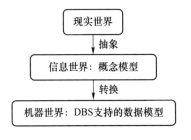

数据模型

图 1-3　数据的抽象与转换

1.3.1 现实世界

人们管理的对象存于现实世界中。现实世界的事物及事物之间存在着联系,这种联系是客观存在的,是由事物本身的性质决定的。例如,学校的教学系统中有教师、学生、课程,教师为学生授课,学生选修课程并取得成绩。在现实世界里,我们把客观存在并可以相互区分的事物称为实体。实体可以是实际事物,也可以是抽象事件,如一个员工、一场比赛等。

每一个实体都具有一定的特征。例如:对于学生实体,它具有学号、姓名、性别、出生日期、班级等特征;对于商品实体,它具有商品编号、名称、型号、产地、价格等特征。

具有相同特征的一类实体的集合构成了实体集。例如:所有的学生构成了学生实体集;所有的职工构成了职工实体集;所有的部门构成了部门实体集。

在一个实体集中,用于区分实体的特征称为标识特征。例如,对于学生实体,学号可以作为其标识特征,因为每个学生的学号是唯一的,可以通过学号区分不同的学生,而性别则不能作为其标识特征,因为通过性别是男或女并不能识别出某一个具体的学生。

1.3.2 信息世界

人们对现实世界的对象进行抽象,并对其进行命名、分类,在信息世界里用概念模型对其进行描述。概念模型也称为信息模型,它是按用户的观点对数据和信息进行建模的。

信息世界涉及的概念如下所示。

1. 实体

信息世界的实体对应于现实世界的实体,如一个学生、一个员工、一门课程、一件商品等。

2. 属性

描述实体的特性称为属性,如员工的员工号、姓名、性别、出生日期、职务等。

3. 码

如果某个属性或属性组合的值能唯一地标识出实体集中的每一个实体,可以把它选作关键字。用作标识的关键字也称为码。例如,员工号就可作为员工实体的关键字。

4. 域

属性的取值范围称为该属性的域。例如,年龄的域为不小于零的整数;性别的域为(男,女)。

5. 实体型

具有相同属性的实体必然具有相同的特征和性质。用实体名和其属性名的集合来描述实体称为实体型。

例如:员工实体型描述为员工(员工号、姓名、性别、出生日期、所在部门);部门实体型描述为:部门(部门号、部门名称、部门经理)。

6. 实体集

同一类型的实体集合构成了实体集。例如,全体员工构成了员工实体集。

7. 联系

实体集之间的对应关系称为联系,它反映了现实世界中事物之间的相互关联,这种关联在信息世界中反映为实体内部的联系和实体之间的联系。这些联系总体来说可以划分为一对一联系、一对多联系和多对多联系。

(1)一对一联系

如果实体集 E1 与实体集 E2 之间存在联系,并且对于实体集 E1 中的任意一个实体,在实体集 E2 中最多只有一个实体与之对应,而对于实体集 E2 中的任意一个实体,在实体集 E1 中最多只有一个实体与之对应,则称实体集 E1 和实体集 E2 之间存在一对一的联系,表示为 1:1。

例如,部门是一种实体,部门经理也是一种实体,在现实世界里,一般而言,一个部门只能有一个部门经理,而一个部门经理只能管理某一个部门,则部门与部门经理这两个实体之间的联系就是一对一的联系。

（2）一对多联系

如果实体集 E1 与实体集 E2 之间存在联系,并且对于实体集 E1 中的任意一个实体,在实体集 E2 中可以有多个实体与之对应,而对于实体集 E2 中的任意一个实体,在实体集 E1 中最多只有一个实体与之对应,则称实体集 E1 和实体集 E2 之间存在一对多的联系,表示为 1:n。

例如,部门是一种实体,员工也是一种实体,在现实世界里,一个部门里可以多个员工,而一个员工只能归属于一个部门,则部门与员工这两个实体之间的联系就是一对多的联系。

（3）多对多联系

如果实体集 E1 与实体集 E2 之间存在联系,并且对于实体集 E1 中的任意一个实体,在实体集 E2 中可以有多个实体与之对应,而对于实体集 E2 中的任意一个实体,在实体集 E1 中也可以有多个实体与之对应,则称实体集 E1 和实体集 E2 之间存在多对多的联系,表示为 m:n。

例如,员工是一种实体,项目也是一种实体,在现实世界里,一个员工可以参与多个项目,而一个项目也可以有多个员工参与,则员工与项目这两个实体之间的联系就是多对多的联系。同理,部门与项目也是多对多的联系。

实体之间的联系可用图 1-4 表示。

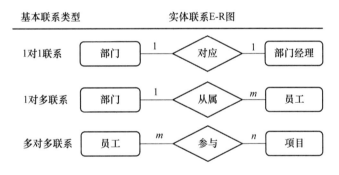

图 1-4　实体之间的联系

8. 概念模型

概念模型用于信息世界的建模,是现实世界到信息世界的第一层抽象,是数据库设计人员进行数据库设计的有力工具,也是数据库设计人员和用户之间进行交流的语言。建立数据概念模型就是从数据的观点出发,观察系统中对于数据的采集、传输、处理、存储和输出等,然后经过分析和总结之后建立起来的一个逻辑模型。

概念模型有很多种表示方法,其中,最常用的是实体-联系方法（Entity Relationship Approach）,简称 E-R 方法。E-R 方法用 E-R 图来描述现实世界的概念模型,E-R 图提供了表示实体、属性和联系的方法,其表示方法如下。

实体:用矩形表示,矩形框内写明实体名。图 1-5 所示为部门实体和员工实体。

属性:用椭圆形表示,并用无向边将其与相应的实体连接起来。图 1-6 所示为员工实体及其属性。

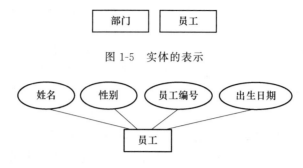

图 1-5　实体的表示

图 1-6　实体及其属性

联系:用菱形表示,菱形框内写明联系名,并用无向边分别将其与有关实体连接起来,同时在无向边旁标上联系的类型(1:1、1:n 或 $m:n$)。图 1-7 所示为实体之间的联系。

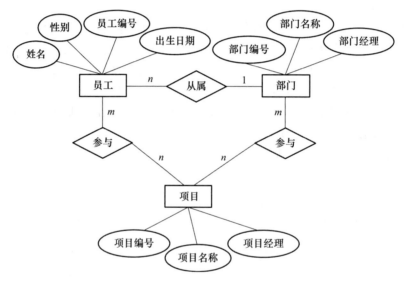

图 1-7　实体之间的联系

1.3.3　机器世界

当信息进入计算机后,则进入机器世界范畴。概念模型是独立于机器的,需要将其转换成具体 DBMS 能识别的数据模型,才能将数据和数据之间的联系保存到计算机上。在计算机中可以用不同的方法来表示数据与数据之间的联系,通常把表示数据与数据之间联系的方法称为数据模型。

数据库领域中常见的数据模型有以下 4 种:层次模型(Hierarchical Model)、网状模型(Network Model)、关系模型(Relational Model)、面向对象的模型(Object-Oriented Model)。其中关系模型是目前应用最多也是最为重要的一种数据模型。因此,本书将只讨论关系模型。关系模型是在某种 DBMS 的支持下,用某种语言进行描述的,通过 DBMS 提供的功能实现对其进行存储和实施的各种操作。我们把支持关系模型的数据库管理系统称为关系型数据库管理系统(Relational DBMS,RDBMS)。

1.4 主流数据库介绍

1. 数据库分类

现代生活总是离不开各种数据,不管是对于普通人购物选择还是对于企业决策,数据都是最直观的依据。数据是存放在数据库中的。那么随着数据的增多和变化,数据库会有什么样的发展呢? 数据库也不单单只有一种,分为以下类型。

- 层次型数据库。层次型数据库采用层次模型作为数据的组织方式。层次模型用树形结构来表示各类实体以及实体间的联系。现实世界中很多实体之间的联系本来就呈现一种自然的层次关系,如家族关系、行政机构等。

- 网状数据库。网状数据库是采用网状模型的数据库。网状模型用网状结构表示各类实体以及实体间的联系。网状模型是一种比层次模型更具普遍性的结构,它去掉了层次模型的限制,可以更直接地去描述现实世界。

- 关系型数据库。关系型数据库即传统数据库模型,以表格为模型,以行和列来存储数据,行和列组成二维表,很多二维表又组成一个数据库。这也是目前的主流数据库类型。关系型数据库可以对数据进行分析、理解、处理,新增、删除和修改表中的数据,它最大的特点就是简单易懂。

- 面向对象的数据库。面向对象数据库=面向对象系统+数据库能力。由于面向对象实现模式比较复杂,数据访问权限较难控制,因此数据库系统发展的趋势是面向对象的数据库和关系型数据库不断融合。

- 非关系型数据库。从严格意义上来讲,非关系型数据库不是一种数据库,它应该是一种数据结构化存储方法的集合,可以是文档或者键值对< key, value >等。非关系型数据库的优点是格式灵活,存储数据的格式可以是键值对、文档或者图片等形式,速度快,扩展性高,成本低,基本都是开源软件。但是它同样也存在着缺点,如不提供 SQL 支持,学习和使用成本较高,无事务处理,数据结构相对复杂,在复杂查询方面欠缺等。

虽然网状数据库和层次型数据库已经很好地解决了数据的集中和共享问题,但是在数据库的独立性和抽象级别上仍有很大欠缺。用户在对这两种数据库进行存取时,仍然需要明确数据的存储结构,指出存取路径。而关系型数据库就可以较好地解决这些问题。

2. 常用的关系型数据库

关系型数据库技术出现在 20 世纪 70 年代,经过 20 世纪 80 年代的发展到 20 世纪 90 年代已经比较成熟,在 20 世纪 90 年代初期曾一度受到面向对象数据库的巨大挑战,但是市场最后还是选择了关系型数据库。目前,市场上具有代表性的数据库产品包括 Oracle 公司的 Oracle、MySQL AB 公司的 MySQL、微软公司的 SQL Server、IBM 公司的 DB2 等。Oracle 在数据库领域上升到霸主地位,形成每年高达数百亿美元的庞大产业市场。Gartner Dataquest 的报告显示,关系型数据库管理系统的市场份额最大,充分说明关系型数据库管理系统仍然是当今最为流行的数据库软件。在一定意义上,具有代表性的数据库产品的特征反映了当前数据库产业界的最高水平和发展趋势。因此,分析这些产品的发展现状是我们了解数据库技术发展的一个重要方面。

(1) Oracle

Oracle 是 Oracle 公司的一个关系型数据库管理系统,是在数据库领域一直处于领先地位的产品。该数据库管理系统作为世界上第一个开放式商品化关系型数据库管理系统于1983年被推出,它采用标准的 SQL 结构化查询语言,支持多种数据类型,提供面向对象存储的数据支持,具有第四代语言开发工具,支持 Unix、Windows NT、OS/2、Novell 等多种平台。除此之外,它还具有很好的并行处理功能,系统可移植性好,使用方便,功能强大,适用于各类大型机、中型机、小型机、微机环境。它是一种高效率、可靠性好、适应高吞吐量的数据库解决方案。Oracle 产品主要由 Oracle 服务器产品、Oracle 开发工具、Oracle 应用软件组成,其也有基于微机的数据库产品,主要可满足银行、金融、保险等企事业开发大型数据库的需求。

(2) SQL Server

SQL Server 最早出现在 1988 年,当时只能在 OS/2 操作系统上运行。2000 年 12 月,微软发布了 SQL Server 2000,该软件可以运行于 Windows NT/2000/XP 等多种操作系统上,是支持客户机/服务器结构的数据库管理系统,它可以帮助各种规模的企业管理数据。

随着用户群的不断增大,SQL Server 在易用性、可靠性、可收缩性、支持数据仓库、系统集成等方面日趋完美。特别是 SQL Server 的数据库搜索引擎可以在绝大多数的操作系统上运行,并针对海量数据的查询进行了优化。目前 SQL Server 已经成为应用最广泛的数据库产品之一。

(3) DB2

DB2 是 IBM 公司开发的一套关系型数据库管理系统,主要的运行环境为 UNIX、Linux、IBM i(旧称 OS/400)、z/OS,以及 Windows 服务器版本。

DB2 主要应用于大型应用系统,具有较好的可伸缩性,可支持从大型机到单用户环境,可应用于所有常见的服务器操作系统平台下。DB2 采用了数据分级技术,能够使大型机数据很方便地下载 LAN 数据库服务器,使得客户机/服务器用户和基于 LAN 的应用程序可以访问大型机数据,并使数据库本地化及远程连接透明化。DB2 以拥有一个非常完备的查询优化器而著称,其外部连接改善了查询性能,并支持多任务并行查询。DB2 具有很好的网络支持能力,每个子系统可以连接十几万个分布式用户,可以同时激活上千个活动线程,对大型分布式应用系统尤为适用。DB2 的用户主要分布在金融、商业、铁路、航空、医院、旅游等各个领域,以金融系统的应用最为突出。

(4) Access

Access 是在 Windows 操作系统下工作的关系型数据库管理系统。它采用了 Windows 程序设计理念,以 Windows 特有的技术设计查询、用户界面、报表等数据对象,内嵌了 VBA(Visual Basic Application)程序设计语言,具有集成的开发环境。Access 提供图形化的查询工具和屏幕、报表生成器,用户建立复杂的报表、界面时无须编程和了解 SQL 语言,它会自动生成 SQL 代码。

Access 被集成到 Office 中,具有 Office 系列软件的一般特点,如具有菜单、工具栏等。与其他数据库管理系统软件相比,Access 更加简单易学。一个普通的计算机用户即使没有程序语言基础,也能快速地掌握和使用它。

(5) MySQL

MySQL 由瑞典 MySQL AB 公司开发,是一种关联数据库管理系统。关联数据库将数据保存在不同的表中,而不是将所有数据放在一个大仓库内,这样就加快了系统速度并提高了系统灵活性。MySQL 在 WEB 应用方面是最好的 RDBMS 应用软件之一。MySQL 所使用的 SQL 语言是用于访问数据库的常用标准化语言。由于其体积小、速度快、总体拥有成本低,尤其是还开放源码,所以一般中小型网站在开发时都选择 MySQL 作为网站数据库,它搭配 PHP 和 Apache 可组成良好的开发环境。

1.5 大型数据库的发展趋势

目前,由于互联网应用的普及、Web 和数据仓库等应用的兴起,数据的绝对量每时每刻都在以惊人的速度迅速增长。另外,移动和嵌入式应用也在快速发展。针对市场的不同需求,数据库正在朝系列化方向发展。应用系统向复杂化、大型化方向发展,使得大型数据库成为整个系统的核心。

数据库管理系统是网络经济的重要基础设施之一。支持 Internet(甚至于 Mobile Internet)数据库应用已经成为数据库系统的重要方向。例如,Oracle 公司从第 8 版起全面支持互联网应用,是互联网数据库的代表。微软公司更是将 SQL Server 作为其整个. NET 计划中的一个重要成分。对于互联网应用,用户数量是无法事先预测的,这就要求数据库相比以前拥有能处理更大量数据以及为更多用户提供服务的能力,也就是要拥有良好的可伸缩性及高可用性。此外,互联网提供大量以 XML 格式数据为特征的半结构化数据,支持这种类型的数据的存储、共享、管理、检索等也是各数据库厂商的发展方向。

1. 向智能化、集成化的方向扩展

数据库技术的广泛使用为企业和组织收集和积累了大量的数据。数据丰富、知识贫乏的现实直接导致了联机分析处理(Online Analytical Processing,OLAP)、数据仓库(Data Warehousing)和数据挖掘(Data Mining)等技术的出现,促使数据库向智能化方向发展。同时企业应用越来越复杂,会涉及应用服务器、Web 服务器、其他数据库、旧系统中的应用以及第三方软件等,数据库产品与这些软件是否具有良好的集成性往往关系到整个系统的性能。Oracle 公司的 Oracle 产品包括了 OLAP、数据挖掘、ETL 工具等一套完整的 BI(Business Intelligence,商业智能)支持平台,中间件产品与其核心数据库具有紧密集成的特性,Oracle Application Server 增加的一项关键功能是高速缓存特性,该特性可以将数据从数据库卸载到应用服务器,加快 Web 用户对数据的访问速度。IBM 公司也把 BI 套件作为其数据库的一个重点来发展。微软认为商务智能将是其下一代产品主要的利润点。

2. 向更稳定、高效的方向发展

数据、计算机硬件和数据库应用这三者推动着数据库技术与系统的发展。数据库要管理的数据复杂度和数据量都在迅速增长;计算机硬件平台的发展仍然实践着摩尔定律;数据库应用迅速向深度、广度扩展。尤其是互联网的出现,极大地改变了数据库的应用环境,向数据库领域提出了前所未有的技术挑战。这些因素的变化推动着数据库技术的进步,出现了一批新的数据库技术,如 Web 数据库技术、并行数据库技术、数据仓库与联机分析技术、数据挖掘与商务智能技术、内容管理技术、海量数据管理技术等。

"四高"即 DBMS 具有高可靠性、高性能、高可伸缩性和高安全性。数据库是企业信息系统的核心和基础,其可靠性和性能是企业领导人非常关心的问题。因为,一旦宕机会给企业造成巨大的经济损失,甚至引起法律纠纷。随着信息化进程的深化,计算机系统越来越成为企业运营中不可缺少的部分,这时,数据库系统的稳定和高效是必要的条件。在互联网环境下还要考虑满足几千或上万个用户同时存取数据以及 7×24 小时不间断运行的要求,提供联机数据备份、容错、容灾以及信息安全措施等。

事实上,数据库系统的稳定和高效也是技术上长久不衰的追求。此外,从企业信息系统发展的角度来看,一个系统的可扩展能力也是非常重要的。当由于业务的扩大,原来的系统规模和能力已经不再适应新的要求时,不是重新更换更高档次的机器,而是在原有的基础上增加新的设备,如处理器、存储器等,从而达到分散负载的目的。

3. 向互联协同方向发展

"互联"指数据库系统要支持互联网环境下的应用,要支持信息系统间的互联互访,要实现不同数据库间的数据交换和共享,要处理以 XML 类型的数据为代表的网上数据,甚至要考虑无线通信发展带来的革命性变化。与传统的数据库相比,互联网环境下的数据库系统要具备处理更大量数据以及为更多用户提供服务的能力,要提供对长事务的有效支持,要提供对 XML 类型数据进行快速存取的有效支持。

"协同"指面向行业应用领域要求,在 DBMS 的核心基础上,开发丰富的数据库套件及应用构件,通过将其与制造业信息化、电子政务等领域的应用套件捆绑,形成以 DBMS 为核心的面向行业的应用软件产品家族。满足应用需求,协同发展数据库套件与应用构件,已成为当今数据库技术与产品发展的新趋势。

4. 产生大数据(Big Data)

大数据是时下在 IT 行业中很火热的词,因此数据仓库、数据安全、数据分析、数据挖掘等围绕大数据商业价值的利用逐渐成为行业人士争相追捧的利润焦点。

大数据技术的战略意义不在于掌握庞大的数据信息,而在于对这些含有意义的数据进行专业化处理。换而言之,如果把大数据比作一种产业,那么这种产业实现盈利的关键在于提高对数据的"加工能力",通过"加工"实现数据的"增值"。

大数据与云计算就像一枚硬币的正反面一样,两者密不可分。大数据必然无法用单台的计算机进行处理,必须采用分布式计算架构。它的特色在于对海量数据的挖掘,但它必须依托云计算的分布式处理、分布式数据库、云存储和虚拟化技术。随着云时代的来临,大数据也吸引了越来越多的关注。大数据通常用来形容一个公司创造的大量非结构化和半结构化数据,这些数据在下载到关系型数据库用于分析时会花费过多的时间和金钱。大数据分析常和云计算联系到一起,因为实时的大型数据集分析需要有像 MapReduce 一样的框架来向数十、数百甚至数千的计算机分配工作。大数据需要特殊的技术,以有效地处理大量的数据。适用于大数据的技术包括大规模并行处理(Massively Parallel Processing,MPP)数据库、数据挖掘电网、分布式文件系统、分布式数据库、云计算平台、互联网和可扩展的存储系统等。

大数据分析相比于传统的数据仓库应用,具有数据量大、查询分析复杂等特点。从某种程度来说,大数据是数据分析的前沿技术。简而言之,从各种各样类型的数据中快速获得有价值信息的能力就是大数据技术。

大数据可分成大数据技术、大数据工程、大数据科学和大数据应用等领域。目前人们谈论最多的是大数据技术和大数据应用。大数据工程指大数据的规划建设运营管理的系统工程;大数据科学关注大数据网络发展和运营过程中发现和验证大数据的规律及其与自然和社会活动之间的关系。

大数据除了能在经济方面产生影响外,还能在政治、文化等方面产生深远的影响,大数据可以帮助人们开启循"数"管理的模式,也是我们当下"大社会"的集中体现,"三分技术,七分数据,得数据者得天下"。

当前,正由 IT 时代进入 DT(Data Technology,数据处理技术)时代,随着移动互联网、物联网的发展,企业正产生大量的数据,而数据的存储和组织离不开数据库技术,越来越多的公司意识到了数据能够为公司带来商业利益,于是,如何管理和利用好数据已经变得越来越重要。挖掘数据的价值,对数据进行分析,让数据指导决策已经成为很多公司最重要的工作之一,因此选择合适的数据库系统对公司的技术发展至关重要。

本 章 小 结

本章概述了数据库的基本概念,阐述了数据库技术产生和发展的背景,也说明了数据库系统的优点。

数据模型是数据库系统的核心和基础。本章介绍了组成数据模型的 3 个要素、概念模型和主要的数据模型。

最后本章介绍了目前的主流数据库和大型数据库的发展趋势。

思 考 题

1. 数据管理技术的发展大致划分为哪 4 个阶段?
2. 数据库、数据库系统和数据库管理系统有什么区别和联系?
3. 数据库系统的 3 级模式结构是什么?
4. DBA 的职责是什么?
5. 信息世界中的实体是什么? 实体与实体之间有哪些联系?
6. E-R 方法中分别用什么符号表示实体、实体的属性以及实体之间的联系?
7. 数据库领域中常见的数据模型有哪些?

第 2 章　关系型数据库基础

关系型数据库是目前应用最广泛的数据库,它以关系代数为语言模型,有坚实的数学理论基础。关系型数据库通常是指采用了关系模型的数据库管理系统。本章将以"学生-课程-选修"为例,介绍关系模型的有关概念,然后介绍关系代数、关系演算的各种运算以及相应的查询语言。

2.1　关　系　模　型

关系模型是 1970 年由 E. F. Codd 提出的。关系模型建立在集合代数的基础上,它由关系数据结构、关系操作集合和关系完整性约束 3 部分组成。按照数据模型的 3 要素,我们主要从关系数据结构、关系操作和关系完整性约束这 3 个方面详细介绍关系模型。

2.1.1　关系数据结构

关系是集合论的一个概念,也是关系模型的数据结构,它只包含单一的数据结构——关系。在关系模型中,现实世界的实体以及实体之间的各种联系均可以用关系来表示。关系模型的这种简单的数据结构能够表达丰富的语义,描

关系模型

述出现实世界中实体及实体间的各种关系。在用户看来,关系模型中数据的逻辑结构就是一个二维表,它由行和列组成。例如,表 2-1 中的学生信息就是一个关系模型,它涉及以下概念。

关系(Relation):一个关系对应一个二维表,表 2-1 所示的这个学生信息表对应就是一个关系,关系名就是"学生信息"。

元组(Tuple):表中的一行,对应存储文件中的一个记录。

属性(Attribute):表中的一列。属性名对应存储文件中的字段。

候选码(Candidate Key):若表中的某一个属性组能唯一地标识一个元组,则称该属性组为候选码。候选码可能是一个属性,也可能是多个属性的组合。

主码(Key):若一个关系中有多个候选码,则选定其中一个为主码。例如,学号可作为"学生信息"关系的主码。

主属性(Prime Attribute):候选码中的各个属性称为主属性。

非主属性(Non-key Attribute):不包含在任何候选码中的属性称为非主属性。

全码(All-Key):在最极端的情况下,关系模式的所有属性组是这个关系的候选码,称为全码。

关系模式:对关系的描述。其一般表示为关系名(属性 1,属性 2,…,属性 n)。例如,"学生信息"是一个关系,表示为学生信息(学号,姓名,性别,出生日期,所在学院)。

域(Domain):属性的取值范围。例如:性别域为(男、女);成绩域为大于或等于 0 的实数。

分量:元组(一行)中的一个属性值,如"李明"。

在关系模型中,实体和实体之间的联系都用关系来表示。

表 2-1　学生信息 *S*

学号	姓名	性别	出生日期	所在学院
202201001	张涛	男	2003-10-12	计算机学院
202201002	李明	男	2002-05-03	计算机学院
202202001	刘心	女	2002-06-24	机电学院
202203001	陈立	女	2003-01-16	法学院
202202002	王方	男	2002-09-09	电子学院

【例 2-1】　学生、课程和选修的关系可以表示为

学生信息(学号,姓名,性别,出生日期,所在学院)

课程(课程号,课程名,先修课程号,学分)

选修(学号,课程号,成绩)

关系是关系模式在某一时刻的状态或内容。关系模式是静态的、稳定的,而关系是动态的、随时间不断变化的。在实际应用中,人们经常把关系模式和关系都笼统地称为关系。

在关系模型中,实体以及实体之间的联系通过关系来表示。因此,在一个给定的应用领域中,所有实体以及实体之间的联系所对应的关系集合就构成了一个关系型数据库。关系型数据库也有型和值之分。关系型数据库的型就是关系型数据库模式,关系型数据库模式就是它所包含的所有关系模式的集合,是对关系型数据库的描述;关系型数据库的值就是这些关系模式在某一时刻对应的关系集合,通常称为关系型数据库实例。同样,在实际应用中,人们经常把关系型数据库模式和关系型数据库实例都笼统地称为关系型数据库。

关系模型要求关系必须是规范化的,即要求关系必须满足一定的规范条件,这些规范条件将在 2.2 节的关系规范化理论中进行详细介绍。

2.1.2　关系操作

与其他数据模型相比,关系模型的一个重要特色就是采用关系操作和关系操作语言。关系操作语言灵活方便,具有强大的查询表达能力。关系操作采用集合操作方式,即操作的对象和结构都是集合。

1. 关系操作的类型

关系模型中的关系操作分为数据查询、数据维护和数据控制 3 个部分。数据查询用于数据的检索、统计、排序和分组汇总;数据维护用于数据的插入、修改和删除;数据控制是为了保证数据的完整性而采用的数据存取控制与并发控制。

关系模型的查询表达能力很强,因此,数据查询操作是关系操作中最主要的部分。数据查询操作主要使用了关系代数中的选择(Select)、投影(Project)、连接(Join)、除(Divide)、并(Union)、差(Difference)、交(Intersection)、笛卡儿积(Extended Cartesian Product)等 8 种操作来表示。其中,选择、投影、并、差、笛卡儿积是 5 种基本操作,其他操作都可以通过基本操作来定义和导出。

2. 关系操作语言的种类

关系操作语言有以下 3 个明显的特点。

① 关系操作语言一体化。关系操作语言具有数据定义、查询、更新和控制一体化的特点。

关系操作语言既可作为宿主语言嵌入主语言中,又可作为独立语言交互使用。关系操作语言的这一特点使得关系型数据库语言容易学习,使用方便。

② 关系操作语言是高度非过程化的语言。用户不必请求数据库管理员为其建立特殊的存取路径,存取路径的选择由 DBMS 的优化机制来完成。用户也不必求助于循环和递归来完成数据的重复操作。

关系操作语言可以分为以下 3 类。

(1) 关系代数语言

关系代数语言是用对关系的运算来表达查询要求的语言。ISBL(Information System Base Language)为关系代数语言的代表,每一个 ISBL 语句都近似于一个关系代数表达式。

(2) 关系演算语言

关系演算语言是用查询得到的元组应满足的谓词条件来表达查询要求的语言。关系演算语言可分为元组演算语言和域演算语言两种。元组演算语言的谓词变元的基本对象是元组变量,典型代表是 ALPHA 语言;域演算语言的谓词变元的基本对象是域变量,典型代表是 QBL (Query By Example)语言。

(3) 基于映像的语言

基于映像的语言是具有关系代数和关系演算双重特点的语言。SQL(Structure Query Language)是基于映像的语言。SQL 包括数据定义、数据操作和数据控制 3 种功能,具有语言简洁、易学易用的特点,SQL 充分体现了关系数据语言的特点,是关系型数据库的标准语言和主流语言。

在关系型数据库中,实际的查询语言除了提供关系代数或关系演算的功能外,还提供了许多附加功能,如集合函数、关系赋值、算术运算等。关系型数据库查询语言将在第 3 章进行详细介绍。

2.1.3 关系完整性约束

现实世界中,实体及其联系都要受到许多语义要求的限制。例如:一个学生一个学期可以选修多门课程,但只能在本学期已开的课程中进行选修;百分制成绩的取值只能在 0~100 之间。在关系型数据库中,关系的值随着时间变化时应该满足一些约束条件,这种对关系的约束条件就表现为关系完整性约束。

关系完整性是为保证数据库中数据的正确性和相容性,对关系模型提出的某种约束条件或规则。完整性通常包括实体完整性、参照完整性和用户定义完整性(又称域完整性),其中实体完整性和参照完整性是关系模型必须满足的完整性约束条件,被称作关系的两个不变性,应该由关系型数据库管理系统自动支持。用户自定义完整性是应用领域中需要遵循的约束条件,体现了具体应用领域中的语义约束。

关系完整性约束

1. 实体完整性(Entity Integrity)

规则 2.1 实体完整性规则 若属性 A 是基本关系 R 的主属性,则 A 不能取空值。

实体完整性强调基本关系的所有主属性都不能取空值,而不仅仅是主码不能取空值。

【例 2-2】 在学生关系中,属性"学号"可以唯一标识一个元组,也可以唯一标识一个学生实体,它是主码,因此它不能取空值。同样,在选修关系中,属性集(学号,课程号)为主码,则该关系中的学号和课程号两个属性均不能为空值。

实体完整性能够保证实体的唯一性和可区分性。实体完整性规则是针对基本表而言的，由于一个基本表通常对应现实世界的一个实体集（或联系集），而现实世界中的一个实体（或一个联系）是可区分的，它在关系中以码作为实体（或联系）的标识，主属性不能取空值就能够保证实体（或联系）的唯一性。空值说明"不知道"或"无意义"。如果主属性取空值，则说明存在某个不可标识的实体，即存在不可区分的实体，这不符合现实世界的情况。

2. 参照完整性（Referential Integrity）

现实世界中的实体之间往往存在某种联系，在关系模型中实体及实体间的联系都是用关系来描述的，这样就自然存在着关系与关系之间的引用。

【例 2-3】 学生、院系、课程和选修关系可以用下面的关系来表示，其中主码用下划线标识。

学生(<u>学号</u>,姓名,性别,出生日期,所在学院号)

院系(<u>学院号</u>,学院名称,学院院长)

课程(<u>课程号</u>,课程名,学分)

选修(<u>学号</u>,<u>课程号</u>,成绩)

这 4 个关系之间存在着属性的引用：

学生关系引用了院系关系的主码"学院号"，因此，学生关系中所在学院号的值必须是真实存在的学院号，即院系关系中有该学院的记录。也就是说，学生关系中的某个属性（所在学院号）的取值需要参照其他关系（院系）的属性（学院号）取值。

同样，选修关系引用了学生关系的"学号"和课程关系的"课程号"，因此，选修关系中的学号值必须是真实存在的学生的学号，即学生关系中有该学生的记录；选修关系中的课程号的值必须是真实存在的课程的课程号，即课程关系中有该课程的记录。也就是说，选修关系中的某些属性（学号、课程号）的取值需要参照其他关系（学生、课程）的属性（学生的学号、课程的课程号）取值。

上述例子说明了关系与关系之间存在着相互引用、相互约束的情况。下面通过介绍外码以及关系与关系之间的参照关系来引出参照完整性规则。

定义 2.1 设 F 是基本关系 R 的一个或一组属性，但不是关系 R 的码。K_s 是基本关系 S 的主码。如果 F 与 K_s 相对应，即 F 是 R 的外码，则称 F 是基本关系 R 的外码（Foreign Key），并称基本关系 R 为参照关系，基本关系 S 为被参照关系或目标关系。关系 R 和 S 不一定是不同的关系。

显然，目标关系 S 的主码 K_s 和参照关系 R 的外码 F 必须定义在同一个（或同一组）域上。

在例 2-3 中，学生关系的"所在学院号"属性与院系关系的"学院号"相对应，因此，"学院号"是学生关系的外码。这时，学生关系是参照关系，院系关系是被参照关系。

规则 2.2 参照完整性规则 若属性（或属性组）F 是基本关系 R 的外码，它与基本关系 S 的主码 K_s 相对应（基本关系 R 与 S 不一定是不同的关系），则 R 中的每个元组在 F 上的值必须取空值（F 的每个属性值均为空值）或者等于 S 中某个元组的主码值。

在例 2-3 的学生关系中"所在学院号"属性只能取下面两类值：空值，表示尚未给该学生分配院系；非空值，该值必须是院系关系中某个元组的"学院号"值。一个学生不可能分配到一个不存在的院系中，即参照关系院系中一定存在一个元组，它的主码值等于学生关系中的外码值。

3. 用户自定义完整性(User-defined Integrity)

任何关系型数据库系统都应当具备实体完整性和参照完整性。另外,由于不同的关系型数据库系统有着不同的应用环境,所以它们要有不同的约束条件。

用户自定义完整性就是针对某一具体关系型数据库的约束条件,它反映某一具体应用所涉及的数据必须满足的语义要求。例如,某个属性必须取唯一值,某个非主属性不能取空值。

在例 2-3 的学生关系中必须给出学生的姓名,这就要求学生姓名不能取空值,性别的取值只能为"男"和"女",这是因为某个属性只能在某个范围内取值,这些都是针对具体关系提出的完整性条件。

关系模型提供了定义和检验这类完整性的机制,以便用统一系统的方法处理它们,而不需要由应用程序负责这一功能。

2.2 关系规范化理论

对于从客观世界中抽象出的一组数据,应该如何构建一个与之相适应的数据模式? 例如,在关系型数据库中,应构造哪几个关系? 每个关系由哪些属性组成? 这些都是在数据库的逻辑设计中要解决和考虑的问题。

关系实质上是一个二维表。表格数据描述了客观事物及其联系。随着时间的推移,关系会发生变化,但是现实生活中的许多已知事实却限定了关系模式的所有关系,使它必须满足一定的约束条件。这些约束条件可以通过数据间的相互关联体现出来。这种关联称为数据依赖,它是数据库模型设计的关键。

要设计一个好的关系模式方案,要以规范化理论作为指导,规范化理论研究属性间的数据依赖关系,主要有函数依赖与多值依赖。关系规范化按属性间依赖程度的不同可分为第一范式、第二范式、第三范式、BC 范式、第四范式和第五范式。

2.2.1 问题的提出

构造一个关系型数据库模式的方法有多种,不同的设计方案有好坏之分。如何评价关系模型的好坏是与关系规范化有关的问题。

下面通过一个具体关系的例子来说明关系模式在使用中可能存在的问题。

【例 2-4】 假设有学生关系模式:学生表 S(学号、姓名、课程号、课程名称、成绩)。具体关系见表 2-2。

表 2-2 学生表 S

学号	姓名	课程号	课程名称	成绩
202201001	张涛	C1	数据结构	76
202201002	李明	C2	操作系统	81
202202001	刘心	C2	操作系统	83
202203001	陈立	C1	数据结构	68
202202002	王方	C3	汇编语言	74

通过分析发现 S 关系中存在以下问题。

（1）数据冗余

例如,课程的课程名称重复出现,如果有 100 个学生选修数据结构课程,则与数据结构课程有关的信息要出现 100 次。

（2）修改复杂

对 S 中的元组进行修改时可能出现数据不一致的情况。例如,把第一个元组中属性课程名称改为"C 语言",就会出现 C1 的课程名称不一致的问题,除非把 C1 的所有课程名称都改为同一个值"C 语言"。

（3）插入异常

插入异常是指应该插入数据库中的数据不能执行插入操作的情形。例如,在学生在未选课前,虽然知道他的学号、姓名,但仍无法将他的信息插入关系模式 S 中去。因为关系模式 S 的主码为(学号,课程号),课程号为空值时,插入是禁止的,这违反了实体完整性规则,所以当一个元组在主码部分或所有部分为空时,该元组不能插入关系模式中。

（4）删除异常

删除异常是指不应该删除的数据被删除的情形。例如,如果删除了学号为 202202002 的元组,那么会丢失课程号 C3 这门课的课程号和课程名称,这是一种不合理的现象。

由于关系模式 S 存在上述 4 个问题,因此它是一个"不好"的关系模式。一个好的关系模式应该不会发生插入异常和删除异常问题,数据冗余应尽可能减少。

那么,为什么会产生这些问题呢？这与每个关系模式中各个属性值之间的联系有关。在关系模式 S 中,(学号,课程号)是候选关键字,它们的值唯一决定其他所有属性的值,这形成一种依赖关系。产生上述问题的原因是关系模式 S 中存在多余的数据依赖,或者说关系模式 S 不够规范。

课程名称的属性值由课程号决定,与学号无直接联系。把无直接联系的课程属性和学生学号放在一起,就产生了存储异常的问题。通常,将结构较简单的关系取代结构较复杂的关系(简单或复杂是指对数据相关性而言)的过程称为关系的规范化。当然,这个过程既不能增加信息,也不能丢失信息,称之为"无损连接"。

关系模式设计时强调"独立的联系,独立表达",这是一条设计原则。所以,如果用 3 个关系模式 S、C 和 SC 代替原来的关系模式 S,如表 2-3～表 2-5 所示,那么前面提到的 4 个问题就基本上解决了。将原来的 S 分解为 S、C 和 SC 的过程就是规范化的过程。

表 2-3　学生表 S

学号	姓名
202201001	张涛
202201002	李明
202202001	刘心
202203001	陈立
202202002	王方

表 2-4　课程表 C

课程号	课程名称
C1	数据结构
C2	操作系统
C3	汇编

表2-5　成绩表 SC

学号	课程号	成绩
202201001	C1	76
202201002	C2	81
202202001	C2	83
202203001	C1	68
202202002	C3	74

每个学生的学号、姓名,每门课程的课程号和课程名称只存放一次。当学生选课后,可将其信息插入关系模式 SC 中;当删除某学生的选课信息时,直接在关系模式 SC 中进行删除,这样就不会把课程的基本信息删除掉。

当然,上述的关系模式并不代表在任何情况下都是最优的。例如,要查询数据结构课程成绩为 68 的学生姓名,就要将 S、C 和 SC 3 个关系模式做自然连接,这样做的代价很大,而在原关系模式 S 中却可以直接查到。那么,到底什么样的关系模式是较优的? 如何设计较优的关系模式?

为了使数据库设计的方法较优,人们研究了规范化理论。关系规范化的目的在于控制数据冗余、避免插入和删除异常的操作,从而增强数据库结构的稳定性和灵活性。关系规范化的过程实质上是以结构更单纯、更规范的关系逐步取代原有关系的过程,或者说是由一个低级范式通过模式分解逐步转换为若干个高级范式的过程。

2.2.2　函数依赖

在现实世界中的事物是彼此联系、相互制约的。这种联系分为两类:一类是实体与实体之间的联系;另一类是实体内部各属性之间的联系。之前讨论的是第一类联系,即数据模型。本节将讨论第二类联系,即属性间的联系,其中函数依赖是关系模式内属性间最常见的一种依赖关系。

定义 2.2　设 $R(U)$ 是属性集 U 上的关系模式,X、Y 是 U 的子集。若 $R(U)$ 的任意一个可能的关系 r 中不可能存在两个元组在 X 上的属性值相等,而在 Y 上的属性值不等,则 X 函数确定 Y 或 Y 依赖 X,记作 $X \rightarrow Y$。若 $X \rightarrow Y, Y \rightarrow X$,记作 $X \leftrightarrow Y$(非主属性中的某属性值唯一)。

函数依赖又分为非平凡依赖和平凡依赖,从性质上还可以分为完全函数依赖、部分函数依赖和传递函数依赖。

定义 2.3　在关系模式 $R(U)$ 中,对于 U 的子集 X 和 Y,如果 $X \rightarrow Y$,但 Y 不是 X 的子集,则称 $X \rightarrow Y$ 是非平凡函数依赖;如果 Y 是 X 的子集,则称 $X \rightarrow Y$ 为平凡函数依赖。

定义 2.4　在关系模式 $R(U)$ 中,如果 $X \rightarrow Y$,并且对于 X 的任何一个真子集 X' 都有 $X' ! \rightarrow Y$,则称 Y 完全函数依赖 X,记作 $X \xrightarrow{F} Y$。若 $X \rightarrow Y$,但 Y 不完全函数依赖 X,则称 Y 部分函数依赖 X,记 $X \xrightarrow{P} Y$。

定义 2.5　在关系模式 $R(U)$ 中,如果 $X \rightarrow Y, Y \rightarrow Z$,且 Y 不是 X 的子集,X 不函数依赖 Y,则称 Z 传递函数依赖 X。

函数依赖与属性之间的联系类型有关。

① 在一个关系模式中,如果属性 X 与 Y 有 1:1 的联系,则存在函数依赖:$X \rightarrow Y, Y \rightarrow X$,即

$X \leftrightarrow Y$。

② 如果属性 X 与 Y 有 1:n 的联系,则只存在函数依赖:$Y \rightarrow X$。

③ 如果属性 X 与 Y 有 m:n 的联系,则 X 与 Y 之间不存在任何函数依赖关系。

由于函数依赖与属性之间的联系类型有关,所以在确定属性间的函数依赖关系时,可以从分析属性间的联系类型入手,便可确定属性间的函数依赖。

2.2.3 关系范式

关系范式

关系型数据库在设计时应该遵守一定的规则,不同的规范化程度可以用范式来表示。范式(Normal Form)是符合某一种级别的关系模式的集合,是衡量关系模式规范化程度的标准。由于规范化的程度不同,就产生了不同的范式。

目前主要有 6 种范式,满足最基本规范化要求的关系模式称为第一范式(1NF),在第一范式中进一步满足一些要求的称为第二范式(2NF),在第二范式的基础上又提出了第三范式(3NF),接着又提出了 BCNF、4NF、5NF。范式的等级越高,应满足的约束条件也越严格。规范的每一级别都依赖它的前一级别。例如,若一个关系模式满足 2NF,则一定满足 1NF。显然,各范式之间存在着联系。

$$1NF \supset 2NF \supset 3NF \supset BCNF \supset 4NF \supset 5NF$$

1. 第一范式(1NF)

定义 2.6 若关系 R 的每个属性值都是不可再分的最小数据单位,则称 R 为第一范式,记作 $R \in 1NF$。

在任何一个关系型数据库系统中,第一范式是一个对关系模式最起码的要求,不满足第一范式的数据库模式不能称为关系型数据库。

例如,表 2-6 所示的学生关系表满足第一范式。表 2-7 所示的工资关系表具有组合数据项,不属于第一范式。

表 2-6 学生关系表

学号	姓名	性别	学院号	学院名称	课程号	课程名称	成绩
2201001	张军	男	01	软件工程	001	数据库应用	78
2201002	李辉	男	02	网络工程	002	程序设计	89
2201003	赵心	女	01	软件工程	003	管理信息系统	85
2201004	林梅	女	02	网络工程	004	数据结构	79
2201004	林梅	女	02	网络工程	001	数据库应用	90

表 2-7 工资关系表

员工编号	姓名	工资		
		基本工资	岗位工资	津贴
001	赵国	2000	500	500
002	刘娜	1800	400	300
003	陈乐	2000	700	800

为了使表 2-7 满足第一范式,可将该关系模式进行规范化,如表 2-8 所示。

表 2-8　满足 1NF 的工资关系表

员工编号	姓名	基本工资	岗位工资	津贴
001	赵国	2000	500	500
002	刘娜	1800	400	300
003	陈乐	2000	700	800

满足第一范式的关系模式不一定就是一个好的关系模式。例如,已经对表 2-2 所示的学生表 S 分析过,它存在数据冗余、插入异常、删除异常等问题。

2. 第二范式(2NF)

定义 2.7　若关系 $R \in 1NF$,且 R 中的每个非主属性都完全函数依赖 R 的任一候选码,则 $R \in 2NF$。

【例 2-5】　对于学生关系 S——学生(学号,姓名,性别,学院号,学院名称,课程号,课程名称,成绩),其存在部分函数依赖:学号→姓名;学号→性别;学院号→学院名称;课程号→课程名称。即学生关系 S 存在非主属性对候选码的部分函数依赖,因此不是 2NF。

当对该学生关系进行插入、修改、删除操作时会出现许多问题。为解决这些问题,要对关系进行规范化,方法就是对原关系进行投影,将其分解。

根据上述分析,可将学生关系分解成 3 个关系。

- 学生 S(学号,姓名,性别,学院号,学院名称)(只依赖学号的属性分解到第 1 个子模式中)。
- 课程 C(课程号,课程名称)(只依赖课程号的属性分解到第 2 个子模式中)。
- 选修 SC(学号,课程号,成绩)(完全函数依赖候选码的属性分解到第 3 个子模式中)。

分解后,学生关系 S、课程关系 C 和选修关系 SC 中的非主属性都完全函数依赖候选码,所以这 3 个关系都是 2NF。

那么,达到 2NF 范式的关系是不是就不存在问题呢? 不一定。2NF 关系并不能解决所有的问题。例如,在分解后的学生关系 S 中还存在着下列问题。

① 数据冗余。一个学院有多个学生,学院号和学院名称要重复存储。

② 修改复杂。一个学院的信息修改时,必须修改相关的多个学生元组。

③ 插入异常。一个新的学院若当前还没有学生,则会因缺失学号而不能进行插入操作。

④ 删除异常。删除某个学生时,会丢失该学生所在学院的名称信息。

之所以存在这些问题,是因为在关系模式 S 中存在着非主属性对候选码的传递函数依赖,还需要进一步分解,这就是下面要讨论的 3NF。

3. 第三范式(3NF)

定义 2.8　若关系 $R \in 2NF$,且 R 中的任何一个非主属性都不传递函数依赖 R 的任何一个候选码,则 $R \in 3NF$。

例 2-5 中的学生关系 S(学号,姓名,性别,学院号,学院名称)是 2NF,但不是 3NF。因为学号是候选码,学院名称是非主属性,存在传递函数依赖:学号→学院号;学院号→学院名称。即学生关系 S 存在非主属性对候选码的传递函数依赖,因此不是 3NF。

为解决 S 中存在的问题,仍采用投影的方法,将 S 分解如下。

学生 S(学号,姓名,性别,学院号)

学院 D(学院号,学院名称)

则这里的关系 S 和 D 都是 3NF。

4. BCNF

一般来说,第三范式的关系能解决大多数插入和删除的异常问题,但也存在一些例外。为了解决 3NF 有时出现的插入和删除等异常问题,R. F. Boyce 和 E. F. Codd 提出了 3NF 的改进形式 BCNF。

定义 2.9 设关系模式 $R<U,F>\in$ 1NF,对于 R 的每个函数依赖 $X\rightarrow Y$,若 Y 不属于 X,则 X 必含有候选码,$R\in$ BCNF。

即在关系 $R(U,F)$ 中,若每一个决定因素都包含候选码,则 $R\in$ BCNF。

采用投影分解法将一个 3NF 的关系分解为多个 BCNF 的关系,可以进一步解决原 3NF 关系中存在的插入和删除等异常问题。

【例 2-6】 假定:每个学生可选修多门课程,一门课程可由多个学生选修,每门课程可由多个教师讲授,但每个教师只能负责一门课程。判断表 2-9 给出的关系 SCT(学号、课程名、教师)属于第几范式?并分析该关系模式存在的问题。

表 2-9 SCT 关系

学号	课程名	教师
S1	高等数学	王成
S1	英语	陈进
S2	英语	刘丽
S2	C 语言	陈小平
S3	C 语言	张方

关系 SCT 的候选码为(学号,课程名)和(学号,教师),因此其不存在非主属性,也就不存在非主属性对候选码的传递函数依赖。所以,该关系至少是 3NF。又因为主属性之间存在教师→课程名,其左边不包含该关系的任一个候选码,因此,SCT$\in$3NF,它不是 BCNF。

该关系中存在插入和删除异常的问题。例如,一门新课程和其授课教师的数据要插入数据库时,必须至少有一个学生选修该课程并且该课程已分配好任课教师。对此的解决办法仍然是通过投影将其分解成为 BCNF。因此,将 SCT 分解为

SC(学号,课程名)

CT(课程名,教师)

它们都是 BCNF。

BCNF 在第三范式的基础上进一步消除主属性对于候选码的部分函数依赖和传递依赖。如果仅考虑函数依赖这一种数据依赖,那么属于 BCNF 的关系模式已经很好了,但如果考虑其他数据依赖,如多值依赖,那么属于 BCNF 的关系模式可能仍存在问题。第四范式(4NF)就是限制关系模式的属性之间不允许有非平凡且非函数依赖的多值依赖。

4NF 的应用范围比较小,因为只有在某些特殊情况下,才考虑将表规范到 4NF。所以在实际应用中,一般不要求表满足 4NF。第五范式(5NF)是最终范式,它消除了 4NF 中的连接依赖,是在第四范式的基础上做的进一步规范化,它处理的是相互依赖的多值情况。

规范化的本质是把表示不同主题的信息分解到不同的关系中,如果某个关系包含两个或两个以上的主题,就应该将它分解为多个关系,使每个关系只包含一个主题。在分解关系之后,需要注意建立起关系之间的关联约束(参照完整性约束)。规范化的过程就是在数据库表

设计时移除数据冗余的过程。随着规范化的进行,数据冗余越来越少,但数据库的效率也越来越低。这样的话关系变得越来越复杂,对关系的使用也会变得越来越复杂,因此并不是分解得越细越好。一般来说,用户的目标是第三范式数据库,因为在大多数情况下,这是进行规范化与达到易用程度的最好平衡点。因此,这里不再讨论更高级别的规范化,有兴趣的读者可以参阅有关书籍。

2.3 关 系 代 数

关系模型源于数学,关系是由元组构成的集合,可以通过关系的运算来表达查询要求。而关系代数是一种抽象的查询语言,是关系数据操纵语言的一种传统表达方式,它用对关系的运算来表达查询。

任何一种运算都是将一定的运算符作用于一定的运算对象上,从而得到预期的运算结果。所以,运算对象、运算符和运算结果是运算的三大要素。

关系代数的运算对象是关系,运算结果也是关系。关系代数用到的运算符包括4类:集合运算符,专门的关系运算符、算术比较符和逻辑运算符,如表2-10所示。

表 2-10　关系代数运算符

运算符		含义	运算符		含义
集合运算符	∪	并	算术比较符	>	大于
	∩	交		≥	大于或等于
	−	差		<	小于
	×	笛卡儿积		≤	小于或等于
				=	等于
				≠	不等于
专门的关系运算符	×	笛卡儿积	逻辑运算符	¬	非
	σ	选择			
	π	投影		∧	与
	⋈	连接			
	÷	除		∨	或

关系代数的运算根据运算符的不同可分为传统的集合运算和专门的关系运算两大类。其中,传统的集合运算将关系看成元组的集合,它包括集合的并运算、交运算、差运算、笛卡儿积运算。专门的关系运算除了把关系看成元组的集合外,还通过运算表达了查询的要求,它包括选择、投影、连接和除运算。

2.3.1　传统的集合运算

传统的集合运算是二目运算,它包括并、交、差、笛卡儿积4种运算。设关系 R 和 S 具有相同的目 n(两个关系都有 n 个属性),其相应的属性取自同一个域,则定义并、交、差、笛卡儿积运算如下。

集合运算

1. 并(Union)

关系 R 与关系 S 的并由属于 R 或属于 S 的元组组成,其结果关系仍为 n 目关系,记作

$R \cup S = \{t | t \in R \lor t \in S\}$。

2. 交（Intersection）

关系 R 与关系 S 的交由既属于 R 又属于 S 的元组组成。其结果关系仍为 n 目关系，记作 $R \cap S = \{t | t \in R \land t \in S\} R \cap S = \{t | t \in R \land t \in S\}$。

3. 差（Difference）

关系 R 与关系 S 的差由属于 R 而不属于 S 的所有元组组成。其结果关系仍为 n 目关系，记作 $R - S = \{t | t \in R \land t \notin S\}$。

4. 广义笛卡儿积（Extended Cartesian Product）

两个分别为 n 目和 m 目的关系 R 和 S 的广义笛卡儿积是一个 $n+m$ 列的元组的集合。元组的前 n 列是关系 R 的一个元组，后 m 列是关系 S 的一个元组。若 R 有 k_1 个元组，S 有 k_2 个元组，则关系 R 和关系 S 的广义笛卡儿积有 $k_1 \times k_2$ 个元组，记作 $R \times S = \{\widehat{t_r t_s} | t_r \in R \land | t_s \in S\}$。

图 2-1 为具有 3 个属性列的关系 R 和 S。图 2-2 为关系 R 与 S 的并、交、差和广义笛卡儿积运算举例。

R

A	B	C
a_1	b_1	c_1
a_1	b_2	c_2
a_2	b_2	c_1

(a)

S

A	B	C
a_1	b_2	c_2
a_1	b_3	c_2
a_2	b_2	c_1

(b)

图 2-1　关系 R 与 S 的属性列

$R \cup S$

A	B	C
a_1	b_1	c_1
a_1	b_2	c_2
a_2	b_2	c_1
a_1	b_3	c_2

(a) 并

$R \cap S$

A	B	C
a_1	b_2	c_2
a_2	b_2	c_1

(b) 交

$R - S$

A	B	C
a_1	b_1	c_1

(c) 差

$R \times S$

A	B	C	A	B	C
a_1	b_1	c_1	a_1	b_2	c_2
a_1	b_1	c_1	a_1	b_3	c_2
a_1	b_1	c_1	a_2	b_2	c_1
a_1	b_2	c_2	a_1	b_2	c_2
a_1	b_2	c_2	a_1	b_3	c_2
a_1	b_2	c_2	a_2	b_2	c_1
a_2	b_2	c_1	a_1	b_2	c_2
a_2	b_2	c_1	a_1	b_3	c_2
a_2	b_2	c_1	a_2	b_2	c_1

(d) 广义笛卡儿积

图 2-2　传统集合运算举例

2.3.2　专门的关系运算

专门的关系运算包括选择、投影、连接、除等。为了叙述方便,先引入几个符号。

① 设关系模式为 $R(A_1, A_2, \cdots, A_n)$,它的一个关系设为 R 。 $t \in R$ 表示 t 是 R 的一个元组。 $t[A_i]$ 则表示元组 t 中相对于属性 A_i 的一个分量。

② 若 $A = \{A_{i1}, A_{i2}, \cdots, A_{ik}\}$,其中 $A_{i1}, A_{i2}, \cdots, A_{ik}$ 是 $A_1, A_2, \cdots, A_n$ 中的一部分,则 A 称为属性列或属性组, $t[A] = \{t[A_{i1}], t[A_{i2}], \cdots, t[A_{ik}]\}$ 表示元组 t 在属性列 A 上诸分量的集合。 $\overline{A}$ 则表示 $\{A_1, A_2, \cdots, A_n\}$ 中去掉 $\{A_{i1}, A_{i2}, \cdots, A_{ik}\}$ 后剩余的属性组。

关系运算

③ 设 R 为 n 目关系, S 为 m 目关系,且 $t\_r \in R$, $t\_s \in S$, $(\widehat{t_r, t_s})$ 称为元组的连接 (Concatenation)。它是一个 $n+m$ 列的元组,前 n 个分量为 R 中的一个 n 元组,后 m 个分量为 S 中的一个 m 元组。

④ 给定一个关系 $R(X, Z)$, X 和 Z 为属性组。定义当 $t[X] = x$ 时, x 在 R 中的像集 (Images Set)为 $Z_x = \{t[Z] | t \in R, t[X] = x\}$ 。

x 在 R 中的像集为 R 中 Z 属性对应分量的集合,而这些分量所对应的元组中属性组 X 上的值为 x 。

1. 选择(Selection)

选择运算是一个单目运算,它是在关系 r 中查找满足给定谓词(选择条件)的所有元组,记作 $\sigma_F(R) = \{t | t \in R \land F(t) = '真'\}$ 。其中, F 表示选择条件,它是一个逻辑表达式,取逻辑值"真"或"假", F 由逻辑运算符 $\neg$ (非)、 $\land$ (与)和 $\lor$ (或)连接各条件表达式组成。

条件表达式的基本形式为 $X_1 \theta Y_1$ 。其中, θ 是比较运算符,它可以是 $>$ 、 $\geqslant$ 、 $<$ 、 $\leqslant$ 、 $=$ 或 $\neq$ 。 X_1 和 Y_1 是属性名、常量或简单函数,属性名也可以用它的序号来代替。

选择运算实际上是从关系 R 中选取使逻辑表达式为真的元组。这是从行的角度进行的运算。

【例 2-7】 假设有关系 Student 如表 2-11 所示。

表 2-11　关系 Student

学号 Sno	姓名 Sname	性别 Ssex	年龄 Sage	所在学院 Sdept
09001	李勇	男	20	CS
09002	刘晨	女	19	IS
09003	王敏	女	18	MA
09004	张立	男	19	IS

① 查询信息学院(IS)的全体学生。

$\sigma_{Sdept = 'IS'}(Student)$

或

$\sigma_{5 = 'IS'}(Student)$

其中下角标 5 为 Sdept 的属性序号,结果如表 2-12 所示。

表 2-12　信息学院学生表

学号 Sno	姓名 Sname	性别 Ssex	年龄 Sage	所在学院 Sdept
09002	刘晨	女	19	IS
09004	张立	男	19	IS

② 查询年龄小于 20 岁的学生。

$\sigma_{Sage < 20}(Student)$

或

$\sigma_{4 < 20}(Student)$

结果如表 2-13 所示。

表 2-13 年龄小于 20 岁的学生表

学号 Sno	姓名 Sname	性别 Ssex	年龄 Sage	所在学院 Sdept
09002	刘晨	女	19	IS
09003	王敏	女	18	MA
09004	张立	男	19	IS

2. 投影(Projection)

投影运算也是一个单目运算,它是从一个关系 R 中选取所需要的列组成一个新关系,记作 $\pi_A(R) = \{t[A] | t \in R\}$,其中 A 为 R 中的属性列。投影操作是从列的角度进行运算的。

投影的基本思想是从一个关系中选择需要的属性成分,并按要求排列组成一个新的关系。新关系的各属性值来自原关系中相应的属性值,并去掉重复元组。

【例 2-8】 对于表 2-11 所示的关系 Student,查询学生所在学院及其姓名即求 Student 关系上学生所在学院和姓名两个属性上的投影。

$\pi_{Sdept, Sname}(Student)$

结果如表 2-14 所示。

表 2-14 查询学生所在学院及其姓名

所在学院 Sdept	姓名 Sname
CS	李勇
IS	刘晨
MA	王敏
IS	张立

3. 连接(Join)

连接运算是一个二目运算,它是从两个关系的笛卡儿积中选取满足一定连接条件的元组,记作

$$R \underset{A\theta B}{\bowtie} S = \{\widehat{t_r t_s} | t_r \in R \wedge t_s \in S \wedge t_r[A] \theta t_s[B]\}$$

其中,A 和 B 分别为 R 和 S 上度数相同且可比的属性组,θ 是比较运算符。连接运算从 R 和 S 的笛卡儿积 $R \times S$ 中选取 R 关系在 A 属性组上的值与 S 关系在 B 属性组上的值满足比较关系 θ 的元组。

连接运算中有两种最为重要也是最为常用的连接:一种是等值连接(Equivalent join);另一种是自然连接(Natural join)。

当 θ 为"="时,连接运算称为等值连接。等值连接是从关系 R 和 S 的笛卡儿积中选取 A 和 B 属性值相同的那些元组。等值连接表示为

$$R \underset{A=B}{\bowtie} S = \{\widehat{t_r t_s} | t_r \in R \wedge t_s \in S \wedge t_r[A] = t_s[B]\}$$

自然连接是一种特殊的等值连接,它要求两个关系中进行比较的分量必须是相同的属性

组,并且在结果中把重复的属性列去掉。若 R 和 S 具有相同的属性组 $t\_r[A] = t\_s[B]$,则它们的自然连接可表示为

$$R \bowtie S = \{\widehat{t_r t_s} \mid t_r \in R \wedge t_s \in S \wedge t_r[A] = t_s[B]\}$$

一般的连接操作是从行的角度进行运算的,但自然连接还需要取消重复列,它是同时从行和列两种角度进行的运算。

【例 2-9】 存在关系 R、关系 S,它们的相关运算如图 2-3 所示。

<table>
<tr><td colspan="3" align="center">R</td></tr>
<tr><th>A</th><th>B</th><th>C</th></tr>
<tr><td>1</td><td>2</td><td>3</td></tr>
<tr><td>4</td><td>5</td><td>6</td></tr>
<tr><td>7</td><td>8</td><td>9</td></tr>
</table>

<table>
<tr><td colspan="3" align="center">S</td></tr>
<tr><th>B</th><th>C</th><th>D</th></tr>
<tr><td>2</td><td>3</td><td>2</td></tr>
<tr><td>5</td><td>6</td><td>3</td></tr>
<tr><td>9</td><td>8</td><td>5</td></tr>
</table>

$R \bowtie S$
[1]<[3]

A	B	C	B	C	D
1	2	3	2	3	2
1	2	3	5	6	3
1	2	3	9	8	5
4	5	6	9	8	5

$R \bowtie S$
[3]=[2]

A	B	C	B	C	D
1	2	3	2	3	2
4	5	6	5	6	3

图 2-3 关系 R、关系 S 及相关运算结果

4. 除(Division)

除运算是一个复合的二目运算,如果把笛卡儿积看作"乘法"运算,则除法运算可以看作这个"乘法"的逆运算,因此称它为除运算。

给定关系 $R(X,Y)$ 和 $S(Y,Z)$,其中 X、Y、Z 为属性组。R 中的 Y 与 S 中的 Y 可以有不同的属性名,但必须出自相同的域集。R 与 S 的除运算得到一个新的关系 $P(X)$,P 是 R 中满足下列条件的元组在 X 属性列上的投影:元组在 X 上的分量值 x 的像集 Y_x 包含 S 在 Y 上投影的集合。记作

$$R \div S = \{t_r[X] \mid t_r \in R \wedge \pi_y(S) \subseteq Y_x\}$$

其中,Y_x 为 x 在 R 中的像集,$x = t_r[X]$。显然,除运算是同时从行和列的角度进行的运算。

根据关系运算的除法定义,可以得出它的运算步骤。

① 将被除关系的属性分为像集属性和结果属性两部分:与除关系相同的属性属于像集属性,与除关系不相同的属性属于结果属性。

② 在除关系中,对像集属性投影,得到除目标数据集。

③ 将被除关系分组。分组原则是结果属性值一样的元组分为一组。

④ 逐一考察每个组,如果它的像集属性值中包括目标数据集,则对应的结果属性应属于该除运算的结果集。

【例 2-10】　有关系 R 和关系 S，则 $R \div S$ 的结果如图 2-4 所示。

R		
A	B	C
a_1	b_1	c_2
a_2	b_3	c_7
a_3	b_4	c_6
a_1	b_2	c_3
a_4	b_6	c_6
a_2	b_2	c_3
a_1	b_2	c_1

S		
B	C	D
b_1	c_2	d_1
b_2	c_1	d_1
b_2	c_3	d_2

$R \div S$
A
a_1

图 2-4　关系 R、关系 S 和 $R \div S$ 的结果

本节介绍了 8 种关系代数运算，其中并、差、笛卡儿积、选择和投影 5 种运算为基本的运算，其他 3 种运算（交、连接和除）均可以用这 5 种基本运算来表达。引进它们并不增加语言的表达能力，但可以简化表达。关系代数对数据库的数据操作是完备的，利用关系代数可以实现一切数据操作。

2.4　数据库系统设计

数据库设计是建立数据库及其应用系统的技术，是信息系统开发和建设中的核心技术。具体来说，数据库设计是指对于一个给定的应用环境，构造最优的数据库模式，建立数据库及其应用系统，使之能够有效地存储数据，满足各种用户的应用需求（信息要求和处理要求）。这个问题是数据库在应用领域的主要研究课题。

数据库技术是进行信息资源的开发、管理和服务的最有效手段，因此数据库的应用范围越来越广，从小型的单项事务处理系统到大型的信息服务系统大都利用了先进的数据库技术来保持系统数据的整体性、完整性和共享性。

大型数据库设计是一项庞大的工程，其开发周期长、耗资多。它要求数据库设计人员既要有具有坚实的数据库知识，又要充分了解实际应用对象，所以可以说数据库设计是一项涉及多学科的综合性技术。设计出一个性能较好的数据库系统并不是一件简单的工作。通常来说，一个成功的管理信息系统是由 50% 的业务和 50% 的软件组成的，而成功软件所占的 50% 又是由 25% 的数据库和 25% 的程序组成的。设计数据库时既要考虑数据库的框架和数据结构，又要考虑应用程序存取数据和处理数据。因此，最佳设计不可能一蹴而就，只能是一个反复探寻并不断改进的过程。

2.4.1　数据库设计方法

现实世界的复杂性导致了数据库设计的复杂性。只有以科学的数据库设计理论为基础，在具体的设计原则指导下，才能保证数据库系统的设计质量，减少系统运行后的维护代价。目前常用的各种数据库设计方法都属于规范设计法，都是运用软件工程的思想与方法，根据数据库设计的特点提出了各种设计准则与设计规程。这种工程化的规范设计方法也是在目前的技

术条件下设计数据库的最实用的方法。

逻辑数据库设计根据用户要求和特定数据库管理系统的具体特点,以数据库设计理论为依据,设计数据库的全局逻辑结构和每个用户的局部逻辑结构。物理数据库设计在逻辑结构确定之后,设计数据库的存储结构及其他实现细节。

但各种设计方法在设计步骤上的划分上存在差异,各有各的特点与局限。

比较著名的新奥尔良方法将数据库设计分为 4 个阶段:需求分析(分析用户需求)、概念设计(信息分析和定义)、逻辑设计(设计实现)和物理设计(物理数据库设计)。S. B. Yao 将数据库设计分为 6 个步骤:需求分析、模式构成、模式汇总、模式重构、模式分析和物理数据库设计。I. R. Palmer 则主张把数据库设计当成一步接一步的过程,并采用一些辅助手段实现每一过程。

此外,还有一些为数据库设计的不同阶段提供的具体实现技术与实现方法,如基于 E-R 模型的数据库设计方法、基于 3NF(第三范式)的设计方法、基于抽象语法规范的设计方法等。

规范设计法在具体使用中又可以分为两类:手工设计法与计算机辅助数据库设计法。计算机辅助数据库设计法可以减轻数据库设计的工作强度,加快数据库设计的速度,提高数据库设计的质量。常用计算机辅助设计软件有 Oracle Designer、Power Designer 等。

2.4.2 数据库设计步骤

数据库应用软件和其他软件一样,也有诞生到消亡的过程。数据库应用软件作为软件,其生命周期可分为 3 个时期:软件定义时期、软件开发时期和软件运行维护时期。

按照规范化设计法,从数据库应用系统设计和开发的全过程来考虑,数据库及其应用软件系统的生命周期的 3 个时期又可以细分为 6 个阶段:需求收集和分析、概念结构设计、逻辑结构设计、物理结构设计、实施及运行维护。数据库的设计过程如图 2-5 所示。

各阶段需要完成的工作分别如下。

1. 需求收集和分析

进行数据库设计前首先必须准确了解和分析用户需求,由计算机人员(系统分析员)和用户共同收集数据库所需的信息内容和用户对处理的要求,将这些需求加以规格化和分析,以需求分析说明书的形式确定下来,以此作为以后验证系统的依据。在分析用户需求时,要确保用户目标的一致性。

信息需求是指目标系统涉及的所有实体、实体的属性以及实体间的联系等,包括信息的内容和性质,以及由信息需求导出的数据需求。

处理需求是指为得到需要的信息而对数据进行加工处理的要求,包括处理描述、发生的频度、响应时间以及安全保密要求等。

需求分析是整个设计过程的基础,是最困难、最耗费时间的一步。准确地分析出用户的需求是数据库设计的关键。需求分析的准确与否决定了数据库设计的成败。确定用户的最终需求其实是一件很困难的事。设计人员必须与用户不断深入地进行交流,才能逐步确定用户的实际需求。

2. 概念结构设计

概念结构设计的目标是对需求说明书提供的所有数据和处理要求进行抽象与综合的处理,按一定的方法构造反映用户环境的数据及其相互联系的概念模型。这种概念数据模型与DBMS 无关,是面向现实世界的数据模型,用户容易理解。

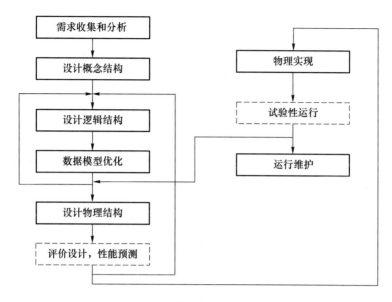

图 2-5 数据库的设计过程

为保证所设计的概念数据模型能完全正确地反映用户的数据及其相互联系,便于进行所要求的各种处理,在本阶段设计中可允许用户参与和评议设计。在进行概念结构设计时,可设计各个应用的视图(View),即各个应用所看到的数据及其结构,然后进行视图集成(View Integration),以形成一个单位的概念数据模型。形成的初步的概念数据模型还要经过数据库设计者和用户的审查和修改,最后才能形成所需的概念数据模型。

一般都以 E-R 方法为工具来描述概念结构。使用 E-R 方法时,无论是哪种策略,都要对现实事物加以抽象认识,以 E-R 图的形式描述出来。依据分析用户要求产生的各种应用的数据流图设计 E-R 图模型。

把用户的信息要求统一到一个整体逻辑结构中,此结构能表达用户的要求,且独立于任何 DBMS 的软件和硬件。概念结构设计是整个数据库设计的关键,它通过对用户需求进行综合、归纳与抽象,形成一个独立于具体 DBMS 的概念数据模型。

3. 逻辑结构设计

数据库的逻辑结构设计就是把概念结构设计阶段设计好的基本 E-R 图转换为与选用的 DBMS 产品所支持的数据模型相符合的逻辑模型。将概念结构设计阶段得到的应用视图转换成外部模式,即特定 DBMS 下的应用视图。在转换过程中要进一步落实需求说明,并使其满足 DBMS 的各种限制。

E-R 图是由实体、属性和联系 3 要素构成的,而关系模型中只有唯一的结构——关系模式。可按以下方式将概念数据模型转换为一般的关系模型。

(1) 实体向关系模式的转换

将 E-R 图中的实体逐一转换为一个关系模式,实体名对应关系模式的名称,实体的属性转换成关系模式的属性,实体标识符就是关系的码。

(2) 联系向关系模式的转换:1:1 联系的转换、1:n 联系的转换、m:n 联系的转换

逻辑结构设计阶段的结果是 DBMS 提供的数据定义语言(Data Definition Language, DDL)写成的数据模式。逻辑结构设计的具体方法与 DBMS 的逻辑数据模型有关。

4. 物理结构设计

物理结构设计阶段的任务是把逻辑结构设计阶段得到的逻辑数据库在物理上加以实现。其主要内容是根据DBMS提供的各种手段,设计数据的存储形式和存取路径,如文件结构、索引的设计等,即设计数据库的内模式或存储模式。

物理结构设计分为两部分:物理数据库结构的选择和逻辑设计中程序模块说明的精确化。这一阶段的工作成果是一个完整的、能实现的数据库结构。数据库的物理结构设计是为逻辑数据模型选取一个最适合应用环境的物理结构(包括存储结构和存取方法)。

数据库的内模式对数据库的性能影响很大,应根据处理需求及DBMS、操作系统和硬件的性能进行精心设计。

5. 实施

在该阶段,设计人员运用DBMS提供的数据语言及其宿主语言,根据逻辑结构设计和物理结构设计的结果建立数据库,编制与调试应用程序,组织数据入库,并进行试运行。因此,实施阶段主要包括以下工作。

(1) 用DDL定义数据库结构

确定了数据库的逻辑结构与物理结构后,就可以用选好的DBMS提供的DDL来严格描述数据库结构。

(2) 组织数据入库

对于数据量不大的小型系统,可采用人工方式完成数据入库。对于大型系统,应该设计一个数据输入子系统,由计算机辅助数据入库工作。

(3) 编制与调试应用程序

数据库应用程序的设计应该与数据入库并行进行。在数据库实施阶段,当数据库结构建立好后,就可以开始编制与调试数据库的应用程序。由于数据入库尚未完成,调试应用程序时可先使用模拟数据。

(4) 试运行数据库

在应用程序调试完成并且已有小部分数据入库后,就可以开始数据库的试运行。其主要工作包括两项内容:功能测试、性能测试。

6. 运行维护

数据库投入运行标志着开发任务的基本完成和维护工作的开始,但是这并不意味着设计过程的终结。由于应用环境在不断变化,数据库运行过程中物理存储也会不断变化,因此对数据库设计进行评价、调整、修改等维护工作是一个长期的任务,也是设计工作的继续和提高。

在数据库运行维护阶段,对数据库经常性的维护工作主要是由DBA完成的,它包括故障维护,数据库的安全性、完整性控制,数据库性能的监督、分析和改进,数据库的重组织和数据库的重构造等。

数据库应用环境发生变化会导致实体及实体间的联系也发生相应的变化,使原有的数据库设计不能很好地满足新的需求,从而不得不适当调整数据库的模式和内模式,这就是数据库的重构造。DBMS都提供了修改数据库结构的功能。

重构数据库的程度是有限的。若应用变化太大,已无法通过重构数据库来满足新的需求或重构数据库的代价太大,则表明现有数据库应用系统的生命周期已经结束,应该重新设计新的数据库应用系统,开始新数据库应用系统的生命周期了。

设计一个完善的数据库应用系统,往往需要不断反复地进行上述6个阶段。

需要指出的是,这个设计步骤既是数据库设计的过程,也是数据库应用系统的设计过程。在设计过程中把数据库的设计和对数据库中数据处理的设计紧密结合起来,将这两个方面的需求分析、抽象、设计、实现在各个阶段同时进行,相互参照,相互补充,以完善两方面的设计。如果不了解应用环境对数据的处理要求或没有考虑如何实现这些处理要求,是不可能设计出一个良好的数据库结构的。

本 章 小 结

关系型数据库系统是目前使用最广泛的数据库系统。在数据库发展的历史上,最重要的成就就是研究出关系模型。本章介绍了关系数据理论的重要知识,包括关系的数学定义、关系操作、关系的完整性、关系的规范化理论、关系代数等。关系型数据模型是以集合论中的关系概念为基础发展起来的数据模型,关系模式是对关系结构的描述。最后本章介绍了数据库系统设计的方法和步骤。

思 考 题

1. 请说出下列专业术语的含义:
DB DBS DBMS DBA RDBMS
2. DB、DBS、DBMS 之间的包含关系是什么?
3. 请对数据管理技术的 3 个发展阶段(数据库系统阶段、人工管理阶段、文件系统阶段)进行排序。
4. 关系 R 的主码 A 能不能为空值?为什么?
5. E-R 方法和关系规范化理论分别讨论的是什么之间的数据联系?
6. 改造关系模式的范式有哪些?它们之间的关系如何?
7. 关系代数的运算对象和运算结果分别是什么?
8. 关系运算符有哪些?请写出其中文名称和其对应的数学符号。
9. 进行数据库设计的阶段有哪些?

第3章 SQL语言基础

SQL(Structured Query Language,结构化查询语言)是目前使用最广泛的关系型数据库查询语言。SQL 结构简洁,功能强大,简单易学,所以自被 IBM 公司在 1981 年推出以来,就得到了广泛的应用。

3.1 SQL 简介

SQL 是在 20 世纪 70 年代由 IBM 公司的圣约瑟研究实验室为其关系型数据库管理系统 SYSTEM R 开发的一种查询语言,其前身是 SQUARE 语言。1986 年,美国国家标准学会 (American National Standards Institute,ANSI)确认 SQL 为关系型数据库语言的美国标准。1987 年,其被国际标准化组织(International Organization for Standardization,ISO)采纳为国际标准,称为 SQL-86;1992 年,ANSI/ISO 发布了 SQL-92 标准,习惯称之为 SQL 2。1999 年,ANSI/ISO 发布了 SQL-99 标准,习惯称之为 SQL 3。2003 年,ANSI/ISO 共同推出了 SQL 2003 标准。目前,SQL 的最新标准是 2019 年 ANSI/ISO 发布的 SQL 2019。

尽管 ANSI 和 ISO 针对 SQL 制定了一些标准,但各家数据库厂商仍然针对各自的数据库产品对标准进行了某些程度的扩充或修改。他们在遵循 ANSI 标准的同时,也会根据自己产品的特点对 SQL 进行一些改进,于是就有了 SQL Server 的 Transact-SQL、Oracle 的 PL/SQL 等。在学习 Transact-SQL 时,没有必要刻意关心哪些语句或关键字是 SQL 标准,哪些是 Transact-SQL 的扩展。事实上,常见的数据库操作在绝大多数支持 SQL 的数据库中差别并不大,所以数据库开发人员在跨越不同的数据库产品时,一般不会遇到什么障碍。

SQL 之所以能够为用户和业界所接受并成为国际标准,是因为它是一个综合的、功能极强的同时又简洁易学的语言,其主要特点如下。

(1)综合统一

SQL 的风格统一,可以独立完成数据库生命周期中的全部活动,同时还可以保证数据库的一致性、完整性和良好的扩展性,为数据库应用系统的开发提供了良好的环境。

(2)高度非过程化且面向集合

用 SQL 进行数据库操作时,只需提出"做什么",而无须指明"怎么做",语句的操作过程由系统自动完成。这样不仅减轻了用户的负担,还有利于提供数据的独立性。

SQL 的操作对象是记录集合,而不是对某一个单独的记录进行操作。所有的 SQL 语句将接受集合作为输入,将返回集合作为输出,并且将运行一条 SQL 语句所得到的结果作为另一条 SQL 语句的输入。

(3)不同使用方法的语法结构相同

SQL 提供了两种使用方法:交互式使用和嵌入式使用。交互式使用是指用户可以在终端键盘上直接输入 SQL 命令对数据库进行操作。嵌入式使用是指 SQL 能够嵌入高级语言程序中,程序员可以在程序设计时使用。这两种不同的使用方法的语法结构基本是一致的,这种统一的语法结构为用户提供了极大的灵活性和方便性。

（4）容易理解和掌握

SQL 十分简洁,符合人们的思维方式,因此易学易用,便于掌握。

如今无论是 Oracle、Sybase、Informix、SQL Server 这些大型的数据库管理系统,还是 C、C++、Java、.NET 这些 PC 上常用的高级语言程序,都支持 SQL 作为查询语言。

SQL 针对数据库对象,如表（Table）、索引（Index）、视图（View）、触发器（Trigger）、存储过程（Stored Procedure）、用户（User）等进行操作。根据 SQL 的具体功能,可将其分为 3 类,如表 3-1 所示。

表 3-1　SQL 的分类

SQL 分类	包含的 SQL 语句
数据定义语言	CREATE、ALTER、DROP 等
数据操纵语言	SELECT、INSERT、UPDATE、DELETE 等
数据控制语言	GRANT、REVOKE、DENY 等

1. 数据定义语言

数据定义语言（Data Definition Language,DDL）是用于描述数据库中要存储的现实世界实体的语言。它是 SQL 中负责数据结构定义与数据库对象定义的语言,用来创建、修改和删除数据库对象,包括 CREATE、ALTER 与 DROP 等语句。

2. 数据操纵语言

数据操纵语言（Data Manipulation Language,DML）包含了让用户能够查询数据库以及操作已有数据库中数据的语句,包括 SELECT、INSERT、UPDATE、DELETE 语句。

3. 数据控制语言

数据控制语言（Data Control Language,DCL）可以控制特定使用者对数据表、查看表、预存程序、使用者自定义函数等数据库对象的控制权。DCL 包含了对数据访问权进行控制的语句,包括 GRANT、REVOKE 和 DENY 等。

本章使用的数据表有 3 个:表 3-2 所示的学生表 student、表 3-3 所示的课程表 course,表3-4 所示的选修表 sc。

表 3-2　学生表 student

字段含义	列名	数据类型	允许 NULL 值	主键/外键
学号	sno	char(5)	not null	主键
姓名	sname	varchar2(20)	not null	
性别	ssex	char(2)	not null	
出生日期	sbirth	date		
所在学院	sdept	varchar2(20)		

表 3-3 课程表 course

字段含义	列名	数据类型	允许 NULL 值	主键/外键
课程号	cno	char(3)	not null	主键
课程名称	cname	varchar2(20)	not null	
先修课程号	cpno	char(3)		
学分	credit	int		

表 3-4 选修表 sc

字段含义	列名	数据类型	允许 NULL 值	主键/外键
学号	sno	char(5)	not null	主键, 外键 student.sno
课程号	cno	char(3)	not null	主键, 外键 course.cno
成绩	score	int		

这 3 个关系表示如下。

学生表：student（<u>sno</u>,sname,ssex,sbirth,sdept）。

课程表：course（<u>cno</u>,cname,cpno,credit）。

选修表：sc（<u>sno</u> ,<u>cno</u>,score）。

下面将以"学生-课程-选修"的数据库为例说明 SQL 语句的各种用法。

3.2 数 据 定 义

SQL 的数据定义功能包括定义基本表、定义视图和定义索引等，如表 3-5 所示。下面介绍
与基本表与索引相关的操作，视图相关内容见 3.5 节。

表 3-5 数据定义功能

操作对象	操作方式		
	创建	修改	删除
基本表	CREATE TABLE	ALTER TABLE	DROP TABLE
视图	CREATE VIEW		DROP VIEW
索引	CREATE INDEX		DROP INDEX

3.2.1 创建、修改和删除基本表

1. 创建基本表

使用 SQL 创建表的语法格式如下：

```
CREATE TABLE <表名>
（列名 1  数据类型 ［列级完整性约束条件］,
列名 2  数据类型［列级完整性约束条件］,
…
列名 N  数据类型 ［列级完整性约束条件］
```

创建、修改、
删除表

［表级完整性约束条件］

）；

说明：

① 表名是要定义的基本表的名称。一个表可以由一个或多个属性列组成。

定义表的各个属性时需要指明其数据类型及长度。不同的数据库系统支持的数据类型不完全相同，例如，Oracle 数据库主要支持以下数据类型：

CHAR(n)：长度为 n 的定长字符串。

VARCHAR2(n)：最大长度为 n 的可变长字符串。

NUMBER(p[,s])：数字型，可存放实型和整型。

INT：整数型。

DATE：日期型。

TIMESTAMP：时间戳。

BLOB：二进制大对象类型。

CLOB：字符串大对象类型。

LONG：可变长字符类型。

RAW(n)：可变长二进制数据类型。

② 创建表时通常还可以定义与该表有关的完整性约束条件。完整性约束条件被存入系统的数据字典中。当用户对表中的数据进行更新操作（插入和修改）时，DBMS 会自动检查该操作是否违背这些约束条件。如果完整性约束条件涉及表的多个属性列，则必须定义在表级上，否则既可以定义在列级，也可以定义在表级。

常用的完整性约束如下。

主码约束：PRIMARY KEY。

唯一性约束：UNIQUE。

非空值约束：NOT NULL。

参照完整性约束：FOREIGN KEY。

【例 3-1】　用 SQL 命令创建 3.1 节中的学生表 student、课程表 course 和选修表 sc。以 Oracle 数据库为例，创建语句如下：

```
create table student
(
  sno char(5) primary key,
  sname varchar2(20),
  ssex char(3),
  sbirth date,
  sdept varchar2(20)
);
create table course
(
  cno char(3) primary key,
  cname varchar2(20) not null,
  cpno char(3),
  credit int
```

```
);
create table sc
(
    sno char(5),
    cno char(3),
    score int,
    primary key (sno, cno),
    foreign key (sno) references student(sno),
    foreign key (cno) references course(cno)
);
```

当数据库系统执行上面的 CREATE TABLE 语句后,就在数据库中创建了 3 个新表,并将这些与表有关的定义及约束条件存放在数据字典中。

注意:在 Oracle 数据库里,一个汉字占用的字节数与数据库的字符集有关。可以使用以下语句查询当前数据库的字符集:

```
SQL>select * from v$nls_parameters t where t.PARAMETER='NLS_CHARACTERSET';
```

查询结果:若 value=ZHS16GBK,那么一个汉字占用 2 个字节;若 value=AL32UTF8,那么一个汉字占用 3 个字节。

本书测试使用的 Oracle 数据库字符集为 AL32UTF8,因此,在学生表 student 中列 ssex 的值为"男"或"女"时需要的数据类型是 char(3)。

2. 修改基本表

使用 SQL 修改基本表的语法格式如下:

```
ALTER TABLE <表名>
MODIFY <列名> <新的类型> [NULL | NOT NULL]
ADD <新列名> <数据类型> [完整性约束]
ADD <表级完整定义>
DROP CONSTRAINT <完整性约束名>
DROP COLUMN <列名>;
```

说明:

ADD 子句用于增加新列和新的完整性约束;MODIFY 子句用于修改原有的列定义,包括修改列名和数据类型;DROP 子句用于删除列和指定的完整性约束条件。

【例 3-2】 在学生表 student 中增加入学时间属性,其数据类型为日期型。

```
alter table student add scome date;
```

注:无论基本表中原来是否已有数据,新增加的属性列的值一律为空值。

【例 3-3】 删除学生表 student 中的入学时间属性。

```
alter table student drop column scome;
```

3. 删除基本表

使用 SQL 删除基本表的语法格式如下:

```
DROP TABLE <表名>;
```

说明:

基本表一旦被删除,表中的数据、表上创建的索引和视图都将自动被删除掉。因此执行删除基本表的操作时一定要格外小心。

3.2.2 创建和删除索引

创建索引是加快查询速度的有效手段。用户可以根据实际需求在基本表上创建一个或多个索引,以提供多种存取路径,加快查找速度。一般数据库系统会自动在主键上创建索引。有特殊需求时,创建与删除索引由数据库管理员或表的所有者(创建表的人)负责完成。

1. 创建索引

使用 SQL 创建索引的语法格式如下:

```
CREATE [UNIQUE] INDEX <索引名>
ON <表名>
(<列名>[< ASC | DESC >] [,<列名>[< ASC | DESC >]]...);
```

说明:

表名是要创建索引的基本表的名字。索引可以创建在该表的一列或多列上,各列名之间用逗号分隔。每个列名后面还可以用升序 ASC 或降序 DESC 指定索引值的排列次序,缺省值为升序 ASC。

【例 3-4】 为学生表 student 按姓名创建唯一索引。

```
create unique index index_sname on student(sname);
```

2. 删除索引

索引一经创建,就由系统使用和维护它,不需要用户干预。创建索引是为了减少查询操作的时间,但如果数据的添加、修改和删除操作频繁,则系统会花费许多时间来维护索引,这时可以删除一些不必要的索引。

使用 SQL 删除索引的语法格式如下:

```
DROP INDEX <索引名>;
```

【例 3-5】 删除学生表 student 的 index_sname 索引。

```
drop index index_sname;
```

删除索引时,系统会同时从数据字典中删去有关该索引的描述。

3.3 数 据 更 新

数据操作语言包括 INSERT、UPDATE、DELETE 等语句,它们分别可以进行插入数据、修改数据和删除数据的操作。

3.3.1 插入数据

INSERT 语句的作用是将数据行追加到表或视图的基本表中。其语法格式为

插入、修改、
删除数据

```
INSERT INTO <表名>[(<属性列 1>[,<属性列 2>...])]
VALUES (<常量 1>[,<常量 2>...]);
```

其功能是将数据行插入指定的表中,其中新记录属性列 1 的值为常量 1,属性列 2 的值为常量 2,以此类推。对于 INTO 子句中没有出现的属性列,新记录在这些列上将取空值。这里需注意,在表定义时说明了 NOT NULL 的属性列不能取空值,否则会报错。如果 INTO 子句中没有指明任何列,则新插入的记录必须在每个属性列上均有值。

【例 3-6】 将一个新学生记录(学号为 95020;姓名为陈冬;性别为男;出生日期为 2004-03-21;所在学院为 IS)插入学生表 student 中。

```
insert into student
values ('95020','陈冬','男','21-3 月-2004','IS');
```

【例 3-7】 将一个课程记录(课程号为 001;课程名为数据结构;学分为 4)插入课程表 course 中。

```
insert into course (cno, cname, credit) values ('001','数据结构', 4);
```

该语句执行时新插入的记录在 cpno 字段上取空值。

【例 3-8】 将一条选课记录(学号为 95020;课程号为 001)插入选修表 sc 中。

```
insert into sc (sno, cno) values ('95020','001');
```

该语句执行时新插入的记录在 score 字段上取空值。

3.3.2 修改数据

UDPATE 语句的作用是修改指定表或指定视图的基本表中的值。其语法格式为

```
UPDATE <表名>
SET <列名>=<表达式>[,<列名>=<表达式>]...
[WHERE <条件>];
```

使用 UPDATE 语句应当注意:如果更新数字列,则可以直接提供数据值;如果更新字符列或日期列,则数据必须加单引号。当更新数据时,UPDATE 语句中提供的数据必须与对应列的数据类型匹配。

【例 3-9】 将课程"操作系统"的学分改为 4。

```
update course
set credit = 4
where cname = '操作系统';
```

【例 3-10】 将所有学生的成绩加 5 分。

```
update sc
set score = score + 5;
```

该语句由于没有 WHERE 条件子句,因此在执行时将会更新所有学生的成绩。

【例 3-11】 将计算机科学系 CS 全体学生的成绩置零。

```
update sc
set score = 0
where 'CS' = ( select sdept
                from student
                where student.sno = sc.sno);
```

该语句使用嵌套查询的方式实现了数据的更新。

3.3.3 删除数据

删除数据指删除表中的某些记录。删除语句的语法格式为

```
DELETE
FROM <表名>
[WHERE <条件>];
```

DELETE 语句的作用是在指定表或指定视图的基本表中删除记录行。如果省略

WHERE 子句,则表示删除表中的全部记录,但表的定义仍在字典中。也就是说,DELETE 语句删除的是表中的数据,而不是关于表的定义。

【例 3-12】 删除计算机学院 CS 所有学生的选课记录。

```
delete
from sc
where'CS' = ( select sdept
              from student
              where student.sno = sc.sno);
```

【例 3-13】 删除所有的学生选课记录。

```
delete from sc;
```

该语句由于没有 WHERE 条件子句,因此在执行时将会删除所有的选课记录。

【例 3-14】 删除学号为 95020 的学生记录。

```
delete
from student
where sno = '95020';
```

3.4 数 据 查 询

数据查询是数据库的核心操作。在关系代数中对应的最常用的式子是以下表达式:

$$\pi_{A_1, \cdots, A_n}(\sigma_F(R_1 \times \cdots \times R_m))$$

针对上述表达式,SQL 设计了 SELECT-FROM-WHERE 句型:

```
SELECT  A₁,...,Aₙ
FROM R₁,...,Rₘ
WHERE  F
```

这个句型是从关系代数表达式演变来的,但 WHERE 子句中的条件表达式 F 要比关系代数中的公式更灵活。SQL 定义的 SELECT 语句具有灵活的使用方式和丰富的功能。其一般格式为

数据查询

```
SELECT [ALL | DISTINCT] <目标列表达式>[,<目标列表达式>...]
FROM <表名或视图名 [别名]>[,<表名或视图名>[别名]]...
[WHERE <条件表达式>]
[GROUP BY <分组表达式>[HAVING <条件表达式>]]
[ORDER BY <排序列名>[ASC | DESC ]];
```

整个 SELECT 语句的含义如下。

① 根据 WHERE 子句的条件表达式,从 FROM 子句指定的基本表或视图中找出满足条件的元组。

② 按照 SELECT 子句中的目标列表达式选出元组中的列值形成结果表。

③ 如果有 GROUP 子句,则将行选择的结果按<分组表达式>的值进行分组,列值相等的元组为一组,每个组产生结果表中的一条记录。如果 GROUP 子句带 HAVING 短语,则只有满足指定条件的组才输出。

④ 如果有 ORDER 子句,则最终结果表还要按<排序列名>值的升序或降序排序。

SELECT 语句既可以完成简单的单表查询,也可以完成复杂的连接查询和嵌套查询。下

面将以"学生-课程-选修"的数据库为例说明 SELECT 语句的各种用法。

3.4.1　单表查询

单表查询是指仅涉及一个表的查询,是一种最简单的查询操作。对应的操作有选择表中的若干列、选择表中的若干元组、对查询结果排序、使用集合函数、对查询结果分组等。

1. 查询指定的列

有时用户只对表中的一部分属性感兴趣,可通过在 SELECT 子句中的<目标列表达式>中指定要查询的列来实现。它对应关系代数中的投影运算。

2. 查询全部列

将表中的所有属性列都选出来,有两种方法:一种方法是在 SELECT 后面列出所有的列名;另一种方式是如果列的显示顺序与其在表中的顺序相同,可以将<目标列表达式>指定为 * 。

3. 查询经过计算的值

SELECT 子句中的<目标列表达式>不仅可以是表中的属性列,还可以是表达式。表达式包括算术表达式、字符串常量、函数等。

4. 消除取值重复的行

若干个本来并不完全相同的元组投影到指定的某些列上后可能变成相同的行。如果想去掉结果表中的重复行,必须指定 DISTINCT 短语。

5. 查询满足条件的元组

查询满足条件的元组可通过 WHERE 子句实现。WHERE 子句常用的查询条件如表 3-6 所示。

表 3-6　WHERE 子句常用的查询条件

查询条件	运算符
比较	=、>、>=、<、<=、!=、<>
确定范围	BETWEEN … AND … NOT BETWEEN … AND …
集合运算	IN、NOT IN
字符匹配	LIKE、NOT LIKE
空值判断	IS NULL、IS NOT NULL
逻辑运算	AND、OR、NOT

6. 用 ORDER BY 子句对查询结果排序

用 ORDER BY 子句对查询结果按一个或多个属性列的升序或降序排列,缺省值为升序。

7. 统计函数

SQL 还提供了统计函数,主要有:

COUNT（[DISTINCT│ALL] * ）:统计元组个数。

COUNT（[DISTINCT│ALL]<列名>）:统计一列中值的个数。

SUM（[DISTINCT│ALL]<列名>）:计算一列值的总和(此列必须是数值型)。

AVG（[DISTINCT│ALL]<列名>）:计算一列值的平均值(此列必须是数值型)。

MAX（[DISTINCT│ALL]<列名>）:计算一列值的最大值。

MIN（［DISTINCT｜ALL］<列名>）：计算一列值的最小值。

8. 对查询结果分组

使用 GROUP BY 子句将查询结果表按某一列或多列值分组,值相等的为一组。

【例 3-15】 查询全体学生的基本信息。

```
select sno, sname, ssex, sbirth, sdept from student;
```

或

```
select * from student;
```

注:SELECT 查询语句的写法可能不唯一,有多种写法。

【例 3-16】 查询全体学生的姓名及其年龄。

```
select sname, trunc(months_between(sysdate, sbirth)/12) as sage
from student;
```

注:Oracle 数据库中计算年的时候需要借助于日期函数和字符串函数进行计算和转换。

【例 3-17】 查询出生日期晚于 2004 年的学生的学号、姓名和年龄。

```
select sno, sname, trunc(months_between(sysdate, sbirth)/12) as sage
from student
wheresbirth >'31 - 12 月 - 2004';
```

【例 3-18】 查询年龄在 20～23 岁的学生的姓名、所在学院和年龄。

```
select *
from (select sname, sdept, trunc(months_between(sysdate, sbirth)/12) as sage
      from student)
where sage between 20 and 23;
```

注:由于 sage 是计算得来的字段,where 子句无法识别,因此可以借助于嵌套查询来实现。这部分的内容将在 3.4.3 节中进行讲解。

【例 3-19】 查询信息学院 IS、数学学院 MA 和计算机学院 CS 3 个学院学生的姓名和性别。

```
select sname, ssex
from student
where sdept in ('IS','MA','CS');
```

或

```
select sname, ssex
from student
where sdept = 'IS' or sdept = 'MA' or sdept = 'CS';
```

【例 3-20】 查询学生信息里学生的最小年龄和最大年龄。

```
select min(sbirth), max(sbirth)
from student;
```

【例 3-21】 统计男生人数。

```
select count(*)
from student
where ssex = '男';
```

【例 3-22】 查询选修了 003 号课程的学生的学号及其成绩,查询结果按分数降序排列。

```
select sno, score
from sc
where cno = '003'
order by score desc;
```

【例 3-23】 查询选修了课程的学生人数。

```
select count(distinct sno)
from sc;
```

3.4.2 多表连接查询

在关系型数据库的查询中,单表查询有很大的局限性。因为各个表之间都是有关联的,所以绝大多数情况下都要进行多表连接查询。因此,连接查询是关系型数据库中最主要的查询,包括等值连接查询、非等值连接查询、自然连接查询、自身连接查询、外连接查询等。

连接查询中用来连接两个表的条件称为连接条件或连接谓词,其一般格式为

[<表名 1>.]<列名 1> <比较运算符> [<表名 2>.]<列名 2>

其中比较运算符主要有=、>、<、>=、<=、!=。

1. 等值与非等值连接查询

当连接运算符为=时,称为等值连接。使用其他运算符称为非等值连接。连接谓词中的列名称为连接字段。连接条件中的各连接字段类型必须是可比的,但不必是相同的。

【例 3-24】 查询每个学生及其选修课程的信息。

```
select student. * , sc. *
from student, sc
where student.sno = sc.sno;        --这两个表之间的联系是通过共有属性 sno 实现的
```

在本例中,select 子句与 where 子句中的属性名前都加上了表名前缀,这是为了避免混淆。如果属性名在参与连接查询的各表中是唯一的,则可以省略表名前缀。

若在等值连接中把目标列中重复的属性列去掉则为自然连接。

【例 3-25】 将例 3-24 用自然连接完成。

```
select student.sno, sname, ssex, sbirth, sdept, cno, score
from student, sc
where student.sno = sc.sno;
```

在本例中,由于 sname、ssex、sbirth、sdept、cno 和 score 属性列分别在学生表 student 和选课表 sc 中是唯一的,因此引用时不需要加表名前缀。而 sno 在两个表中都有,因此引用时必须加上表名前缀,否则无法确定该 sno 属性来自哪个表。

2. 自身连接查询

连接操作不仅可以在两个表之间进行,还可以是一个表与其自身进行连接,称为表的自身连接。

【例 3-26】 查询每门课程的先修课程号和课程名称。

在课程表 course 中,只有每门课程的先修课程号,而没有先修课程的课程名称。要得到这个信息,必须根据每门课程的先修课程号查找它在课程表中的信息。这意味着要将课程表 course 与其自身进行连接。为清晰地辨析表之间的关系,可以为课程表 course 取两个别名:一个是 first;另一个是 second。因此,完成该查询的 SQL 语句为

```
select first.cno, first.cpno, second.cname
from course first, course second
where first.cpno = second.cno;
```

3. 外连接

内连接的查询结果集中仅包含满足连接条件的行,但有时我们也希望输出那些不满足连

接条件的元组信息。比如,我们想知道每个学生的选课情况,包括已经选课的学生(这部分学生的学号在学生表中有,在选课表中也有,是满足连接条件的),也包括没有选课的学生(这部分学生的学号在学生表中有,但在选课表中没有,不满足连接条件,这时就需要使用外连接)。外连接是只限制一个表中的数据必须满足连接条件,而另一个表中的数据可以不满足连接条件的连接方式。

外连接的表示方法是在连接谓词的某一边加符号 ∗。外连接就好像是为符号 ∗ 所在边的表增加一个"万能"的行,这个行全部由空值组成。它可以和另一边的表中所有不满足连接条件的元组进行连接。

如果外连接符出现在连接条件的右边,则称为右外连接;如果外连接符出现在连接条件的左边,则称为左外连接。

上述例子中只显示已选课的学生信息,若想显示未选课的学生信息,则要用到外连接。

【例 3-27】 对例 3-24 使用外连接完成。

```
selects.sno, sname, ssex, sbirth, sdept, cno, score
from student s, sc
where s.sno = sc.sno( ∗ );            --在 Oracle 数据库中用 ∗ 代替了 +
```

注:由于学生表 student 的名字符有点长,故用 s 当作其别名,目的是简化查询语句的书写。

在本例中,外连接就像是为符号 ∗ 所在边的表(选修表 sc)增加了一个万能的行,这个行全部由空值组成。它可以和另一边的表(学生表 student)中所有不满足连接条件的元组进行连接。在连接结果中,凡是在学生表 student 中未选课的学生对应的课程信息均为空值。

4. 复合条件连接

在上面各个连接查询中,WHERE 子句中只有一个条件,即连接谓词。若 WHERE 子句中可以有多个连接条件,则称为复合条件连接。

【例 3-28】 查询信息学院 IS 的男生学号和姓名。

```
select sno, sname
from student
where ssex = '男' and sdept = 'IS';
```

【例 3-29】 查询每个学生的学号、姓名、选修课程名和成绩。

```
selects.sno, sname, cname, score
from student s, sc, course c
wheres.sno = sc.sno and sc.cno = c.cno;
```

注:与例 3-26 一样,本例也为学生表 student 和课程表 course 起别名,以简化查询语句的书写。

3.4.3 嵌套查询

在 SQL 中,一个 SELECT-FROM-WHERE 语句称为一个查询语句。将一个查询语句嵌套在另一个查询语句中的 WHERE 子句的查询称为嵌套查询。一般,我们将内嵌的 SELECT 语句称为子查询,子查询形成的结果又成为父查询的条件。子查询可以嵌套多层,子查询操作的数据表可以是父查询不操作的数据表。子查询中不能有 GROUP BY 分组语句

嵌套查询的语法格式为

```
SELECT <目标表达式 1>[, ...]
```

```
FROM <表或视图名 1>
WHERE [表达式] (SELECT <目标表达式 2>[,...]
FROM <表或视图名 2>)
[GROUP BY <分组条件>
HAVING [<表达式>比较运算符] (SELECT <目标表达式 2>[,...]
FROM <表或视图名 2>)];
```

嵌套查询的工作方式是先处理内查询再处理外查询,由内向外处理。外查询利用的是内查询的结果。嵌套查询不仅可以用于父查询 SELECT 语句使用,还可以用于 INSERT、UPDATE、DELETE 语句或其他子查询中。

子查询的语法规则如下。

- 子查询的 SELECT 查询总是使用圆括号括起来。
- 子查询最多可以嵌套到 32 层,个别查询可能不支持 32 层嵌套。
- 任何可以使用表达式的地方都可以使用子查询,只要它返回的是单个值。
- 如果某个表只出现在子查询中而不出现在外查询中,那么该表的列就无法包含在输出中。

嵌套查询有多种情形,可以带 IN 谓词,带比较运算符,带 ANY 或 ALL 谓词,带 EXISTS 谓词等。

下面举例说明带 IN 谓词和比较运算符的情形。

【例 3-30】 查询选修课程号 002 的学生姓名。

```
select sname
from student
where sno in (select sno
              from sc
              where cno = '002');
```

在嵌套查询中,子查询的结果是一个集合,所以谓词 IN 是嵌套查询中经常使用的谓词。

当然,本例的查询也可使用连接查询完成,与嵌套子查询的效果是一样的。

```
select sname
from student, sc
where student.sno = sc.sno and cno = '002';
```

可见,实现同一个查询可以有多种方法。当然,不同方法的执行效果可能会有差别,甚至差别会很大。

带有比较运算符的子查询是指父查询和子查询之间用比较运算符进行连接。当用户能确切地知道内查询返回的是单值时,可以用>、<、=、<=、>=、!=或<>等比较运算符。

【例 3-31】 查询比李明年龄大的学生信息。

```
select *
from student
where sbirth < (select sbirth
               from student
               where sname = '李明');
```

3.5 视 图

视图(View)是关系型数据库系统提供给用户以多种角度观察数据库中数据的重要机制。

视图是从一个或几个基本表(或视图)中导出的表。它与基本表不同,是一个虚表,即视图所对应的数据不进行实际存储,数据库中只存储视图的定义。在对视图的数据进行操作时,系统根据视图的定义去操作与视图相关联的基本表。视图就像一个窗口,透过它可以看到数据库中用户感兴趣的数据及其变化。

视图一经定义,就可以和基本表一样被查询、被删除。还可以在一个视图之上再定义新的视图,但对视图的更新操作则有一定的限制。视图可以间接对表进行更新,因此视图的更新就是表的更新。

视图最终是定义在基本表之上的,对视图的一切操作最终都是要转换为对基本表的操作。那么为什么有了表还要引入视图呢? 这是因为视图具有以下几个优点。

- 能够简化用户的操作。可以通过 SELECT 和 WHERE 来定义视图,从而可以分割数据基本表中那些用户不关心的数据,使用户将注意力集中到感兴趣的数据列中,进一步简化浏览数据的工作。
- 能够限制用户对数据库的访问,因为视图可以有选择性地选取数据库里的一部分进行显示。
- 能够对机密数据提供安全保护。
- 用户通过简单的查询可以从复杂查询中得到结果。
- 能够维护数据的独立性,视图可从多个表检索数据。
- 对于相同的数据可产生不同的视图。

3.5.1 创建视图

SQL 用 CREATE VIEW 命令创建视图,其语法格式如下:

```
CREATE VIEW <视图名>[(<列名 1>[,<列名 2>]...)]
AS <子查询>
[WITH CHECK OPTION];
```

定义、查询、
删除视图

说明:子查询可以是任意复杂的 SELECT 语句,但通常不运行含有 ORDER BY 子句和 DISTINCT 的短语。WITH CHECK OPTION 表示对视图进行 INSERT、UPDATE 和 DELETE 操作时要保证插入、修改和删除的行满足视图定义中的谓词条件(子查询中的条件表达式)。

DBMS 执行 CREATE VIEW 语句的结构时只是把视图的定义存入数据字典,并不执行其中的 SELECT 语句。只是在对视图进行查询时,才按视图的定义从基本表中将数据查询出。

【例 3-32】 创建一个计算机学院 CS 的学生信息的视图。

```
create view cs_student
as
select sno, sname,ssex, sbirth
from student
where sdept = 'CS';
```

该视图是从单个基本表(学生表 student)导出的,只是去掉了其中的某些行和某些列。

【例 3-33】 创建计算机学院 CS 选修了 001 号课程的学生视图。

```
create view cs_s001(sno, sname, score)
as
```

```
select student.sno, sname, score
from student, sc
where student.sno = sc.sno and sdept = 'CS' and sc.cno = '001';
```

3.5.2　查询视图

视图定义后,用户就可以像对基本表一样对视图进行查询。

【例 3-34】　查询视图 cs_student 的学生。

```
select * from cs_student;
```

【例 3-35】　查询视图 cs_student 中的男生。

```
select *
from cs_student
where ssex = '男';
```

3.5.3　删除视图

删除视图的语法格式如下:

```
DROP VIEW <视图名>;
```

该语句可从数据字典中删除指定的视图定义。由该视图导出的其他视图定义仍在数据字典中,但已不能使用,必须显式删除。删除基本表时,由该基本表导出的所有视图定义都必须显式删除。

【例 3-36】　删除视图 cs_student 和 cs_s001。

```
drop view cs_student;
drop view cs_s001;
```

执行此语句后,cs_student 和 cs_s001 视图的定义将从数据字典中删除。

3.6　数据控制

数据控制语言用来授予或收回访问数据库的某种特权、控制数据库操纵事务发生的时间及效果、对数据库进行监视等。数据控制也称为数据保护,包括数据的安全性控制、完整性控制、并发控制和恢复。

SQL 定义完整性约束条件的功能主要体现在 CREATE TABLE 和 ALTER TABLE 语句中,可以在这些语句中定义主键、取值唯一、不允许空值、外键及其他一些约束条件。SQL 也提供了并发控制及恢复的功能,支持事务、提交、回滚等操作。安全性控制则由本节所介绍的数据控制语句来实现。

数据控制

数据控制语言是用来设置或者更改数据库用户或角色权限的语句,这些语句包括 GRANT、DENY、REVOKE 等语句。

3.6.1　授权

SQL 使用 GRANT 语句向用户授予操作权限,它可以把语句权限或者对象权限授予其他用户和角色。不同类型的操作对象有不同的操作权限,常见的操作权限如表 3-7 所示。

表 3-7 常见的操作权限

对象	操作
属性列、视图	SELECT、INSERT、UPDATE、DELETE
表	SELECT、INSERT、UPDATE、DELETE、ALTER
数据库	CREATE TABLE

GRANT 语句的语法格式如下：

GRANT <权限 1>[,<权限>2]...

[ON <对象名>]

TO <用户 1>[,<用户 2>]...

[WITH GRANT OPTION];

说明：

① 接受权限的用户可以是一个或多个具体的用户，也可以是 PUBLIC，即全体用户。

② 如果指定了 WITH GRANT OPTION 子句，则获得该权限的用户具有将这种权限授予其他用户的能力。如果未指定 WITH GRANT OPTION 子句，则获得该权限的用户只能使用该权限，无法将这种权限授予其他用户。

【例 3-37】 把查询学生表 student 的权限授予用户 user1。

grant select

on student

to user1;

【例 3-38】 把对选修表 sc 的查询权限授予所有用户。

grant select

on sc

to public;

【例 3-39】 把查询学生表 student 和修改学生学号的权限授予用户 user2，并允许该用户将此权限授予其他用户。

grant update(sno), select

on student

to user2

with grant option;

【例 3-40】 用户 user2 把查询学生表 student 和修改学生学号的权限授予用户 user3。

grant update(sno), select

on student

to user3;

3.6.2 权限回收

授予的权限可以由 DBA 或其授权者使用 REVOKE 语句收回，REVOKE 语句的一般格式为

REVOKE <权限 1>[,<权限 2>]...

[ON <对象名>]

FROM <用户 1>[,<用户 2>]...;

其功能是从指定的用户中收回指定的权限。

在收回权限的时候,DBMS 采用级联收回的策略,即在收回用户权限的同时也收回了该用户授予其他用户的权限。

所有授予出去的权限在必要时都可以使用 REVOKE 语句收回。

【例 3-41】 把用户 user2 修改学生学号的权限收回。

```
revoke update
on student
from user2;
```

【例 3-42】 把用户 user3 修改和查询学生的权限收回。

```
revoke update, select
on student
from user3;
```

本 章 小 结

本章主要介绍了结构化查询语言(Structured Query Language,SQL)。SQL 是一种特殊的编程语言,是一种数据库查询和程序设计语言,用于存取数据以及查询、更新和管理关系型数据库系统,同时也是数据库脚本文件的扩展名。SQL 语句的种类和数量都是繁多的。无论是高级查询还是低级查询,SQL 查询语句的需求是最频繁的。根据 SQL 的具体功能,可将其分为数据定义语言、数据操作语言和数据控制语言。本章介绍的是标准的 SQL,它可用来完成几乎所有的数据库操作。

视图是关系型数据库系统中的重要概念,这是因为视图具有很多优点。

思 考 题

1. SQL 的特点是什么?
2. 根据 SQL 的具体功能,可将其分为哪些语言?
3. 什么是基本表?什么是视图?二者之间的联系和区别是什么?
4. 视图的优点有哪些?
5. 数据库使用哪些数据控制语句来实现安全性控制?
6. 权限授予时,在级联授权上需使用什么语句来实现?

第4章　Oracle 数据库介绍及使用

Oracle Database,又名 Oracle RDBMS,或简称 Oracle,是美国 Oracle 公司推出的一款关系型数据库管理系统。它是在数据库领域一直处于领先地位的产品。Oracle 是目前最流行的数据库开发平台之一,拥有较高的市场占有率和众多的高端用户,一直作为大型数据库应用系统的首选后台数据库系统。

本章将介绍 Oracle 数据库的技术发展,并以 64 位 Windows 为例介绍安装 Oracle 19c 的软硬件需求,Oracle 数据库的服务、环境变量等。最后本章还将介绍如何使用 Oracle 数据库的常用工具等知识。

4.1　Oracle 数据库简介

Oracle 数据库是 Oracle 公司提供的以分布式数据库为核心的一组软件产品,是目前最流行的客户/服务器(Client/Server)或 B/S 体系结构的数据库之一。Oracle 数据库也是目前世界上使用非常广泛的数据库管理系统。作为一个通用的数据库系统,它具有完整的数据管理功能;作为一个关系型数据库,它是一个完备关系的产品;作为分布式数据库,它实现了分布式处理功能。只要在一种类型的机器上学习了 Oracle 知识,便能在各种类型的机器上使用它。

Oracle 数据库产品从 Oracle 2.0(没有 1.0)开始一直到 Oracle 7.3.4 都只是简单的版本号。但从 Oracle 8 开始,出现了数据库产品特性的标识符,如 Oracle 8i 和 Oracle 9i,其中 i 是 Internet 的缩写,表示该产品全面支持 Internet 应用,简单地说就是融入 Java 技术和对 Java 的支持。从 Oracle 10 称为 10g,g 是 Grid 的缩写,表示支持网格运算,简单地说就是能更好地支持集群和多点应用。从 Oracle 12 称为 12c,c 是 Cloud,代表云计算。该版本在数据库管理、RMAN、高可用性以及性能调优等方面都有所改进。截至 2022 年 9 月,最新的版本是 Oracle 21c。

与以往的版本相比,Oracle 21c 为用户新增了自动化的 In-Memory 管理、原生的区块链表支持、持久化内存存储支持、SQL 的宏支持等特性,具体介绍如下。

1. 自动化的 In-Memory 管理

In-Memory 技术被引入之后,为 Oracle 数据库带来了基于内存的列式存储能力,支持 OLTP 和 OLAP 混合的计算。在 Oracle 21c 中,Oracle 数据库支持自主的 In-Memory 管理,通过一个简单的初始化参数 inmemory_automatic_level 设置,DBA 将不再需要人工指定将哪些数据表放置在内存中,数据库会自动判断需要将哪些对象加入或驱逐出 In-Memory 的列式存储中。

2. 原生的区块链表支持

随着区块链技术的不断成熟和发展,Oracle 数据库在其多模的数据库支持中,引入原生的区块链表支持。在 Oracle 21c 的数据库中可以通过 blockchain 关键字来创建区块链表。

3. 持久化内存存储支持

自 Oracle 19c 以来,Oracle 数据库就已经开始修改程序以更好地配合持久化内存,提升数据库性能。在 Oracle 21c 中,Oracle 数据库明确支持了持久化内存,虽然目前发布的信息是在 Exadata 中支持,但是在各类一体机中或者传统架构中使用持久化内存是毫无障碍的。

4. SQL 的宏支持

宏的作用在于让 SQL 获得进一步的概括和抽象能力,允许开发者将复杂的处理逻辑通过宏进行定义,然后在后续程序处理中可以反复引用这一定义。在 Oracle 21c 中引入的 SQL Macro 支持两种宏类型:Scalar 类型和 Table 类型。

5. 广泛的机器学习算法和 AutoML 支持

在 Oracle 21c 中,更多的机器学习算法被加入进来,实现了更广泛的机器学习算法支持。

4.2 安装 Oracle 数据库的软硬件需求

目前,Oracle 19c 是 Oracle 数据库的长期版本,Oracle 21c 是创新版。因此,通常建议安装 Oracle 19c。本章以 Oracle 19c 为例,介绍安装 Oracle 数据库的硬件需求和软件需求。

4.2.1 硬件需求

安装 Oracle 19c 之前,需参照表 4-1 确认安装数据库的服务器是否满足安装 Oracle 19c 的硬件要求。

表 4-1 安装 Oracle 19c 的硬件要求

项目	说明
服务器显示卡	显示分辨率至少是 1024×768,这是 Oracle 数据库通用安装程序需要的
硬盘空间	Oracle19c 的企业版需要 6.4 GB 大小的磁盘空间,标准版需要 6.1 GB 大小的磁盘空间。/tmp 目录需要至少 1 GB 大小的磁盘空间
物理内存	用于 Oracle 数据库安装的物理内存至少为 1 GB RAM,推荐 2 GB 内存;用于 Oracle Grid 基础设施安装的物理内存至少为 8 GB RAM
虚拟内存	物理内存的两倍
分配给/tmp 目录的空间大小	/tmp 目录中至少有 1 GB 的空间
相对于 RAM(Oracle 数据库)的交换空间分配	在 1 GB 到 2 GB 之间:是 RAM 大小的 1.5 倍。在 2 GB 到 16 GB 之间:等于 RAM 的大小。超过 16 GB:16 GB

可以根据操作系统的要求添加额外的内存空间。在通常情况下,内存越大,应用程序的性能越好。而硬盘空间的实际要求取决于系统配置和选择安装的应用程序和功能。

4.2.2 软件需求

安装 Oracle 19c 的软件需求参照表 4-2 所示。

表 4-2　安装 Oracle 19c 的软件要求

项目	说明
系统的体系结构	支持的 CPU 包括 Inter（x86）、AMD64 或 Intel EM64T。在 Windows 操作系统下，Oracle 19c 提供 64 位的数据库版本
操作系统	包括 Windows、Linux 和 Unix 在内的操作系统

4.3　Oracle 数据库的安装

本节将介绍 Oracle 数据库安装的整个过程。

4.3.1　下载 Oracle 数据库的安装软件

在 Oracle 官网上下载 Oracle 19c 数据库的最新版本，如图 4-1 所示。将下载得到的软件包进行解压，然后双击 setup.exe 文件开始 Oracle 19c 数据库的安装。

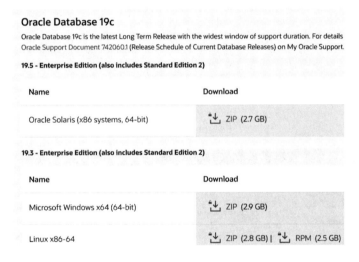

图 4-1　Oracle 19c 下载页面

4.3.2　安装 Oracle 数据库

安装程序运行后，将出现配置选项界面，如图 4-2 所示。直接选择默认的"创建并配置单实例数据库（C）"（安装后，系统会自动创建一个数据库实例），单击"下一步（N）"按钮，将出现图 4-3 所示的系统类界面。如果是安装在服务器上，则选择"服务器类（S）"，如 Windows Server 系列、Ubuntu Server 等，默认可选择安装在桌面类系统中。单击"下一步（N）"按钮，将出现图 4-4 所示的指定 Oracle 主目录用户的界面。这里建议选择第 4 个"使用 Windows 内置账户（L）"，在弹出的对话框中选择"是"，并单击"下一步（N）"按钮，将出现图 4-5 所示的典型安装配置界面。

在默认情况下，软件会安装在磁盘空间最大的盘上，如果想改的话，建议只改动"Oracle 基目录"的盘符（如把 C 盘改为 D 盘），这样其他的安装位置也会跟随着改变。数据库的版本有企业版、标准版、个人版，可根据实际需要进行选择。字符集选择默认的国际标准编码。全局数据库名可以改也可以不改，建议不改。口令和确认口令是一对相同的登录密码，需记住。

其他的选项建议不用更改,单击"下一步(N)"按钮,在先决条件检查没有问题后,会生成安装设置的概要信息,如图 4-6 所示。可以保存这些设置到本地,方便以后查阅。在这步确认后,单击"安装(I)"按钮,数据库将按照这些配置进行安装,如图 4-7 所示。

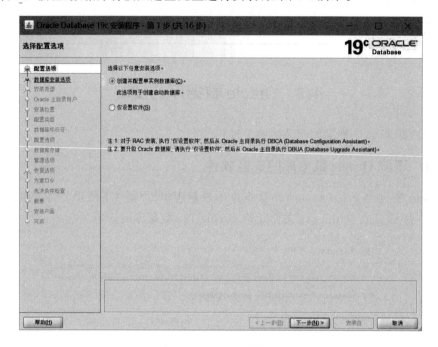

图 4-2　配置选项界面

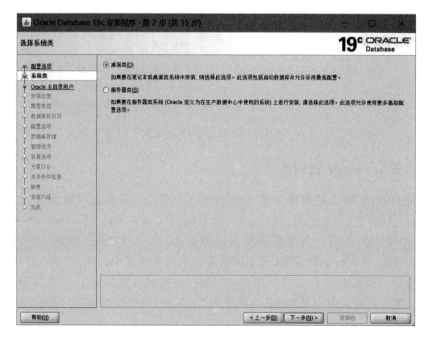

图 4-3　系统类界面

Oracle 数据库的安装过程耗时较长,切勿关闭程序或有断电、计算机重启等不正常的操作。当安装进行到创建数据库实例这一过程时,需要长时间的耐心等待。数据库安装成功后,

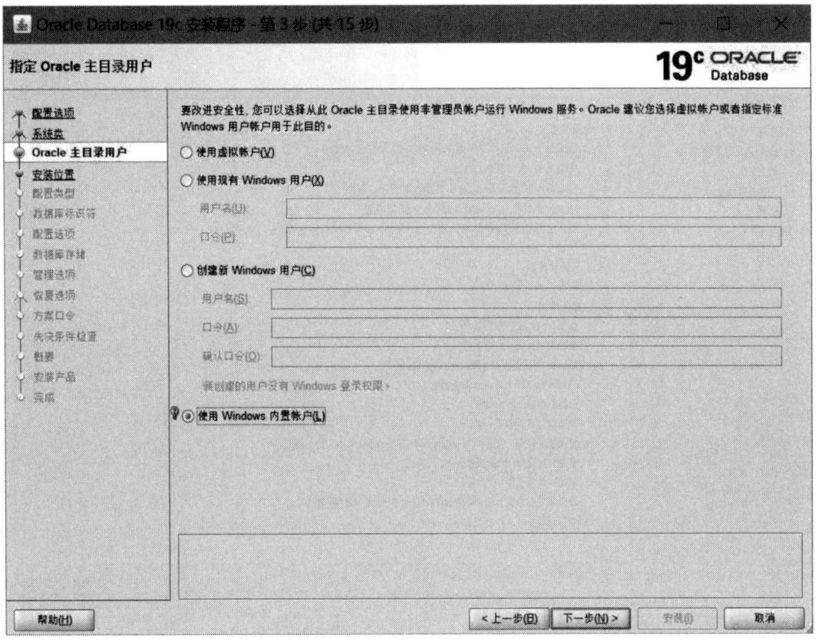

图 4-4　指定 Oracle 主目录用户界面

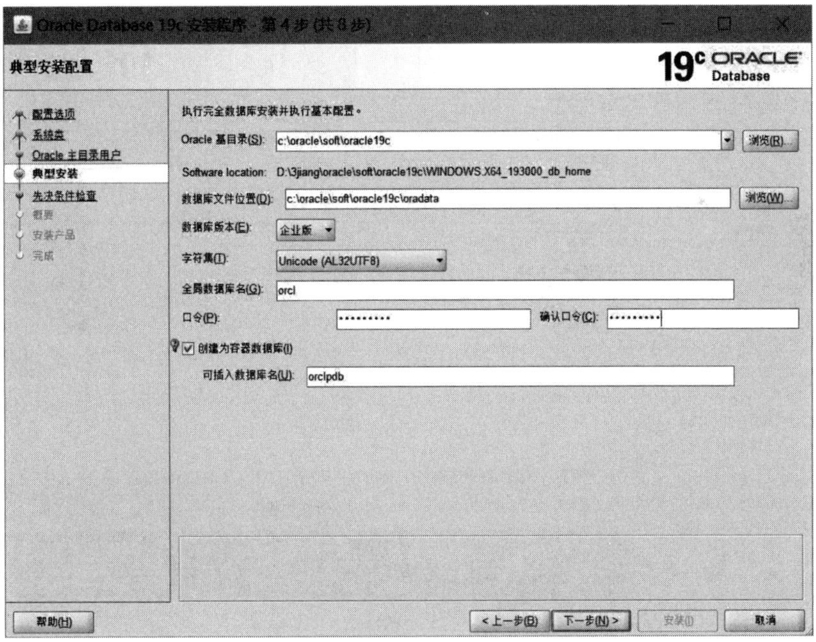

图 4-5　典型安装配置界面

会弹出安装成功的界面,如图 4-8 所示,单击"关闭(C)"按钮即可。至此,Oracle 数据库的安装结束。

安装完成后,访问其企业管理器可以查看数据库运行状态,进行新建表空间和用户配置等操作。也可以访问 Oracle 数据库自带的 SQL Plus 工具进行数据库的访问。

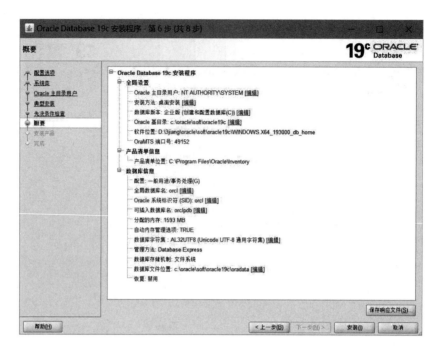

图 4-6　概要界面

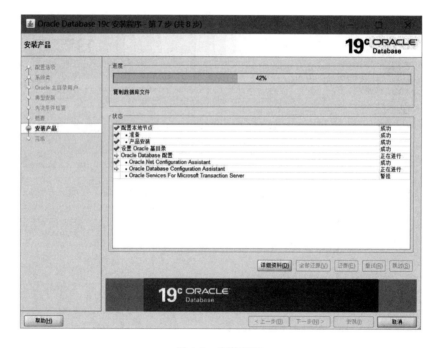

图 4-7　安装界面

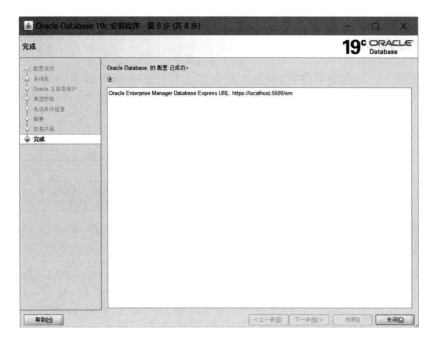

图 4-8　安装成功界面

4.4　Oracle 数据库的服务和环境变量

4.4.1　Oracle 数据库的服务

在 Oracle 数据库成功安装后,在 Windows 操作系统下 Oracle 数据库的服务可在控制面板中的管理工具→服务中看到。Oracle 数据库的常见服务介绍如下。

Oracle 数据库的
服务和环境变量

1. OracleServiceORCL(数据库服务)

数据库服务(数据库实例)必须启动,是 Oracle 的核心服务。该服务是数据库启动的基础。只有该服务启动,Oracle 数据库才能正常启动。ORCL 是数据库实例标识。

2. OracleJobSchedulerORCL(Oracle 作业调度服务)

Oracle 作业调度(定时器)服务非必须启动。

3. OracleOraDB19Home1TNSListener(监听服务)

监听器服务非必须启动。该服务只有在数据库需要远程访问的时候才需要。

4. OracleOraDB19Home1MTSRecoveryService(数据库服务端控制服务)

该服务允许数据库充当一个微软事务服务器、COM/COM＋对象和分布式环境进行事务的资源管理器,用来进行事务的管理。

5. OracleVssWriterORCL

该服务是 Oracle 数据库对 VSS 的支持服务,非必须启动。

对新手来说,若只使用 Oracle 数据库自带的 SQL Plus,只需要启动 OracleServiceORCL 即可。若需要使用 PL/SQL Developer 等第三方工具,则 OracleOraDB19Home1TNSListener 服务也要开启。ORCL 是数据库实例名,默认的数据库是 ORCL。用户也可以创建其他的数据库,对应的服务名即 OracleService＋数据库名。

4.4.2 Oracle 数据库的环境变量

在安装完 Oracle 数据库软件后,Oracle 数据库会在操作系统中自动创建一组环境变量,用于管理自己的软件。环境变量是分配给操作系统中某一名称的值,软件可以使用名称来调用变量的值。Oracle 19c 常用的环境变量如表 4-3 所示。

表 4-3　Oracle 19c 常用的环境变量

环境变量名	说明	位置
NLS_LANG	使用的语言	HKEY_LOCAL_MACHINE/SOFTWARE/ORACLE/KEY_OraDB19Home1
ORACLE_BASE	安装 Oracle 数据库服务器的顶层目录	HKEY_LOCAL_MACHINE/SOFTWARE/ORACLE/KEY_OraDB19Home1
ORACLE_HOME	安装 Oracle 数据库软件的目录	HKEY_LOCAL_MACHINE/SOFTWARE/ORACLE/KEY_OraDB19Home1
ORACLE_SID	默认创建的数据库实例	HKEY_LOCAL_MACHINE/SOFTWARE/ORACLE/KEY_OraDB19Home1
PATH	Oracle 数据库可执行文件的路径	系统环境变量

这些环境变量存储的方式有两种:一种是存储在注册表中,如 NLS_LANG、ORACLE_BASE、ORACLE_SID 等变量;另一种是以环境变量的方式存储,如 PATH。

1. 访问注册表里的环境变量

在 Windows 操作系统桌面的开始菜单里选择运行,在运行的对话框中输入"regedit"命令,按下回车键后即可打开注册表窗口。在该窗口的左侧导航栏中依次选择 HKEY_LOCAL_MACHINE→SOFTWARE→ORACLE→KEY_OraDB19Home1,就可以查看其中的环境变量,如图 4-9 所示。

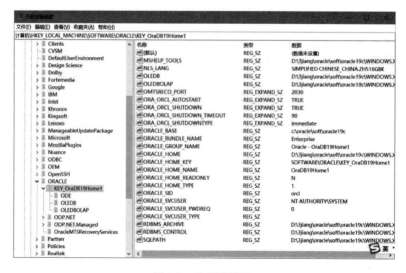

图 4-9　注册表窗口

2. 访问系统环境变量

这里以 Windows 10 为例，右击"此电脑"，在弹出的菜单中选择"属性"，单击右边菜单的"高级系统设置"，在出现的窗口中选择"环境变量"后将出现图 4-10 所示的窗口。在该窗口的系统变量中，可以看到 Windows 的所有环境变量。例如，双击变量"Path"可以查看它的值。

图 4-10　环境变量窗口

4.5　Oracle 数据库的常用工具

本节将介绍管理和维护 Oracle 数据库常用的几个工具：SQL Plus、Oracle 企业管理器（Oracle Enterprise Manager，OEM）、数据库配置助手（Database Configuration Assistant，DBCA）和 SQL Developer。

4.5.1　SQL Plus

Oracle 的 SQL Plus 是与 Oracle 数据库进行交互的客户端工具，借助 SQL Plus 可以查看、修改数据库记录。在 SQL Plus 中，可以运行 SQL Plus 命令与 SQL 语句。SQL Plus 允许用户使用 SQL 命令交互式地访问数据库，也允许用户使用 SQL Plus 命令格式化输出数据。它是 DBA 和开发人员都必须熟悉和掌握的一个工具。

1. SQL Plus 的启动与退出

有两种方法启动 SQL Plus。

① 选择"开始"→"程序"→"ORACLE_GROUP_NAME"→"SQL Plus"即可启动 SQL Plus，其中 ORACLE_GROUP_NAME 是 Oracle 数据库程序组的名称。启动后会出现图 4-11 所示的 SQL Plus 登录界面。输入在安装时设置的密码即可进入 SQL Plus 主界面，在该界面可以与数据库进行交互访问。

② 从命令行启动 SQL Plus。在 Windows 命令行窗口中输入"sqlplus 用户名/口令@主机字符串"命令即可启动 SQL Plus，如图 4-12 所示。

SQL Plus 启动后，光标会停留在"SQL>"处，这是命令提示符，用户可以在此处输入 SQL

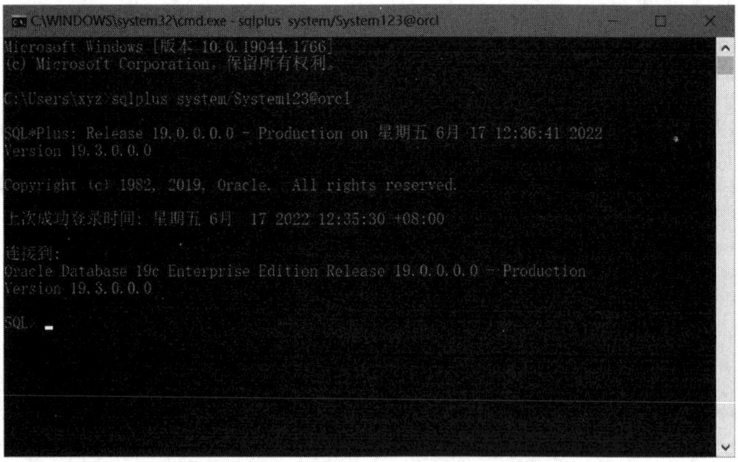

图 4-11　SQL Plus 主界面

图 4-12　命令行下启动的 SQL Plus 主界面

命令或者 SQL Plus 命令。

退出 SQL Plus 有两种方法。

① 单击 SQL Plus 主窗口标题栏的关闭按钮。

② 在 SQL Plus 命令行执行 EXIT 命令或 QUIT 命令。

这两种方法是有区别的。使用第一种方法时,Oracle 数据库认为是未正常退出 SQL Plus,不会在退出 SQL Plus 前隐式地执行提交(COMMIT)操作,因此这种方法可能导致未提交事务的自动回滚而使最后执行的操作无效。使用第二种方法时,Oracle 数据库会在退出 SQL Plus 前隐式地执行提交操作,从而使最后执行的操作生效。

作为使用软件的一个良好习惯,应该通过执行 EXIT 命令或 QUIT 命令退出 SQL Plus。

2. SQL Plus 的常用命令

SQL Plus 可以处理两种类型的命令:SQL 命令和 SQL Plus 命令。SQL 命令主要用来对数据库进行操作;SQL Plus 命令主要用来设置查询结果的显示格式,设置一些环境选项和提供帮助信息等。这两种命令的书写都不区分大小写。为方便读者阅读,本书在 SQL Plus 中列举的所有命令将主要以小写为主。

SQL 命令不可以简写,以";"结束,以"/"开始运行。SQL 命令存放在 SQL 缓冲区中,可以调出进行编辑,也可以被反复运行。

SQL Plus 命令可以简写,不必输入";"表示结束。SQL Plus 命令不被保存在 SQL 缓冲区中。下面将简要介绍几个 SQL Plus 的常用命令。

（1）连接与断开数据库连接的命令

连接数据库的命令格式为

```
CONNECT 用户名/口令@主机字符串
```

该命令用于切换在 SQL Plus 中连接数据库的用户,其中 CONNECT 可简写为 CONN。

若以系统管理员身份登录数据库,则执行命令

```
SQL> conn system/systempwd@orcl
```

若以普通用户 u1 身份登录数据库,则执行命令

```
SQL> connu1/u1pwd@orcl
```

注意:任何以 SYSDBA 身份连接(加了"as sysdba")的用户都将被视作 SYS 用户,即超级管理员。

例如,执行下列语句:

```
SQL> connu1/u1pwd@orcl as sysdba
```

则连接到数据库的用户不再是 u1,而是 SYS。可通过执行 SHOW USER 命令查看当前连接到数据库的用户。

例如,执行下列语句:

```
SQL> show user
```

则屏幕显示内容为

```
USER 为"SYS"
```

如果只是以 u1 的身份连接数据库,则在用 SHOW USER 命令查看时结果显示如下:

```
USER 为"U1"
```

断开数据库连接的命令为 DISCONNECT。

```
SQL> disconnect
```

该命令可简写为 DISC。

（2）查看表结构的命令

命令格式为

```
DESCRIBE 表名
```

该命令可简写为 DESC,用于查看表、视图、同义词的结构。

例如,在 system 用户下创建了部门表 dept 之后,可执行下列语句查看该表的结构:

```
SQL> desc dept
名称                        是否为空?        类型
-------------------------- --------------  ------------------------
DNO                         NOT NULL        NUMBER(3)
DNAME                                       VARCHAR2(20)
LOC                                         VARCHAR2(30)
```

结果显示该表有 3 个字段,部门编号 dno 为 3 位数字,部门名称 dname 为长度最长 20 个字符的变长字符串类型,部门所在地为长度最长 30 个字符的变长字符串类型,部门编号 dno 不能为空。

（3）SQL Plus 会话环境设置的命令

一般在"SQL>"下进行 SQL Plus 操作,都需要进行必要的环境设置才能完成所需要的输出。所有环境的设置由 SET 命令加相应的环境变量来完成。会话环境的设置值对相关命令的执行结果是有影响的。

会话环境设置的命令格式为

SET 环境变量名 值

例如,"SET SPACE 5"表示设置各列间的间隔为 5 个空格字符。

常用的环境变量如下。

- arraysize(取回的行数):一次可以提取(Fetch)的行数目,取值范围为 1～5000。当有较长字段时应设置得小一些。
- linesize(行显示宽度):可以设置 linesize 环境变量来控制行的显示宽度,缺省是 80 个字符。
- pagesize(页行数):在缺省状态下,SQL Plus 缓冲区显示页的行数是 24 行,其中 22 行显示数据,2 行显示标题和横线。我们可以将 pagesize 设置得大一些以减少提示标题和横线的显示。
- pause(暂停):可以设置 pause 为 ON 或 OFF 来控制屏幕显示。当设置为 ON 时,在 SELECT 语句发出后需要按回车键才能显示一屏。

例如:

SQL> set pause on

- space(列间空格):可用 set space 来设置各列间的空格数,空格数最大为 10。在一般情况下,不用设置 space 参数。
- autocommit(自动提交):用于设置在操作中是自动提交、部分提交还是不自动提交。
  语法为

SET AUTO [COMMIT] { [OFF | ON | IMM | n] }

其中,ON 或 IMM 表示自动/立即提交给数据库系统。n 表示自用户上次发出 COMMIT 后的 n 条语句一起提交。OFF 表示停止自动提交,用户必须用 COMMIT 命令才能提交 SQL 操作。

（4）执行 SQL 缓冲区中语句的命令

要使一条 SQL 语句在执行完后仍然保留在 SQL 缓冲区,并可以被反复执行,可以采用以下任何一种命令。

- 命令格式 1:/。
- 命令格式 2:run。

如果当前执行了对部门表 dept 的查询,然后分别输入"/"和"run"命令,则结果如下:

```
SQL> select * from dept;
        DNO     DNAME            LOC
-----------     -----------      -----------
        10      accounting       new york
        20      research         dallas
        30      sales            chicago
        40      operations       boston
SQL> /
        DNO     DNAME            LOC
-----------     -----------      -----------
```

```
       10    accounting    new york
       20    research      dallas
       30    sales         chicago
       40    operations    boston
SQL > run
1 * select * from dept;
       DNO   DNAME         LOC
---------------   ------------------   ------------
       10    accounting    new york
       20    research      dallas
       30    sales         chicago
       40    operations    boston
```

（5）设置列显示属性的命令

可以使用 COLUMN 命令设置列或表达式的标题、数据对齐方式和格式等显示属性。column 可以简写为 col，主要有以下两种用法。

修改列宽度：

```
column c1 format a20        --将列 c1(字符型)显示最大宽度调整为 20 个字符
column c1 format 9999999     --将列 c1(num 型)显示最大宽度调整为 7 个字符
```

修改列标题：

```
column c1 heading c2        --将 c1 的列名输出为 c2
```

（6）SHOW 命令

这是一个经常使用的 SQL Plus 命令，可以查看实例参数、系统变量等值。例如，查看当前 SQL Plus 会话的连接用户是谁，则输入

```
SQL > show user
```

该命令还可以查看 SQL 执行出错的详细信息。因为创建 PL/SQL 对象时即使出错，SQL Plus 也不会报错，只会报 warning，无法看到详细的错误信息。通过 SHOW ERROR 就可以看到详细的错误信息，可输入

```
SQL > show error
```

（7）显示命令帮助信息的命令

语法如下：

```
HELP［命令名］
```

例如，要查看 SHOW 命令的语法，则输入

```
SQL > help show
```

4.5.2　Oracle 企业管理器

Oracle 企业管理器是 Oracle 数据库提供的一种数据库管理工具。在 Oracle 10g 以后，用户可以通过 Web 界面的 EM 来管理、维护 Oracle 数据库。这样做的好处是只要使用浏览器，而不用安装任何软件工具就可以管理数据库。如果数据库连接了网络，就可以在任何地方远程监控和管理数据库。OEM 是协助数据库初学者成为有经验的 DBA 的很好的工具。

从 Oracle 12c 开始，Oracle 废弃了传统的 Enterprise Manager Database Control。如果想用图形界面管理数据库，可使用 EMX（Enterprise Manager Express）或者使用 SQL Developer。从图 4-13 中可以看到，EMX 是通过 XML DB 来实现的，Console 连接数据库监听

器,由 Dispatcher 进程负责把访问请求传递到 Oracle Web 服务器(内置于 XML DB),最终实现对数据库的基于图形界面的访问。

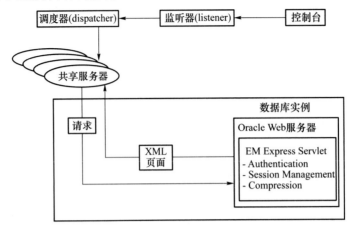

图 4-13　EMS 结构图

在使用数据库配置助手(Database Configuration Assistant,DBCA)创建数据库时,系统默认会选择配置 EMX。如果不想使用 EMX,可以在这个时候去掉这个默认的选择。后面再想使用的话也可以手动配置。关于 EMX 的管理,没有专门控制它关闭和开启的命令行命令。通过 DBCA 配置 EMX,在 DBCA 创建结束后会显示一个访问 EMX 的 URL,默认的 EM 访问地址是 https://localhost:5500/em,端口号可以根据服务器的具体情况进行改变。例如,以下命令为配置 8088 端口作为 EMX 的监听端口:

SQL > show parameter dispatchers;

SQL > exec dbms_xdb_config.sethttpport(8088);

上面的语句已将端口号改为 8088,随后访问 https://localhost:8088/em 即可。

登录 EM 后可以看到图 4-14 所示的企业管理器首页和有关数据库性能方面的内容。

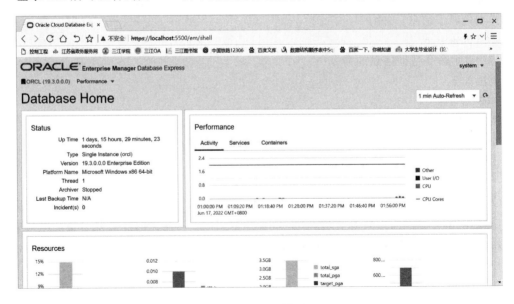

图 4-14　EM 界面

在默认情况下,Oracle 淘汰了基于 Flash 的 EMX,从 Oracle 19c 开始,EMX 采用 Java JET 技术,所以 EM 界面的内容略显单一。若要恢复 EM 管理和维护数据库的功能,则可以执行如下代码,即可恢复原有的 Flash 界面与功能。

```
SQL>@?/rdbms/admin/execemx emx
```

如果需要回滚到 Java JET 方式,则执行如下命令:

```
SQL> @?/rdbms/admin/execemx omx
```

Oracle 数据库的企业管理器可以用来配置参数、表空间,以及查看内存。在性能监控上,EMX 提供了非常直观和简洁的展现。EMX 提供的是一种快速查看数据库实例并验证参数的方法,它是对单个数据库而不是多个数据库进行查看的方法。如果在某个环境中有许多数据库,那么每个数据库的单独的 EMX 就会变得难以管理,这时应该使用 Oracle 企业管理器的云控制器。它可以管理多个目标和数据库,它的安装和数据库安装是分离的,并且可以在被监视和管理的目标机器上安装代理。Express 版本的 EM 对于企业环境的简单数据库管理和监控是非常实用的。

4.5.3　数据库配置助手

DBCA 是一个图形界面的数据库实例配置工具,如图 4-15 所示。DBCA 提供了交互式的图形界面操作,用户能得到非常准确有效的提示与配置,使用起来比较简单、易懂。DBCA 是一个比较方便的管理数据库实例的工具,通过它可以创建、删除和修改数据库实例。

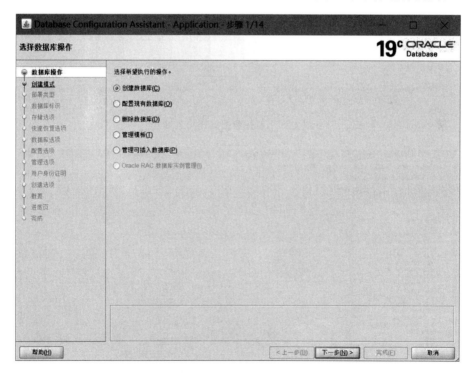

图 4-15　Oracle 的数据库配置助手

4.5.4　SQL Developer

SQL Developer 是免费的图形化数据库开发工具。使用 SQL Developer 可以浏览数据库对象、运行 SQL 语句和 SQL 脚本,并且还可以编辑和调试 PL/SQL 程序,运行所提供的任何数量的报表(Reports),以及创建和保存自己的报表。SQL Developer 由 Java 编写而成,可以运行在 Windows、Linux 和 MAC OS X 等操作系统上。

使用 SQL Developer 管理数据库对象首先要创建数据库连接。在图 4-16 所示的新建数据库连接页面中,输入连接名 Name、用户名、密码和 SID 后进行数据库连接。其中,Name 的名字可以随意,用户名为可以访问数据库的用户,密码是该用户访问数据库的密码,SID 为创建数据库时的数据库名,若没有更改过则默认为 orcl。若数据库连接成功,则进入图 4-17 所示的主窗口。

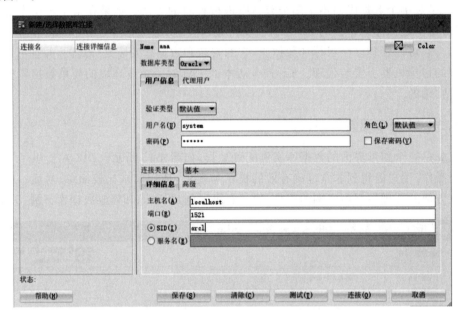

图 4-16　新建数据库连接界面

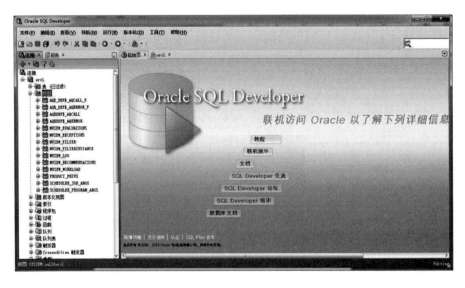

图 4-17　主窗口

使用 SQL Developer 可以提高工作效率并简化数据库开发任务,具体功能如下。

1．创建连接

SQL Developer 需要创建并测试连接，可以通过手工创建，也可以通过 tnsnames.ora 直接导入连接信息。SQL Developer 支持连接多个数据库和多个模式。同时，它可以保存经常使用的连接。用户还可以为非 Oracle 数据库（如 MySQL、SQL Server 和 MS Access）创建数据库连接，以便浏览对象和数据。

2．浏览数据库对象

数据库连接后，可以通过图 4-17 所示的"基于树的对象浏览器"浏览数据库对象。将数据库对象按类型分组，可以浏览的数据库对象包括表、视图、索引、程序包、存储过程、函数、触发器等。对特定于每个对象类型的选项卡式显示详细信息。同时，对于每个对象类型，可以应用过滤器来限制显示。

3．创建对象

SQL Developer 支持以下对象的创建：外部表、索引编排表、临时表、分区表（范围、散列和列表）。同时，为每个支持的对象类型创建对话框，以方便和简化用户创建过程。创建表的窗口如图 4-18 所示。

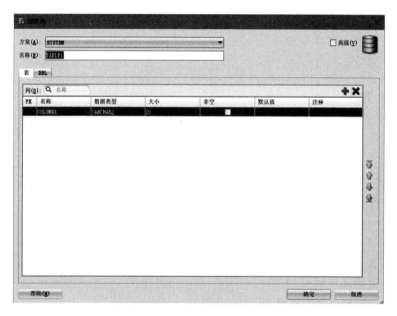

图 4-18　创建表的窗口

4．修改对象

SQL Developer 提供了对数据库对象进行修改的功能。对每类对象进行修改时，SQL Developer 可提供特定操作的对话框。大多数对象都具有编辑对话框，并且可以通过右键调用上下文菜单来进行特定修改。

5．查询和更新数据

SQL Developer 提供了很多查询数据和更新数据的功能，包括查看表的数据，筛选，排序，查看视图，插入、更新和删除数据，运行脚本（通过写 SQL 语句），批量处理，支持 CLOB 和 BLOB，查看大字段数据（BLOB 字段）等。

6．导出与导入

SQL Developer 可以导入数据，或者将数据导出为以下格式：Text、CSV、Insert 脚本、

Loader 脚本、XML、HTML、XLS。导出窗口如图 4-19 所示。

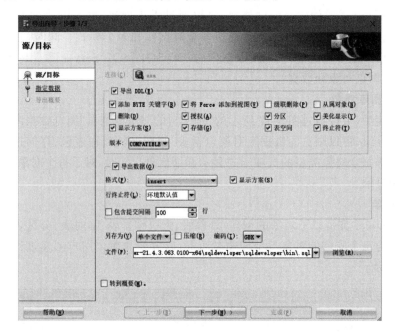

图 4-19 导出窗口

7. 编辑 PL/SQL

SQL Developer 提供了功能齐全的编辑器,编辑器的功能包括代码片段查看器、代码格式化程序、语法突出显示、代码洞察(自动完成)、代码折叠、内联错误报告、可自定义的快捷键、可自定义的代码片段查看器、基于文件的 PL/SQL 编辑等。所有打开的 *.pks、*.pkb 和 *.pls 文件将在 PL/SQL 代码编辑器中打开。用户可以编辑、使用代码片段,编译并保存这些文件。

8. 运行和调试

SQL Developer 提供对 PL/SQL、存储过程、函数和程序包进行运行及调试的功能。运行及调试包括以下功能:设置断点,配置断点条件;控制程序执行(step into、step over 等);运行游标;检查和修改变量;函数返回值及 OUT 参数;生成可编辑的 PL/SQL 代码块以填充参数;查看调试日志;支持远程调试;等等。

9. 创建和运行用户自定义报表

SQL Developer 提供了一个报表套件,它的功能是可以创建和运行用户自定义报表,用户根据自己的需求及数据字典,可以创建自定义报表。

10. 可进行二次开发

SQL Developer 利用 JDeveloper IDE 允许开发人员编写扩展。

本 章 小 结

本章概述了 Oracle 数据库的技术发展,Oracle 数据库的安装要求和安装过程以及常用的管理工具等,如 SQL Plus、Oracle 企业管理器、数据库配置助手和 SQL Developer。同时,本章以 Oracle 19c 为例介绍了 Oracle 的环境变量及相关服务。

思 考 题

1．Oracle 数据库在安装后会在操作系统中自动创建一组环境变量,这些环境变量如何进行查看？各自有什么用途？

2．Oracle 数据库的常用服务有哪些？

3．SQL Plus 命令的用途是什么？

4．如何正常退出 SQL Plus？

5．数据库配置助手可以用来实现什么功能？

6．Oracle 企业管理器的作用是什么？ 如何通过浏览器进行访问？

第5章 Oracle 数据库的体系结构

数据库的体系结构是指数据库的组成、工作原理与工作过程,以及数据在数据库中的组织与管理机制。了解数据库的体系结构对使用、管理与优化数据库有很大的帮助。本章将介绍 Oracle 数据库的内存结构、进程结构、物理结构、逻辑结构、Oracle 19c 的多租户环境和相关的数据字典等知识。

5.1 Oracle 数据库的体系结构概述

Oracle 数据库是按照规定的单位进行管理的数据集合,用于存储并获取相关信息。数据库服务器是信息管理的核心,它能可靠地管理多用户环境中的大量数据,阻止未授权的访问,同时提供高效的故障恢复功能。

在了解 Oracle 数据库体系结构之前必须掌握两个基本概念。

(1) 数据库(Database)

数据库是一个数据集合,数据存放在数据文件中。数据库由磁盘上的物理文件组成,不管是在运行状态还是在停止状态,这些文件一直存在。一旦创建数据库,数据库将永久存在。

(2) 实例(Instance)

通俗地讲,实例是操作数据库的一种手段,是用来访问数据库文件集的存储结构及后台进程的集合。一个数据库可以被多个实例访问。实例由内存和后台进程组成,它暂时存在于 RAM 和 CPU 中。当关闭运行的实例时,实例将随即消失。因此,实例的生命周期就是其在内存中存在的时间,实例可以启动和停止。可以这么说,数据库相当于平时安装某个程序时所生成的安装目录,而实例就是运行某个程序时所需要的进程及消耗的内存。

总体来说,Oracle 服务器由 Oracle 数据库和数据库实例组成。Oracle 数据库可独立于实例而存在,数据库实例也可独立于数据库文件而存在。如图 5-1 所示,Oracle 数据库是安装在磁盘上的 Oracle 数据库文件和相关的数据库管理系统的集合。

Oracle 数据库有物理结构和逻辑结构。Oracle 数据库的物理结构是数据库中的操作系统文件的集合。Oracle 数据库的物理结构由数据文件(Data File)、控制文件(Control File)、重做日志文件(Redo Log File)、初始化参数文件(Parameter File)、口令文件(Password File)、归档重做日志文件(Archived Log File)等组成。Oracle 数据库的逻辑结构指数据库创建之后形成的逻辑概念之间的关系,Oracle 数据库的逻辑组件包括数据库、表空间、段、区、数据块等。

数据库实例用于管理数据库文件的内存结构和进程。数据库实例的内存结构组织称为系统全局区(System Global Area,SGA)。每个数据库实例只有一个 SGA,SGA 是由所有用户进程共享的一块内存区域。SGA 中保存着 Oracle 系统与所有数据库用户的共享信息,包括在进行数据管理、重做日志管理以及 SQL 程序分析时所必需的共享信息。SGA 主要包括数据高速缓冲区(Database Buffer Cache)、重做日志缓冲区(Redo Log Buffer)、共享池(Shared

Pool)、Java池(Java Pool)、大型池(Large Pool)等。每当数据库实例启动时,Oracle 数据就会为 SGA 分配内存并启动 Oracle 数据库的一个或多个后台进程,然后由实例加载并打开数据库(将数据库与实例联系起来),最后由该实例来访问和控制硬盘中的数据库文件。而实例在关闭时会释放 SGA 空间。从图 5-1 可以看出,SGA 中的数据是被所有进程所共享的,数据库的各种操作主要都在 SGA 中进行。后台进程包括数据库写入进程(Database Writer,DBWn)、日志写入进程(Log Writer,LGWR)、日志归档进程(Archive Process,ARCn)、检查点进程(Checkpoint Processing,CKPT)、系统监控进程(System Monitor,SMON)、进程监控进程(Process Monitor,PMON)等。

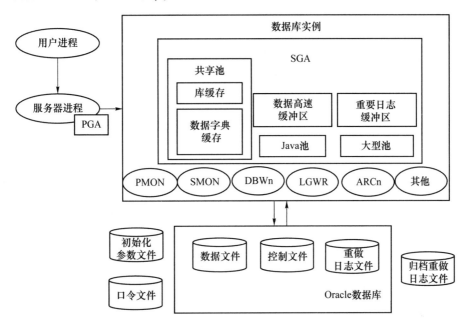

图 5-1 Oracle 服务器的结构

用户进程(User Process)和服务器进程(Server Process)以及程序全局区(Program Global Area,PGA)构成了用户进程发布并执行 SQL 语句的用户环境。当用户连接到 Oracle 服务器时,Oracle 便创建一个服务器进程与之交互,并代表该用户进程完成与 Oracle 数据库间的交互。程序全局区是用户专用的内存结构,存储该用户在连接期间与 SQL 语句执行相关的信息。

启动 Oracle 数据库时需要使用初始化参数文件和控制文件,Oracle 数据据此分配内存结构并加载实例。图 5-2 进一步说明了在 Oracle 服务器启动完成后,开始工作后的 Oracle 服务器内部的工作原理。具体过程如下。

Oracle 数据库
的体系结构

① 在 Oracle 服务器上启动数据库实例。

② 在客户端的用户进程中运行应用程序,启用 Oracle 网络服务驱动器与服务器建立连接。

③ Oracle 服务器运行 Oracle 网络服务驱动器,建立专用的服务器进程执行用户进程。

④ 客户端提交事务。

⑤ 服务器进程获取 SQL 语句并检查共享池中是否有相似的 SQL 语句。如果有,服务器进程再检查用户的访问权限,否则分配新的 SQL 共享区分析并执行 SQL 语句。

⑥ Oracle 服务器从实际的数据文件或 SGA 中取得所需的数据。

⑦ 服务器进程在 SGA 中更新数据,DBWn 在特定条件下将更新过的数据块写回磁盘,LGWR 在重做日志文件中记录事务。

⑧ 如果事务成功,则服务器进程发送消息到应用程序中。

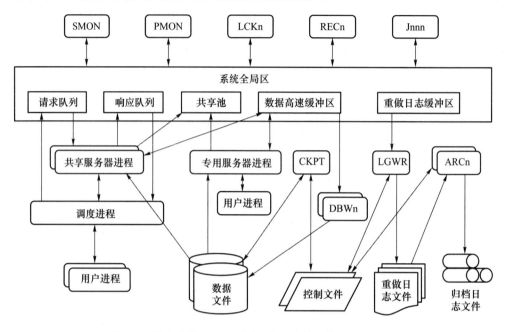

图 5-2   用户进程、Oracle 进程、物理存储文件之间的关系

由此可见,Oracle 数据库设计了完善的体系结构以实现高性能、高可靠性和自我维护。下面分别就 Oracle 数据库的内存结构、进程结构、物理结构、逻辑结构进行说明。

5.2   Oracle 数据库的内存结构

数据库实例被启动后,实例中的各种信息,如当前数据库实例的会话信息、数据缓存信息、Oracle 进程之间的共享信息、常用数据和日志缓存信息等,都会存储在系统分配的若干个内存区域中。内存结构是 Oracle 数据库体系结构中最为重要的部分之一,也是影响数据库性能的主要因素。

Oracle 数据库有两种内存结构:系统全局区和程序全局区。系统全局区是一组共享内存结构,存放数据库实例的控制信息和各个共享用户的数据。程序全局区是用户进程连接到数据库并创建一个会话时,由 Oracle 服务器进程分配的专门用于当前用户会话的内存区,该区域是私有的。

5.2.1   系统全局区

系统全局区是 Oracle 数据库为实例分配的一个共享内存区域,该实例的所有进程将共享系统全局区包含的数据和控制信息,所以 SGA 又称作共享全局区(Shared Global Area)。每个实例都有自己的 SGA。当数据库实例启动时,Oracle 数据库为其分配 SGA;当用户关闭数据库实例时,操作系统将通过释放 SGA 收回这些内存空间。

SGA 内存管理可以采用两种方式:手工管理和自动管理。手工管理是由管理员设置

SGA 内部各个组件的大小。自动管理是在管理员设置 SGA_TARGET 参数后,由 Oracle 数据库自动分配 DB_CACHE_SIZE、SHARED_POOL_SIZE、LARGE_POOL_SIZE、JAVA_POOL_SIZE 和 STREAMS_POOL_SIZE 等参数,其他数据库缓冲存储区、日志缓冲区等仍需由管理员手工分配。无论是采用手工管理还是自动管理方式,所分配的各个 SGA 组件的内存之和不得大于 SGA_MAX_SIZE。

SGA 主要由数据高速缓冲区、重做日志缓冲区、共享池、Java 池、大型池和其他结构组成。

1. 数据高速缓冲区

数据高速缓冲区用于缓存用户最近使用过的数据。当该缓冲区中的数据达到一定量或满足一定条件时,Oracle 数据库才将它们写入磁盘。这样可以减少磁盘读写次数,提高系统的存取效率,改善系统性能。它的大小由初始化参数定义:

- lDB_BLOCK_SIZE:用于定义标准块的尺寸。
- lDB_CACHE_SIZE:用于定义标准块大小的数据缓冲区。
- lDB_nK_CACHE_SIZE(n 为 2/4/8/16/32):定义非标准块大小的数据缓冲区。

Oracle 数据库采用 LRU(Least Recently Used,最近最少使用)算法管理数据库缓冲区。LRU 是内存管理的一种页面置换算法,对于在内存中但又不用的数据块(内存块)叫做 LRU。Oracle 会会将那些属于 LRU 的数据移出内存,从而腾出空间来加载另外的数据。那些很少使用的数据就直接请求数据库。那些经常使用的数据就直接在缓存里面读取。

2. 重做日志缓冲区

重做日志缓冲区用于缓存数据库的所有修改操作信息,这些修改操作信息称为重做项,主要用于数据库恢复。当重做日志缓冲区的日志信息达到缓冲区大小的 1/3 或日志信息存储容量达到 1 MB 时,或者每隔 3 s,日志写入进程 LGWR 就会将该缓冲区中的日志信息写入日志文件中。重做日志缓冲区 log_buffer 的大小在参数文件中设置。该值越大,重做日志缓冲区可以存放事务提交的记录越多,这样可以减少数据被频繁写入重做日志文件中的次数。

3. 共享池

共享池是对 SQL、PL/SQL 程序进行语法分析、编译、执行的内存区域。共享池由库缓存(Library Cache)和数据字典缓存(Data Dictionary Cache)组成。在共享池的总体范围内,各个结构的大小将因针对实例的活动模式而异。共享池本身的大小可以动态重置。例如,在执行"select * from emp;"语句时,会对 SQL 语句进行语法分析—编译—执行计划生成—执行计划运行等操作,这些操作都在共享池中完成。如果再次执行"select * from emp;"语句,则数据库会在共享池中查找是否有相同的 SQL。若有相同的 SQL 那么直接运行执行计划,从而省去编译和执行计划生成操作的步骤。

(1)库缓存

库缓存用于存放最近执行的 SQL 语句信息,包括语句文本以及它的执行计划。可执行版本的 SQL 语句是经过语法检查、编译并给出最佳执行步骤以便获得最优查询性能的 SQL 语句,这些可执行版本的 SQL 语句可以被多个用户所共享。

(2)数据字典缓存

数据字典缓存也称为行缓存,存放系统定义的数据库对象的信息,如表的名称、表结构描述、表拥有者的权限情况等。Oracle 服务器在运行期间,需要经常查询数据字典信息。将此类定义放在 SGA 的内存中,以便所有的会话可以直接访问它们,而不是被迫从磁盘上的数据字典中重复读取它们,从而提高分析性能。

共享池的大小直接影响数据库的性能。它应该足够大,以便缓存所有频繁执行的代码和频繁访问的对象定义。但它也不能过大,以至于连仅执行一次的语句也要缓存。如果共享池过小,则数据库性能下降,因为 Oracle 服务器会话将反复抢夺其中的空间来分析语句。此后,这些语句会被其他语句重写,在重新执行时,将不得不再次分析。过大的共享池也会对数据库性能产生不良影响,因为搜索需要的时间过长。如果共享池小于最优容量,则数据库性能将下降。并且,共享池有一个最小容量,如果低于此容量,语句将失败。确定最优容量是一个性能调整问题,大多数数据库都需要一个数百 MB 的共享池。有些应用程序需要 1 GB 以上的共享池,但很少有应用程序能够在共享池小于 100 MB 时良好运行。共享池在实例启动时分配。从 Oracle 9i 开始,可以随时将其调大或调小,可以采用手动方式重调其大小,也可以根据工作负荷自动调整其大小。

手动调整共享池大小的方式如下:

```
--显示可以动态重设大小的 SGA 组件的当前容量、最大容量和最小容量
SQL > select component, current_size, min_size, max_size
2      from v $ sga_dynamic_components;
SQL > alter system set shared_pool_size = 110m;
--再次查看 SGA 组件的当前容量、最大容量和最小容量
SQL > select component, current_size, min_size, max_size
2      from v $ sga_dynamic_components;
```

4. 大型池

大型池用于为大的内存需求提供内存空间,大小由初始化参数 LARGE_POOL_SIZE 定义。如果使用恢复管理器(Recovery Manager,RMAN)执行备份、转储和恢复,或者需要执行并行复制,或者需要通过使用 I/O Slaves 提高 I/O 性能,则应该配置大型池。大型池是一个可选区域,如果创建了大型池,则那些在不创建大型池的情况下使用共享池内存的不同进程将自动使用大型池。大型池的一个主要用途是供共享的服务器进程使用。在缺少大型池的情况下,这些进程将使用共享池中的内存,这将导致对共享池的恶性竞争。如果使用的是共享服务器或并行服务器,那么始终应该创建大型池。设置的大型池大小与数据库性能无关,如果某个进程需要大内存池,而内存不够用,则此进程将失败并发生错误。当分配的内存超过需求量时,语句的执行速度并不会因此加快。

5. Java 池

只有当应用程序需要在数据库中运行 Java 存储程序时,才需要 Java 池,其大小由初始化参数 JAVA_POOL_SIZE 定义。用户可以在启动实例后创建 Java 池并重设 Java 池的大小,可以完全自动地创建 Java 池并设置 Java 池的大小。Java 池用于存放 Java 代码、Java 语句的语法分析表、Java 语句的执行方案和支持 Java 程序开发。

5.2.2 程序全局区

除了 SGA 内存区域外,数据库实例中的内存还包括 PGA。PGA 是 Oracle 系统分配给一个服务器进程的私有区域。PGA 专门用来保存服务器进程的数据和控制信息等。PGA 是在用户进程连接到数据库并创建一个会话时自动分配的,保存每个与 Oracle 数据库连接的用户进程所需的信息。

PGA 工作区的管理可以采用自动和手工两种方式,这是由参数 WORKAREA_SIZE_POLICY 的取值决定的。当其取值为 auto 时采用自动管理方式;当其取值为 manual 时采用手工分配方式。当采用自动方式管理 PGA 时,由 PGA_AGGREGATE_TARGET 参数指定

各工作区内存总和。当把 PGA_AGGREGATE_TARGET 参数值设置为 0 时，WORKAREA_SIZE_POLICY 自动设置为 manual，这时 SQL 工作区大小由 WORKAREA_SIZE 参数设置。

　　PGA 主要包括与指定服务器进程相关的排序区（Sort Area）、会话区（Session Area）、游标区（Cursor Area）和堆栈区（Stack Area）。

1. 排序区

排序区用于存放执行排序操作所产生的临时数据，大小由初始化参数 SORT_AREA_SIZE 设置。初始化参数 SORT_AREA_RETAINED_SIZE 用于保留不释放的内存大小。

2. 会话区

会话区用于存储该会话具有的权限、角色、性能统计等信息。

3. 游标区

运行 SQL 语句或执行 PL/SQL 中与游标相关的语句时，Oracle 数据库会在共享池中为该语句分配上下文区，游标是指向该内存空间的指针。游标区用于存储用户会话中当前使用的各游标所处的状态。

4. 堆栈区

堆栈区用于存储该会话中的绑定变量（Bind Variable）和会话变量（Session Variable）及 SQL 运行时的内存结构信息。

5.3　Oracle 数据库的进程结构

　　进程是具有独立数据处理功能的、正在执行的程序，是系统进行资源分配和调度的一个独立单位。通俗地讲，进程就是一段在内存中正在运行的程序。后台进程是进程的一种，在内存中运行时，不占显示，而且它的优先级比前台进程低。前台进程只有一个，但后台进程可以有多个。Oracle 服务器使用多个进程来运行 Oracle 数据库的不同部分，每个进程完成指定的工作。

　　Oracle 数据库系统中的进程主要有用户进程和服务器端进程，服务器端进程又可分为后台进程和服务器进程两类。用户进程在客户端工作，它向服务器进程发出请求信息。SQL Plus、Oracle Forms Builder、Report Builder 都是用户进程。服务器进程接受用户进程发出的请求，并根据请求与数据库（通过 SGA）通信。通过这些通信完成用户进程对数据库中数据的处理请求，而具体的数据读写、日志写入等操作则由后台进程完成。下面具体介绍服务器端进程。

5.3.1　后台进程

　　实例中的后台进程执行用于处理并行用户请求所需的通用功能，而不会损害系统的完整性和性能。它把为每个用户运行的多个 Oracle 程序所处理的功能统一起来。后台进程执行 I/O 并监控其他 Oracle 进程以增加并行性，从而使数据库的性能更加优越，可靠性更高。

后台进程

　　根据配置情况，数据库实例可以包括多个后台进程。常用的后台进程包括数据库写入进程、日志写入进程、日志归档进程、系统监控进程（System Monitor，SMON）、进程监控进程和检查点进程等。每个实例都包含的 5 个必需的后台进程是数据库写入进程、日志写入进程、系统监控进程、进程监控进程和检查点进程。下面介绍部分主要的进程。

1. 数据库写入进程

数据库写入进程的作用是将已更改的数据块从内存写入数据文件。在默认情况下,启动实例时只启动了一个数据库写入进程,即 DBW0。初始化参数 DB_WRITER_PROCESSES 最多定义 20 个数据库写入进程执行写入操作。每个数据库写入进程都分配了 0~9 或 a~j 编号。

2. 日志写入进程

日志写入进程负责把重做日志缓冲区的数据写入重做日志文件中永久保存。数据库写入进程在工作之前,需要了解日志写入进程是否已经把相关的日志缓冲区中记载的数据写入硬盘中。如果相关的日志缓冲区中的记录还没有被写入,则数据库写入进程会通知 LGWR 完成相应的工作,然后 DBWR 才开始写入。

3. 日志归档进程

日志归档进程是一个可选进程,该后台进程只有在 ARCHIVELOG(归档日志)模式下才有效。在默认情况下,只有两个归档日志进程(ARC0 和 ARC1),初始化参数 LOG_ARCHIVE_MAX_PROCESSES 最多可定义 30 个日志归档进程,每个日志归档进程都分配了 0~9 或 a~t 的编号。在 ARCHIVELOG 模式下,当进行日志切换时会自动生成归档日志文件。

4. 系统监控进程

该进程负责在数据库系统启动时执行恢复工作,还负责清理不再使用的临时段。在具有并行服务器选项的环境下,系统监控进程对有故障的 CPU 或实例进行恢复。系统监控进程有规律地被呼醒,检查是否需要被调用,或者其他进程发现需要时可以被调用。

5. 进程监控进程

该进程在用户进程出现故障时执行进程恢复,负责清理内存储区和释放该进程所使用的资源。该进程监控服务器进程的执行,并在服务器进程失败时清除该服务器进程,用于恢复失败的数据库用户的强制性进程。

数据库启动后,可通过数据字典 V＄BGPROCESS 查询当前启动的后台进程。相关语句如下所示:

```
SQL> conn system/syspwd@orcl as sysdba
SQL> column description format a30
SQL> set pagesize 200
SQL> select paddr, pserial＃, name, description
2      from v＄bgprocess
3      order by name;
```

上面的第 1 条语句的作用是以 sysdba(超级管理员身份)连接数据库。第 2 条语句的作用是设置 description 列的显示格式为 30 个字符宽度。第 3 条语句的作用是设置逻辑页面大小为每页 200 行。每行前面的"SQL>"是系统的命令提示符,提示用户可以输入 SQL 命令语句或 SQL Plus 命令。前 3 条语句为 SQL Plus 命令,第 4 条语句的 select 语句是 SQL 命令。

6. 检查点进程

检查点进程是一个可选进程,其作用是发出检查点(Checkpoint),实现同步数据库的数据文件、控制文件和重做日志,确保数据文件、控制文件和重做日志文件的一致性。该进程在检查点出现时对全部数据文件的标题进行修改,指示该检查点。通常,该任务由日志写入进程执行。然而,检查点明显地降低系统性能时可使检查点进程运行,将原来由日志写入进程执行的检查点的工作分离出来,由检查点进程实现。对于许多应用情况,检查点进程是不必要的。只有当数据库有许多数据文件,日志写入进程在检查点时明显地降低性能才使检查点进程运行。

检查点进程不将块写入磁盘,该工作是由数据库写入进程完成的。

5.3.2 服务器进程

服务器进程结构模式决定了系统如何响应用户进程请求。

1. 专用服务器数据库(Dedicated Server)

Oracle 数据库为每一个连接实例的客户进程启动一个专门的前台服务进程,即一个客户端连接对应一个服务器进程。专用服务器模式一般只用在密集的批操作中,能让服务器进程大部分时间保持繁忙。当预期客户机连接总数较少或客户机向服务器发出的请求持续时间较长时,应采用专用服务器模式。局域网环境开发的 C/S 结构应用系统采用专用服务器模式有较好的性能。

2. 共享服务器(Share Server)模式

共享服务器也叫作多线程服务器模式。在这种模式下,Oracle 数据库允许多个用户进程共享非常少的服务器进程。所以,可以同时实现用户并发访问的人数也就大大增加。该模式是多个客户端连接对应一个服务器进程,服务器端使用一个进程调度器来管理。少数共享服务器进程执行了许多连接客户的数据访问操作,很少的进程开销就可以满足大量的用户群。它适用于高并发、小事务量的情形。采用共享服务器模式,可以大大减少高度并发对 Oracle 数据库的资源消耗。

5.4 Oracle 数据库的物理结构

Oracle 数据库的存储结构包括物理结构和逻辑结构,两者是互相关联的。物理结构是实际的数据存储单元,如文件或数据块;逻辑结构是数据概念上的组织,如数据库或表。数据库逻辑上是由一个或多个表空间(Tablespace)组成的,而表空间物理上则是由一个或多个数据文件组成的。Oracle 数据库的逻辑结构与物理结构之间的关系如图 5-3 所示。

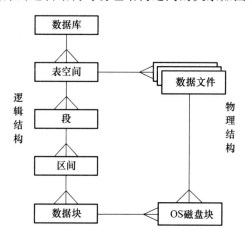

图 5-3　Oracle 数据库的逻辑结构与物理结构之间的关系

一个 Oracle 数据库从物理来说是由若干个物理文件(数据库使用的多个操作系统文件)组成的,这些文件包括数据文件(Data Files)、控制文件(Control Files)、重做日志文件等。在一个 Oracle 数据库中,至少要包含一个数据文件。

5.4.1　数据文件

数据文件用于存储数据库数据,包括系统数据(数据字典)、用户数据(表、索引、簇等)、撤销(Undo)数据、临时数据等。每一个 Oracle 数据库都有一个或多个物理的数据文件。数据文件中主要存放系统数据和用户数据两种类型的数据。系统数据用来管理用户数据和数据库本身的数据。用户数据是用于应用软件的数据,带有应用软件的所有信息,是用户存放在数据库中的信息。例如,对于学生表,存放的相关信息包括学号、姓名、年龄、性别等。

在创建数据库对象时,用户不能指定对象存储在哪个数据文件中,而是由 Oracle 数据库负责为数据库对象选择一个数据文件并为其分配物理存储空间。一个数据库对象的数据可以全部保存在一个数据文件中,也可以保存在同一个表空间的多个数据文件中。

数据文件有下列特征。

- 一个数据文件仅与一个数据库关联。
- 当数据库容量越界时,数据文件能够自动扩展。
- 一个或多个数据文件组成一个表空间。

在 Windows 环境下,Oracle 系统在安装完成并创建数据库后将自动创建一些表空间,它们对应的数据文件如表 5-1 所示。其中,"ORACLE_BASE"是 Oracle 数据库安装根目录的环境变量,"orcl"是 Oracle 数据库实例名环境变量 ORACLE_SID 的值。这两项内容根据不同的计算机安装设置有可能不同,可在 Windows 注册表 HKEY_LOCAL_MACHINE\SOFTWARE\ORACLE 下查询。"oradata"则是 Oracle 数据库创建的存放物理文件的磁盘目录,每一个数据库在它下面都有一个对应的物理文件目录。

表 5-1　表空间与数据文件的对应关系

表空间	数据文件
SYSAUX	ORACLE_BASE\oradata\orcl\SYSAUX01.DBF
SYSTEM	ORACLE_BASE\oradata\orcl\SYSTEM01.DBF
TEMP	ORACLE_BASE\oradata\orcl\TEMP01.DBF
UNDOTBS1	ORACLE_BASE\oradata\orcl\UNDOTBS101.DBF
USER	ORACLE_BASE\oradata\orcl\USERS01.DBF

5.4.2　控制文件

每个 Oracle 数据库都有相应的控制文件,后缀通常为 *.ctl,是用于记录数据库物理结构的二进制文件。控制文件是数据库正常启动和使用所必需的重要文件之一,存储的是与启动和正常使用数据库实例有关的各种信息,主要包括:

- 控制文件所属的数据库名;
- 数据库的建立时间;
- 数据文件的名称、位置、联机/脱机状态信息;
- 重做日志文件的名称和路径;
- 表空间名称等信息;

- 归档日志信息；
- 最近检查点信息；
- 数据文件复制信息；
- 备份数据文件和重做日志信息。

Oracle 数据库在启动时将引用特定的控制文件来查找数据文件的位置和联机重做日志。Oracle 系统通过控制访问保持数据库的完整性。在数据库运行时,控制文件被不断更新。任何时候,只要某个数据库是打开的状态,它的控制文件就必须有效。如果数据库正在使用的控制文件失败,则该数据库不能正常运行。控制文件的内容只能够由 Oracle 数据库本身来修改,任何 DBA 或数据库用户都不能编辑控制文件中的内容。

每个数据库必须至少拥有一个控制文件。一个数据库也可以同时拥有多个相同的控制文件,但是一个控制文件只能属于一个数据库。

由于控制文件的重要性,Oracle 系统建议每个数据库至少有两个完全镜像的控制文件,并将它们保存在不同的磁盘中,以防止磁盘或硬盘发生损毁时导致丢失所有的控制文件。

5.4.3　重做日志文件

重做日志文件(Redo Log Files)用于记录数据库的变化,使用它是为了在出现实例失败或介质失败时恢复数据库。每一个数据库有两个或多个日志文件的组,这些重做日志文件组是可以循环使用的。每一个日志文件组用于收集数据库日志,文件的配置和大小将会影响系统的性能。日志的主要功能是记录对数据所做的修改,所以对数据库所做的全部修改都将记录在日志中。在出现故障时,如果不能将修改数据永久地写入数据文件,则可以利用日志记录该修改数据,不会丢失已有操作的成果。

日志文件中的信息仅在因系统故障或介质故障而需要恢复数据库时使用,这些故障将阻止数据写入数据库的数据文件中。对于任何丢失的数据,在下一次数据库打开时 Oracle 数据库会自动地应用日志文件中的信息来恢复数据库的数据文件。

Windows 下安装的 Oracle 数据库在默认情况下会创建 3 个组,每组有一个文件,如下所示：

- ORACLE_BASE\oradata\orcl\REDO01.LOG；
- ORACLE_BASE\oradata\orcl\REDO02.LOG；
- ORACLE_BASE\oradata\orcl\REDO03.LOG。

Oracle 数据库可以运行在 ARCHIVELOG(归档日志)或 NOARCHIVELOG(非归档日志)两种模式下。

1. ARCHIVELOG(归档日志)模式

当数据库运行在 ARCHIVELOG 模式时,所有的事务重做日志都将保存。这意味着对数据库进行的所有事务都将有一个备份。尽管重做日志以循环方式进行工作,但在一个重做日志被覆盖前将为其建立一个副本。在归档日志模式下,当发生日志切换的时候,被切换的日志会进行归档。若当前在使用联机重做日志 1,则此时的日志序列号为 1。当联机重做日志 1 写满的时候,发生日志切换,开始写联机重做日志 2,此时的日志序列号为 2。这时联机重做日志 1 的内容会被拷贝到另一个指定的目录下,这个目录叫作归档目录,拷贝的文件叫归档重做日志。而当联机重做日志 2 写满的时候,系统会自动切换回联机重做日志 1,开始写联机重做日志 1,此时的日志序列号为 3。同时,后台归档进程会将联机重做日志 2 的内容保存到归档重做日志 2 中,依次类推。因此,在归档日志模式下,日志信息被覆盖前就已经复制到归档日志文件中了。所以这些日志信息即使被覆盖,将来也能够在归档日志文件中找到。

有了所有事务的副本,数据库就可以从所有类型的失败中恢复,包括用户错误或磁盘介质故障。这是一种很安全的数据库工作方式。数据库使用归档日志模式运行时才可以进行灾难性恢复。需要注意的是,数据库运行在归档日志模式时将在覆盖前保存重做日志副本,并允许扩展恢复功能,包括指定时刻的恢复,由此可能会增加系统的开销并成为系统的瓶颈。

2. NOARCHIVELOG(非归档日志)模式

在 NOARCHIVELOG 模式下,系统不保留旧的重做日志。该模式为系统默认模式。在该模式下,数据库只能够提供实例级别的故障恢复,而不能够提供介质损坏的故障恢复。因此,NOARCHIVELOG 模式只能提供有限的恢复能力。如果数据库采用的是日志操作模式,那么在进行日志切换时,新的日志会直接覆盖原有日志文件的内容,不会保留原有日志文件中的数据。

总体来说,归档日志模式与非归档日志模式的最重要区别就是当前的归档重做日志切换以后会不会被归档进程复制到归档目的地。

5.4.4 其他文件

1. 归档日志文件(Archived Log File)

在 ARCHIVELOG 模式下才会生成归档日志文件。Oracle 系统以循环的方式将数据库的修改信息保存在重做日志文件中。当所有日志文件组的空间被写满后,系统将启动日志切换操作切换到第一个日志文件组。进行日志切换时,如果数据库运行在归档日志模式下,Oracle 系统会通过后台进程 ARCn 把日志文件组中的日志信息写入归档日志文件后再覆盖这个日志文件组中的已有信息。如果在进行日志切换时数据库运行在非归档日志模式下,那么日志文件组中的日志信息将被直接覆盖。

2. 参数文件(Parameter File)

参数文件用于定义启动实例所需要的初始化参数。参数文件记录着数据库名称、控制文件的路径、SGA 的内存结构、可选的 Oracle 特性和后台进程的配置参数等信息。在启动数据库实例时需要读取参数文件中的信息。因此,它是第一个被访问的物理文件。

参数文件分为文本格式的参数文件(PFILE)和二进制服务器参数文件(Server Parameter File,SPFILE)两种。文本格式的参数文件的名称格式为 init < SID >. ora,二进制服务器参数文件的名称格式为 SPFILE < SID >. ora,其中 SID 为实例名。参数文件的默认位置为 ORACLE_HOME\database。

3. 口令文件(Password File)

口令文件用于存放特权用户的信息。特权用户是指具有 SYSDBA 或 SYSOPER 权限的用户,他们可以执行启动实例、关闭实例、建立数据库、备份和恢复数据库等特权操作。口令文件的名称格式为 PWD < SID >. ora,其中 SID 为实例名。其存放的默认位置为 ORACLE_HOME\database。

4. 警告文件(Alert File)

警告文件由连续的消息和错误信息组成,这些连续的消息和错误信息是按照时间顺序存放的,因此查看该文件应从文件尾部开始查看。通过查看警告文件,可以查看 Oracle 系统的内部错误,也可以监视特权用户的操作。警告文件的位置由初始化参数 background_dump_ dest 确定,名称格式为 alert_<SID>.log,其中 SID 为实例名。

5. 后台进程跟踪文件

后台进程跟踪文件用于记载后台进程的警告或错误信息,每个后台进程都有相应的跟踪文件。后台进程跟踪文件的位置由初始化参数 background_dump_dest 确定,名称格式为 <SID>_<processname>_<SPID>.trc,其中 SID 为实例名,SPID 为后台进程对应的 OS 进程号。

6. 服务器进程跟踪文件

服务器进程跟踪文件主要用于跟踪 SQL 语句,用于诊断 SQL 语句的性能,并做出相应的调整。服务器进程跟踪文件的位置由初始化参数 user_dump_dest 等确定,名称为<SID>_ora_<SPID>.trc,其中 SID 为实例名,SPID 为后台进程对应的 OS 进程号。

5.5　Oracle 数据库的逻辑结构

数据库的逻辑结构是从逻辑角度分析数据库构成的,即创建数据库后形成的逻辑概念之间的关系。它是面向用户的,描述了数据库在逻辑上是如何组织和存储数据的。数据库的逻辑结构支配一个数据库如何使用其物理空间。数据库的数据(表、索引、簇)物理上存放在数据文件中,而逻辑上则存放在表空间中。

Oracle 数据库使用表空间、段、区间、数据块等逻辑结构管理对象空间。图 5-3 表示了 Oracle 数据库的逻辑结构和物理结构的对应关系。

Oracle 数据库在逻辑上是由多个表空间组成的,表空间中存储的对象叫段,如数据段、索引段和回退段。段由区间组成,区间是磁盘分配的最小单位。段的增大是通过增加区间的个数来实现的。每个区间的大小是数据块大小的整数倍,区间的大小可以不相同。数据块是数据库中最小的 I/O 单位,同时也是内存数据缓冲区的单位及数据文件存储空间的单位。块的大小由参数 DB_BLOCK_SIZE 设置,其值应设置为操作系统块大小的整数倍。Oracle 数据库的逻辑结构如图 5-4 所示。

Oracle 数据库
的逻辑结构

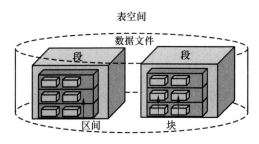

图 5-4　Oracle 数据库的逻辑结构

总体来说,一个 Oracle 数据库可以拥有多个表空间,每个表空间可包含多个段,每个段由若干个区间组成,每个区间包含多个数据块,每个数据块由多个 OS 物理磁盘块组成。

5.5.1　表空间

表空间(Tablespace)是 Oracle 数据库最大的逻辑结构,它容纳着许多数据库实体,如表、视图、索引、聚簇、回退段和临时段等。一个 Oracle 数据库在逻辑上由多个表空间组成,数据库中所有的数据都被存储在表空间中。从物理结构来说,数据库中的所有数据都被存储在数据文件中。所以,逻辑结构上的表空间与物理结构上的数据文件是有关联的:数据库中的表空间至少包含一个或多个数据文件,而一个数据文件只能属于一个表空间。这种关联实现了数据库的逻辑结构和物理结构的统一。

一个 Oracle 数据库中至少要包含一个 SYSTEM 表空间和一个 SYSAUX 表空间。另外,一个 Oracle 数据库一般还包含数据表空间、索引表空间、临时表空间和 UNDO 表空间等。SYSTEM 表空间为 Oracle 数据库提供的默认表空间,在创建或安装数据库时自动创建。该表空间主要用于存储系统的数据字典、过程、函数、触发器等,也可以存储用户的表、索引等。DBA 可以设置 Oracle 数据库的默认表空间,在创建用户时,如果没有指定缺省表空间,Oracle 数据库会将 SYSTEM 指定为默认表空间。

Oracle 数据库中的大多数表空间都是永久表空间。永久表空间存储需要持久保存的数据对象,如表、索引等。Oracle 数据库还允许在数据库中创建临时表空间。

一个表空间的空间使用信息可直接存储在数据文件(使用位图,称为本地管理的表空间)中,也可存储在数据字典(称为数据字典管理的表空间)中。

下面简要介绍 Oracle 数据库安装时创建的几个主要表空间。

(1) 系统表空间

① SYSTEM 表空间

系统表空间存放系统的最基本信息,如存储数据库的数据字典,存储全部 PL/SQL 的源代码和编译后的代码。大量使用 PL/SQL 的数据库应该有足够大的 SYSTEM 表空间。如果 SYSTEM 表空间坏掉,Oracle 数据库将无法启动。

SYSTEM 表空间用于存放系统信息。因此,用户的数据对象不应保存在 SYSTEM 表空间中,否则将会对系统的运行性能和安全造成损害。

② SYSAUX 表空间

SYSAUX 表空间作为 SYSTEM 表空间的辅助表空间,用来减少 SYSTEM 表空间的负荷。数据库组件将 SYSAUX 表空间作为存储数据的默认位置。

除了系统表空间外,其他表空间称为非系统表空间,如撤销表空间、用户表空间、临时表空间等,可以为不同的应用数据集使用不同的表空间,用户可以独立地管理每个应用的数据,提高运行效率。

(2) 非系统表空间

① 撤销表空间 UNDOTBS1

所有的 Oracle 数据库都需要在一个地方保存恢复信息,这个用于保存事务回退(Rollback)信息的表空间称为撤销表空间(Undo Tablespace),这是一个特殊的表空间,在撤销表空间中存储数据更新前的值,可方便地用于事务回退和实现读一致性。用户不可在撤销表空间中存放表和索引等需要持久保存的数据对象。

② 用户表空间 USERS

用户表空间用于存放用户的私有信息,是 DBA 许可用户存放数据库对象的地方。在实际的项目操作时,应该为每个方案创建存放其数据库对象的专用数据表空间,并且不同方案的数据表空间对应的数据文件应处于不同的物理磁盘中,以减少磁盘 I/O 冲突。

③ 临时表空间 TEMP

临时表空间用于存放临时表和临时数据,如查询结果排序、连接查询和索引创建等。

实际上,在系统中只要有 SYSTEM、SYSAUX 和 TEMP 表空间,Oracle 数据库就可以正常工作。这 3 个表空间是系统默认建立的。查询数据字典 DBA_TABLESPACES 可看到系统中各个表空间的状态,在 SQL Plus 中执行如下命令:

```
SQL > select tablespace_name, block_size, status, segment_space_management
2     from dba_tablespaces;
```

Oracle 数据库建议将不同类型的数据部署到不同的表空间,以提高数据访问性能,同时便于进行数据管理、备份、恢复等操作。

一个 Oracle 数据库应用方案应该包括专用的数据表空间(可能需要建立多个)、索引表空间(可能需要建立多个)和临时表空间。而且,表空间对应的数据文件应分开存储到不同的磁盘上。SYSTEM 表空间应该只包含系统数据(如数据字典)。

表空间的状态属性主要有 ONLINE(联机)、OFFLINE(脱机)、READ ONLY(只读)和 READ WRITE(读写)4 种,其中只读与读写状态属于在线状态的特殊情况。通过设置表空间的状态属性,可以对表空间的使用进行管理。

(1) 联机表空间与脱机表空间

当表空间的状态为 ONLINE 时,才允许访问该表空间中的数据。如果表空间不是 ONLINE,可以使用 ALTER TABLESPACE 语句将其状态修改为 ONLINE。

当表空间的状态为 OFFLINE 时,不允许访问该表空间中的数据,如在表空间中创建表或者读取表空间的表等数据操作都将无法进行。这时可以对表空间进行脱机备份,也可以对应用程序进行升级和维护等。如果表空间不是 OFFLINE 状态,同样可以使用 ALTER TABLESPACE 语句将其状态修改为 OFFLINE。

数据库管理员可将表空间脱机以阻止用户对数据的访问。另外,基于数据库维护的目的,也可以使表空间临时脱机。注意,SYSTEM 表空间必须始终保持联机,因为它是系统默认的表空间。

(2) 只读表空间和可读写表空间

当一个表空间的数据不能被改变时(如数据仓库应用的历史数据),可以将其设置为只读表空间。只读表空间可以缩短数据库备份的时间。当表空间的状态为 READ ONLY 时,虽然可以访问表空间的数据,但仅限于阅读,不能进行任何的更新和删除操作,这样做是为了保证表空间的数据安全。如果表空间不是 READ ONLY 状态,可以使用 ALTER TABLESPACE 语句将其状态修改为 READ ONLY。

将表空间的状态修改为 READ ONLY 之前,需要注意以下事项:

- 表空间必须处于 ONLINE 状态;
- 表空间不能包含任何事务的回退段;
- 表空间不能正处于在线的数据库备份期间。

当表空间的状态为 READ WRITE 时,可以对表空间进行正常访问,如对表空间中的数据进行查询、更新等操作。如果表空间不是 READ WRITE 状态,可以使用 ALTER TABLESPACE 语句将其状态修改为 READ WRITE。修改表空间的状态为 READ WRITE 时,需要保证表空间处于 ONLINE 状态。

5.5.2 段

段是一个数据库对象的物理表示,由一个或多个区间组成,用于存储特定对象的所有数据。Oracle 数据库对所有段的空间进行分配,以区间为单位为段分配空间。Oracle 数据库中的段不可以跨表空间,一个段只能属于一个表空间。但段可以跨表空间文件。

一个 Oracle 数据库中的常见段可归为 4 种。

- 数据段:常将各种形式的数据表对应的段称为数据段。数据段用于存储表中的数据。Oracle 用户使用 CREATE 命令创建表或簇时将创建数据段,表或簇中的所有数据都存在该段中。
- 索引段:索引段用于存储表中的所有索引信息。Oracle 用户使用 CREATE INDEX 语句创建索引时为该索引创建相应的索引段。每一个索引都有一个索引段。
- 临时段:临时段用于存储临时数据。当一个 SQL 语句需要临时工作区时,由 Oracle 自动为其分配一个称为临时段的临时磁盘空间。当该 SQL 语句执行完毕时,临时段的空间退回给系统。
- 回退段:回退段由 DBA 建立,用于存储用户数据被修改之前的信息。这些信息用于生成读一致性数据库信息,在数据库恢复时使用,用于回退未提交的事务。

Oracle 数据库提供了十几种段类型,其中的 10 种简要介绍如下。

① 表(Table):每一个表都有一个数据段,段名即表的名字。

② 表分区(Table Partition):表数据可分区存储在不同的表空间,主要是为了提高并发操作的性能。

③ 簇(Cluster):将多个表的数据按照关键字存储在一起。一个簇表可包括多个表的数据。簇的存在主要是为了提供经常进行连接查询的表的查询性能。

④ 按索引组织的表(Index-Organized Table):将索引关键字和非关键字数据存储在一起以提高数据访问的效率。

⑤ LOB 段(LOB Segment):为大对象类型(LOB)数据提供的存储空间。

⑥ 嵌套表(Nested Table):嵌套表的数据存放在单独的嵌套表段中。

⑦ 索引(Index):存储表记录关键字及其对应记录的 ROWID。索引本质上也是一个表,其目的是提高按关键字检索数据的查询性能。

⑧ 索引分区(Index Partition):将索引数据分区,改善对索引的访问性能。

⑨ 临时段(Temporary Segment):存放 SQL 语句操作的结果数据,为 CREATE INDEX、SELECT 等语句的排序操作提供空间。当排序所需空间不足时,中间结果将写回磁盘。

⑩ 回退段(Undo Segment):存放数据更新事务中更新前的数据,目的是便于数据恢复和事务撤销。

5.5.3 区间

表空间中的一片连续空间称为区间,Oracle 数据库根据段的存储特性确定区间的大小。区间是 Oracle 数据库进行空间分配的逻辑单元,是 Oracle 数据库的最小存储分配单元。一个区间一定属于某个段,属于段的区间在段删除时才成为自由空间。区间不可以跨数据文件,只能存在于某一个数据文件中。

5.5.4 数据块

数据块也称为 Oracle 块,是 Oracle 用来管理存储空间的最小的逻辑存储单元和最基本的逻辑存储单位。Oracle 数据库以数据块为单位从数据文件中存取数据。一个数据块包括数据库中多个字节的物理空间,其默认大小由该数据库的参数文件中的 db_block_size 值指定,可以使用的数据块大小为 2/4/8/16/32 KB。为了数据库整体的 I/O 动作更有效率,建议数据块的大小应该是操作系统物理块的整数倍。也可以一次读取多个连续的数据块到缓冲区中,可以使用参数 DB_FILE_MULTIBLOCK_READ_COUNT 设定在全表扫描或快速全索引扫描时一次读取几个数据块。

数据块中可以存储表、索引或簇表,其内部结构都很类似。数据块结构如图 5-5 所示,主要包括以下部分。

- 数据块头:包含此数据块的概要信息,如块地址及此数据块所属的段的类型(表或索引)。
- 表目录区:如果一个数据表在此数据块中储存了数据行,那么数据表的信息将被记录在数据块的表目录区中。
- 行目录区:包含数据块中存储的数据行信息。当一个数据块的行目录区空间被使用后,即使数据行被删除,行目录区空间也不会被回收。
- 可用空间区:没有存储数据的空闲空间。
- 行数据区:记录表或索引的实际数据。一个数据行可以跨多个数据块。

数据块

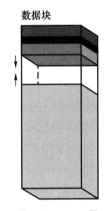

■—数据块头(包含标准内容和可变内容);■—表目录区;■—行目录区;□—可用空间区;■—行数据区。

图 5-5 数据块结构

5.6 Oracle 数据库的多租户环境

在 Oracle 12c 之前的版本中,实例与数据库是一对一或多对一的关系,即一个实例只能与一个数据库相关联,数据库可以被多个实例所加载,实例与数据库不可能是一对多的关系。而在 Oracle 12c 之后,实例与数据库可以是一对多的关系。

在 Oracle 12c 之后的版本中引入多租户环境(Multitenant Environment),允许一个数据库容器(Container Database,CDB)承载多个可拔插数据库(Pluggable Database,PDB)。数据库多租户是一个数据库中的单一实例服务多个用户的架构,每个用户称为一个租户。租户们是逻辑隔离、物理集成的。在一个典型的多租户数据库中,原本不共享也看不到彼此数据的租户在运行统一系统、使用统一硬件和存储系统时,就可以分享同一数据库。在云计算中,一个数据库服务(Data-as-a-service,DaaS)提供者可以运行一个实例并提供对多个用户的访问。

Oracle 数据库的多租户功能是一个高密度的 Oracle 数据库整合平台,它把一个单一的多租户 CDB 当作很多的 PDB 使用。操作系统会将一个物理 CDB 视为数据库,而用户或租户则会将一个虚拟 PDB 视为数据库,如图 5-6 所示。

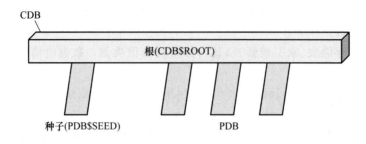

图 5-6　带有可插入 PDB 的 CDB

一个 CDB 包含以下组件。

- ROOT 组件:又叫 CDB＄ROOT,存储 Oracle 数据库提供的元数据和公共用户。元数据的一个例子就是 PL/SQL 包的源代码,公共用户(Common User)是在每个容器中都存在的用户。
- SEED 组件:又叫 PDB＄SEED,是创建 PDB 数据库的模板。一个 CDB 中有且只能有一个 SEED。
- PDB 组件:CDB 中可以有一个或多个 PDB,可以在数据库中对 PDB 进行大部分常规操作。

这些组件中的每一个都可以被称为一个容器。因此,ROOT 是一个容器,SEED 是一个容器,每个 PDB 也是一个容器。每个容器在 CDB 中都有一个唯一的 ID 和名称。PDB 可以插入 CDB 并从 CDB 拔出,并且在某个时间点只能与某个 CDB 相关联。DBA 可以通过设置来管理 CDB,也可以管理一个或多个 PDB。

Oracle 数据库鼓励安装时使用 PDB 技术,这样可以降低成本,便于数据与代码的分离、管理和监控以及管理职责的分离等。

5.7　数 据 字 典

数据字典是 Oracle 数据库存放有关数据库信息的地方,其用途是用来描述数据的,如一个表的创建者信息、创建时间信息、所属表空间信息、用户访问权限信息等。数据库的数据字典是一组表和视图结构,它们存放在 SYSTEM 表空间中。这些表的大多数数据以加密格式存储,用户很少能够直接访问它们,视图能够将表的数据解密成有用的信息供用户访问。由于数据字典是只读的,所以只能使用 SELECT 语句访问其中的表和视图。

数据字典的内容包括:

- 数据库中所有模式对象的信息,如表、视图、簇、索引等;
- 分配了多少空间、当前使用了多少空间等;
- 列的缺省值;
- 约束信息的完整性;
- Oracle 用户的名字;

- 用户及角色被授予的权限；
- 用户访问或使用的审计信息；
- 其他产生的数据库信息。

Oracle 数据库中的数据字典有静态和动态之分。静态数据字典主要是指在用户访问数据字典时里面的数据不会发生改变，如某用户创建的表。动态数据字典依赖数据库的运行性能，可反映数据库的一些内在信息，所以访问这类数据字典的结构往往不是一成不变的。

下面简要介绍 4 类数据字典。

1．USER 视图

USER 视图的名称以 USER_为前缀，用以记录用户对象的信息。每个数据库用户都有一套属于自己的 USER 视图，主要包括用户服务创建的框架对象、用户授权等信息，如 USER_TABLES 包含用户创建的所有表。对特定的数据库用户来说，将经常使用带有 USER_前缀的视图。

2．ALL 视图

ALL 视图的名称以 ALL_为前缀，用以记录用户对象的信息及被授权访问的对象信息。

3．DBA 视图

DBA 视图的名称以 DBA_为前缀，用以记录数据库实例的所有对象信息，如 DBA_USERS 包含的数据库实例中所有用户的信息。DBA 视图的信息包含 USER 视图和 ALL 视图中的信息。

4．动态性能视图

动态性能视图用于记录当前实例的活动信息。启动实例时，Oracle 数据库会自动创建动态性能视图。停止实例时，Oracle 数据库会自动删除动态性能视图。需要注意的是，数据字典的信息是从数据文件中取得的，而动态性能视图是从 SGA 和控制文件中取得的。通过查询动态性能视图，一方面可以获得性能数据；另一方面可以取得与磁盘和内存结构相关的其他信息。所有的动态性能视图都是以 V_＄开始的，Oracle 数据库为每个动态性能视图提供了相应的同义词（以 V＄开始）。

以下是常用的数据字典和动态性能视图。

① 基本数据字典如下。

dba_tables：所有用户的所有表信息。

dba_tab_columns：所有用户的表的字段信息。

dba_views：所有用户的所有视图信息。

dba_synonyms：所有用户的所有同义词信息。

dba_sequences：所有用户的所有序列信息。

dba_constraints：所有用户的表的约束信息。

dba_ind_columns：所有用户的表的索引的字段信息。

dba_triggers：所有用户的触发器信息。

dba_sources：所有用户的存储过程信息。

dba_segments：所有用户的段的使用空间信息。

dba_extents：所有用户的段的扩展信息。

dba_objects：所有用户对象的基本信息。

② 与数据库组件相关的数据字典如下。

v＄datafile：记录系统的运行情况。

dba_tablespaces：记录系统表空间的基本信息。

dba_free_space：记录系统表空间的空闲空间信息。

v＄controlfile：记录系统控制文件的基本信息。

v＄parameter：记录系统各个参数的基本信息。

dba_data_files：记录系统数据文件及表空间的基本信息。

v＄log：记录日志文件的基本信息。

v＄logfile：记录日志文件的概要信息。

v＄archived_log：记录归档日志文件的基本信息。

v＄archived_dest：记录归档日志文件的路径信息。

v＄instance：记录实例的基本信息。

v＄system_parameter：记录实例当前有效的参数信息。

③ 常用的动态性能视图如下。

v＄instance：显示当前实例的信息。

v＄sqltext：记录 SQL 语句的语句信息

v＄sqlarea：记录 SQL 区的 SQL 基本信息。

本 章 小 结

Oracle 数据库采用先进的体系结构设计来确保运行的高性能和高可靠性。Oracle 服务器由数据库实例和 Oracle 数据库两部分组成。数据库实例用于管理数据库文件的内存结构和进程。数据库实例的内存结构组织称为 SGA。SGA 是所有用户进程共享的一块内存区域，主要包括数据高速缓冲区、重做日志缓冲区、共享池（Shared Pool）、Java 池、大型池等。程序全局区是 Oracle 系统分配给一个服务器进程的私有区域，专门用来保存服务器进程的数据和控制信息等。Oracle 数据库是安装在磁盘上的 Oracle 数据库文件和相关数据库管理系统的集合。Oracle 数据库有物理结构和逻辑结构。Oracle 数据库的物理结构是数据库中的操作系统文件的集合，由数据文件、控制文件、重做日志文件、初始化参数文件、口令文件、归档重做日志文件（Archived Log Files）等组成。Oracle 数据库的逻辑结构指数据库创建之后形成的逻辑概念之间的关系，Oracle 数据库的逻辑结构包括数据库、表空间、段、区、数据块等。而在 Oracle 12c 之后的版本中引入多租户环境，允许一个数据库容器承载多个可拔插数据库。

了解和掌握 Oracle 数据库的体系结构是学习 Oracle 数据库的基础。在学习过程中需要从宏观上掌握它的物理组成和文件组成，掌握的程度越深越好。在运用 Oracle 数据库遇到疑难问题时，都可以归结到其体系结构中来解释。

思 考 题

1. 简要说明 Oracle 数据库与数据库实例之间的联系和区别。

2. 简要说明数据库、表空间和数据文件之间的关系。

3. Oracle 数据库的系统全局区包括哪几部分？各部分的功能是什么？

4. 简要说明 Oracle 数据库物理结构的组成部分。

5. 简要说明 Oracle 数据库逻辑结构的组成部分。

6. Oracle 数据库有几种日志操作模式？在哪种模式下会生成归档日志？

7. 在 Oracle 数据库中的多租户环境里面，CDB 和 PDB 之间的关系是什么？

8. 数据字典的用途是什么？

第 6 章　Oracle 数据库管理

本章主要介绍 Oracle 数据库的管理方法,包括数据库的创建、数据库的删除、数据库实例的启动和关闭,以及表空间的管理等。

6.1　Oracle 数据库创建

安装完 Oracle 数据库系统后,需要创建数据库实例才能真正开始使用 Oracle 数据库服务。当然,选择默认安装时会创建一个 orcl 实例,通过该实例可以访问默认的全局数据库 orcl。在实际应用中,我们一般会创建新的数据库和实例进行使用。

一个完整的数据库系统应包括相应的物理结构、逻辑结构、内存结构和进程结构。如果要创建一个新的数据库,这些结构都必须完整地建立起来。一般来说,创建数据库的工作由 DBA 完成。在建立数据库之前,DBA 应对安装数据库的系统进行准备。

要创建新的数据库,需要满足一些必要条件,包括安装需要的 Oracle 软件,为操作系统设置各种环境变量,以及在磁盘上为软件和数据库文件建立目录结构,具有相应的操作系统权限和 Oracle 数据库的 SYSDBA 系统特权,具有充足的磁盘储存空间以容纳规划的数据库(对于一个数据库的数据文件,至少应准备 1.2 GB 的磁盘空间)等。

为了确保数据库系统的安全,Oracle 数据库要求至少存在两个控制文件,并且把它们分开存放在不同磁盘上。同样,应将重做日志组内的各个重做日志文件分开存放在不同的磁盘上。规划数据库的文件存储位置是一项重要的工作,可以基于以下几点来规划工作。

① 解决磁盘空间及 I/O 争用。

② 依据不同的数据生存期(如临时数据和持久的应用数据)进行规划。

③ 依据不同的数据管理特性(如人工或自动管理)进行规划。

④ 数据文件的命名要合理、规范。

在创建数据库之前应完成的准备工作包括规划数据库表和索引,并估计它们所需的空间大小;规划数据库包含的底层操作系统文件的布局;考虑采用 Oracle 数据库管理的文件特性来创建和管理重做日志文件、控制文件;选择全局数据库名称;熟悉初始化参数和初始化参数文件;选择数据库字符集;选择标准的数据库块尺寸;使用撤销表空间来管理撤销记录,而不使用回退段;开发一套备份和恢复策略以应对数据库失败;熟悉启动和关闭实例以及装载和打开数据库的准则和选项。

当准备工作完成后,就可以创建数据库了。Oracle 软件中提供了两种方式创建数据库:一种方式是使用创建数据库的向导工具——数据库配置助手(Database Configuration Assistant,DBCA),使用 DBCA 可以简单快捷地创建自定义的数据库结构;另一种方式是使用 SQL 语句手工创建数据库(使用 CREATE DATABASE 命令创建),这种方法可适用于所有的 Oracle 版本。

6.1.1　使用 DBCA 创建数据库

使用 DBCA 方式来创建数据库,可以在向导指示下一步一步地完成对新数据库的设置,并且完成所有的数据库创建工作(包括创建数据字典、默认用户账户、服务器端初始化参数文件等工作)。用户只需要对必要的参数和配置进行修改,其他工作都由 Oracle 软件自动完成。

下面简要说明在 Windows 环境下使用 DBCA 创建数据库的过程。

在 Windows 环境中选择"开始"→"Oracle-OraDB19Home1"→"Database Configuration Assistant"即可启动 DBCA,如图 6-1 所示。

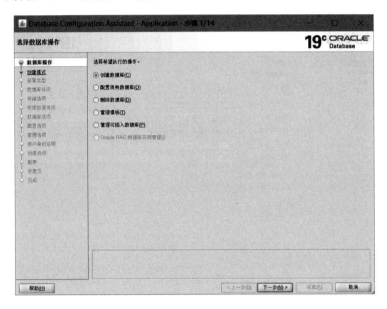

图 6-1　DBCA 的数据库操作界面

在图 6-1 所示的数据库操作界面中选择"创建数据库(C)"引导用户开始创建数据库所需的设置工作,这是创建数据库的第 1 步。单击"下一步(N)"按钮,进入图 6-2 所示的界面,这是创建数据库的第 2 步。第 2 步我们选择使用典型配置创建数据库,输入所要求的全局数据库名、存储类型、数据库文件位置等信息,单击"下一步(N)"按钮,在正常情况下不会出现异常,会自动跳转到图 6-3 所示的概要界面,这是第 3 步。概要界面列举了当前要创建的新数据库的一些信息,包括数据库配置概要和数据库配置(数据库组件、初始化参数、字符集、数据文件、重做日志组)的详细信息。在完成定义数据库各种参数的设置之后,单击概要界面的"完成(F)"按钮,进入图 6-4 所示的进度页界面,这是创建数据库的第 4 步。在经过较长时间的等待后,创建数据库完成,进入图 6-5 所示的完成界面,这是创建数据库的第 5 步。在该界面可以看到新创建的数据库的基本信息。单击"口令管理...(A)"按钮可以进行用户口令的设置。最后单击完成界面的"关闭(C)"按钮结束使用 DBCA 创建数据库的过程。

用户在使用 DBCA 的过程中可以体会到 ORACLE_BASE、DB_NAME 以及数据库安装所需要的其他参数的应用,可以了解是哪些参数在影响数据库的配置,为后面使用 CREATE DATABASE 语句打下基础。这些信息包括常用选项、初始化参数、字符集、数据文件和位置、控制文件及其位置和重做日志文件及重做日志组等内容。

使用 DBCA 创建数据库时,也可以在图 6-2 的界面中选择"高级配置(V)"模式,如图 6-6

所示。在"高级配置(V)"模式下,用户可以进行额外的自定义设置,如图 6-7 所示。

在使用 DBCA 创建数据库的过程中,需注意所安装数据库系统在以下几个方面的变化。

- 全局数据库名称。
- 不同数据库类型模板的参数差异。
- ORACLE_BASE、ORACLE_HOME、DB_NAME 和 SID 值的变化。
- 安装目录下 tnsnames.ora 文件的内容变化。
- 控制面板中"服务"的变化。
- 在 SQL Plus 中进行测试。

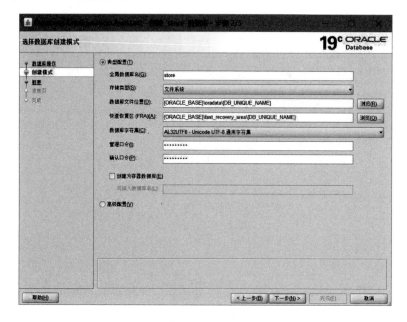

图 6-2　创建模式界面

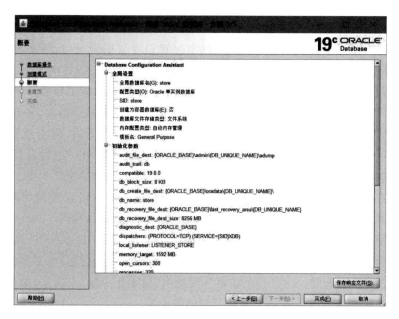

图 6-3　概要界面

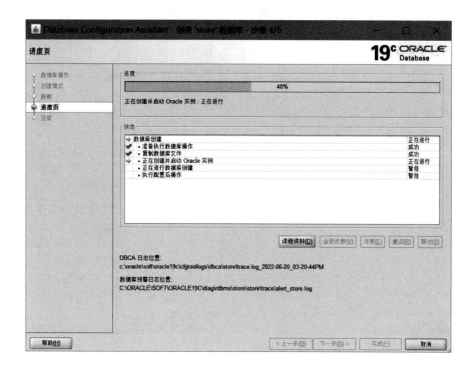

图 6-4 进度页界面

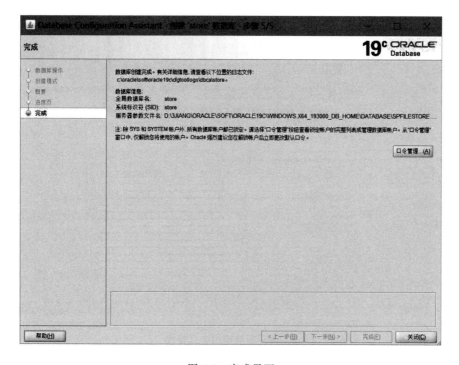

图 6-5 完成界面

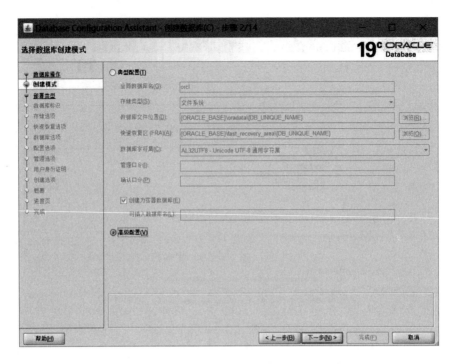

图 6-6　高级模式界面

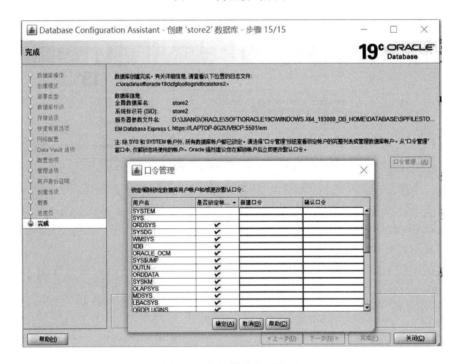

图 6-7　高级模式完成界面

可以看出，DBCA 的使用简单易懂。DBCA 提供了交互式的图形界面操作，以及非常准确有效的提示和配置，是一种方便的创建数据库实例的方式。DBCA 还提供了配置数据库选件、删除数据库、管理模板、管理插接式数据库等其他功能。

6.1.2　使用 SQL 语句手工创建数据库

DBCA 提供了方便直观的创建数据库的方法,但用户也可以使用手工方式创建数据库。手工创建数据库可以对新建数据库的各个细节进行全面控制,使数据库更加适应特定的应用环境,但同时也要求 DBA 具备更多的 Oracle 数据库体系结构方面的理论知识。

这里将简单介绍在 Windows 操作系统中使用 SQL 语句手工创建数据库的步骤。若需要手动创建一个能够正常使用的数据库,则需要按照以下步骤执行。

① 指定一个 Oracle 数据库的实例标识符,即 ORACLE_SID,并检查设置是否生效:

```
SET ORACLE_SID = TESTENV
```

或者直接在 Windows 系统的环境变量设置中新建 ORACLE_SID。此外,需确保设置了其他必要的环境变量,如 ORACLE_HOME、PATH 等。

② 创建密码文件。

③ 创建 Oracle 服务(仅在 Windows 操作系统中需要)。

④ 创建必要的目录。

⑤ 创建初始化参数文件。

⑥ 在 SQL Plus 中启动实例。

⑦ 创建数据库,编写的数据库创建脚本如下:

```
create database TESTENV
user sys identified by oracle
user system identified by oracle
logfile
group 1 ('ORACLE_BASE\oradata\TESTENV\redo01.log') size 50M,
group 2 ('ORACLE_BASE\oradata\TESTENV\redo02.log') size 50M,
group 3 ('ORACLE_BASE\oradata\TESTENV\redo03.log') size 50M
MAXLOGFILES 5
MAXLOGMEMBERS 5
MAXLOGHISTORY 1
MAXINSTANCES 1
CHARACTER SET ZHS16GBK
datafile 'ORACLE_BASE\oradata\TESTENV\system01.dbf' size 300M reuse extent management local
sysaux datafile 'ORACLE_BASE\oradata\TESTENV\sysaux01.dbf' size 50M
default temporary tablespace temp tempfile 'ORACLE_BASE\oradata\TESTENV\temp01.dbf' size
20m reuse
undo tablespace undotbs1 datafile 'ORACLE_BASE\oradata\TESTENV\undotbs01.dbf' size 200M reuse
autoextend on maxsize unlimited;
```

注意:这里的 undo tablespace 的名字必须和初始化参数文件中写的名称一致。

⑧ 执行必要的脚本来创建数据库的相关数据字典和数据库视图。

⑨ 创建系统默认表空间。

```
SQL > create tablespace users datafile 'ORACLE_BASE\oradata\testenv\users01.dbf'
2      size 100m autoextend on next 50m;
SQL > alter database default tablespace users;
```

⑩ 备份数据库。对新建的数据库做一个完全备份,包括数据库中的所有文件。备份数据

库是为了在出现故障后进行介质恢复。

至此,手工创建数据库的步骤完成。如果因为某种原因使数据库创建失败,在准备重新创建数据库之前,应关闭相应实例并删除所有用 CREATE DATABASE 语句创建的文件。在纠正了导致数据库创建失败的错误之后再次运行相关的 SQL 脚本。

显然,手工创建数据库的方式比较复杂。因此,建议一般用户还是使用 DBCA 的方式创建数据库,这样比较安全可靠。

6.2 Oracle 数据库操作

数据库创建完成后,可以启动数据库和配置数据库,必要时还可以修改其中的参数,在不需要时可以删除数据库。完成这些操作可以通过 SQL 语句,也可以通过 DBCA 和 OEM 等工具。本节将介绍使用 SQL 语句来完成数据库操作的方法。

6.2.1 数据库实例的状态

数据库实例支持 3 种状态,分别是 NOMOUNT(未加载),MOUNT(已加载)、OPEN(打开)。

下面分别对这 3 种状态进行说明。

数据库
实例状态

- NOMOUNT:启动实例,但不装载数据库。该模式用于重新创建控制文件、对控制文件进行恢复或重新创建数据库。此状态下不打开数据库,所以不允许用户访问。
- MOUNT:启动实例并装载数据库,但不打开数据库,即数据库处于关闭状态。该模式用于更改数据库的归档日志模式或执行恢复操作,还用于数据文件的恢复。此状态下不打开数据库,所以不允许用户访问。
- OPEN:启动实例,装载并打开数据库。该模式是默认的启动模式,它允许任何有效的用户连接数据库,以及执行典型的数据访问操作。

6.2.2 启动 Oracle 数据库

数据库被用户连接使用之前必须启动数据库实例。由于 Oracle 数据库的启动过程是分步进行的,因此数据库有多种启动模式。不同的启动模式之间还可以互相切换。

启动数据库就是在内存建立一个数据库实例,启动后台进程并将数据库设置为某种状态。只有具有 SYSDBA 权限的 DBA 用户才能启动数据库实例。

在 SQL Plus 中,可以使用 STARTUP 命令启动数据库实例。

根据数据库实例启动后数据库所处的状态和所要完成的操作,可以以多种方式来完成数据库的启动操作。

1. 启动数据库实例(NOMOUNT 状态)

此时启动的数据库实例还没有跟任何数据库进行关联。换句话说,即使数据库不存在也可以启动数据库实例。启动数据库实例主要与初始化参数有关,用来初始化数据库的运行环境。该阶段所完成的操作如下:

- 读取初始化参数文件内容;
- 用读取的参数值替换系统的默认参数值;

- 在内存中为 SGA 分配空间；
- 启动后台进程；
- 打开报警日志文件 alert_SID. ora。

启动数据库实例的 SQL 语句如下：

```
SQL> startup nomount;
```

2. 装载数据库（MOUNT 状态）

该阶段主要完成以下工作：将数据库与一个已打开的数据库实例关联起来，打开初始化参数文件中指定的控制文件。根据控制文件获得数据文件和重做日志文件的名称和状态，并进行装载。此时数据库仍然处于关闭状态，用户无法与数据库建立连接，无法访问数据库和对数据库进行更改。显然，这个阶段对于普通用户来说没有多大作用，但是对 DBA 来说则可以通过命令来维护数据库。该阶段所完成的操作如下：

- 从初始化参数文件中读取控制文件的位置，找到并打开控制文件；
- 从控制文件中获取数据文件和重做日志文件的名字。

装载数据库的 SQL 语句如下：

```
SQL> startup mount;
```

3. 打开数据库（OPEN 状态）

该阶段下，程序能够访问后台数据库系统，用户能够查询和更改数据库中的记录。该阶段所完成的操作如下：

- 打开联机数据文件；
- 打开联机重做日志文件。

打开数据库的 SQL 语句如下：

```
SQL> startup;
```

在使用 Oracle 数据库的过程中，当进行某些特定的管理或维护操作时，需要使用某种特定的启动模式来启动数据库。

4. 启动数据库实例到一种受限访问状态

管理员可以将数据库实例启动到一种受限访问状态，此时数据库实例被启动并打开，只有具有 SYSDBA 和 SYSOPER 权限的用户才能访问数据库。

启动数据库进入受限的打开状态的 SQL 语句如下：

```
SQL> startup restrict;
```

如果在完成操作后将数据库恢复到非受限状态，应使用 ALTER SYSTEM 语句：

```
SQL> alter system disable restricted session;
```

如果在数据库运行过程中由非受限状态切换到受限状态，应使用以下语句：

```
SQL> alter system enable restricted session;
```

5. 强行打开数据库

如果无法使用正常方式关闭数据库实例或者在启动数据库实例时出现无法恢复的操作，这时需要强行启动数据库，以便进行故障查找与排除。

强行打开数据库的 SQL 语句如下：

```
SQL> startup force;
```

6. 启动实例、加载数据库并启动介质恢复

如果需要介质恢复，可以在启动数据库实例和加载数据库后将恢复进程自动启动，需要执行的 SQL 语句如下：

```
SQL> startup open recover;
```

当 DBA 对数据库的管理或维护操作完成后，可以根据需要改变数据库的启动模式。这时应使用 ALTER DATABASE 语句在数据库的各个启动模式之间切换，前提是用户需具有 ALTER DATABASE 的权限。

如果为已启动的实例加载数据库，可使用如下语句：

```
SQL> alter database mount;
```

如果将数据库从加载状态转为打开状态，可使用如下语句：

```
SQL> alter database open;
```

如果将数据库设置为只读状态，可使用如下语句：

```
SQL> alter database read only;
```

如果将数据库设置为读/写模式，可使用如下语句：

```
SQL> alter database read write;
```

6.2.3 关闭 Oracle 数据库

与启动过程相对应，关闭 Oracle 数据库包括 3 个过程。

① 关闭数据库。此时 Oracle 数据库将重做日志缓存中的内容写入重做日志文件中，并且将数据库缓存中修改过的数据写入数据文件，然后关闭所有的数据文件和重做日志文件。

② 卸载数据库。此时数据库的控制文件被关闭，但数据库实例仍然存在。

③ 关闭数据库实例。终止数据库实例，即数据库实例拥有的所有后台进程和服务器进程均被终止，内存中的 SGA 将被回收。只有具有 SYSDBA 权限的 DBA 用户才能关闭数据库实例。在 SQL Plus 中，可以使用 SHUTDOWN 命令关闭数据库实例。

与数据库的启动类似，关闭数据库也可以有多种方式，同时也需要用户具有 SYSDBA 的权限。

1. 正常关闭(NORMAL)

这是默认的关闭方式。正常关闭数据库时，Oracle 数据库将阻止任何用户建立新的连接，并等待当前所有正在连接的用户主动断开连接。之前连接的用户可以继续其当前的工作。当所有用户都断开连接并从 Oracle 数据库中正常退出时，立即关闭数据库、卸载数据库、终止数据库实例。以正常方式关闭的数据库在下次启动时不需要进行任何数据库实例恢复操作。

正常关闭数据库的 SQL 语句如下：

```
SQL> shutdown normal;
```

该方式要等所有用户断开连接后才能关闭数据库，所以等待的时间可能超长。在实际应用中，这种方式几乎无法关闭有大量用户连接的数据库，所以很少被采用。

2. 立即关闭(IMMEDIATE)

这种关闭方式适用于当数据库本身或某个数据库应用程序发生异常的情况，或者对自动备份进行初始化时，不管用户连接与否，要求立即关闭数据库的情况。这种方式能够在尽可能短的时间内关闭数据库。

采用立即关闭方式关闭数据库时，系统将连接数据库的所有用户尚未提交的事务全部回退，中断连接，然后关闭数据库。立即关闭的数据库在下次启动时不需要进行任何数据库实例恢复操作。这是最为常用的一种关闭数据库的方式。

立即关闭数据库的 SQL 语句如下：

```
SQL> shutdown immediate;
```

3．事务关闭（TRANSACTIONAL）

事务关闭方式介于正常关闭和立即关闭之间，响应时间会比较短。该方式将阻止任何用户建立新的连接，同时阻止当前连接的用户开始任何新的事务，并等待所有未提交的活动事务提交或回滚，然后立即断开用户的连接，关闭数据库、卸载数据库，并终止数据库实例。这种方式可以防止连接的用户丢失数据，也不需要所有用户主动断开。

事务关闭数据库的 SQL 语句如下：

```
SQL> shutdown transactional;
```

4．终止关闭（ABORT）

这种方式为异常关闭方式。当数据库或应用程序出现故障，并且不能使用上述其他关闭方式或者需要马上关闭数据库时，可以使用终止关闭方式。这是最快速的关闭 Oracle 数据库的方式。

终止关闭数据库将阻止任何用户建立新的连接，同时阻止当前连接的用户开始任何新的事务；立即终止当前正在处理的 SQL 语句，任何未提交的事务均不被回滚；立即断开所有用户的连接，关闭数据库、卸载数据库，并终止数据库实例。以终止关闭方式关闭的数据库由于当前未完成的事务不会被回滚，所以在下次启动数据库时需要进行数据库实例恢复操作。

终止关闭数据库的 SQL 语句如下：

```
SQL> shutdown abort;
```

这是最不推荐采用的一种数据库关闭方式，它类似于数据库服务器突然断电，可能会导致数据不一致的情况出现，所以除非不得已，不要轻易使用这种方式关闭数据库。

6.3　表空间管理

在数据库系统中，存储空间是比较重要的资源。合理利用存储空间，不仅能节省空间，还可以提高系统的效率和性能。Oracle 数据库是跨平台的数据库，可以轻松地在不同平台间移植，那么如何才能提供统一存储格式的大容量呢？Oracle 数据库采用表空间来解决。

从用户角度看到的表、索引、视图、序列等对象，都存储在表空间这个逻辑结构里。而表空间中的对象最终是在磁盘上存储的，一个表空间对应一个或多个物理数据文件。因此，我们说，表空间将用户视图、数据库的逻辑结构和物理结构有机地结合起来。

6.3.1　表空间概述

表空间是 Oracle 数据库内部数据的逻辑组织结构，它与物理上的一个或多个数据文件相对应，每个 Oracle 数据库都至少拥有一个表空间，表空间的大小等于构成该表空间的所有数据文件大小的总和。

1．表空间的特性

表空间具有如下特性。

- 一个数据库可以有多个表空间，可以在数据库中创建、删除表空间。
- 一个表空间只能属于一个数据库。
- 一个表空间可以有多个数据文件，一个数据文件只能属于一个表空间。

- 一个表空间的大小等于所有数据文件的大小之和。
- 一个用户默认使用一个表空间。
- 表空间可以联机、脱机(系统表空间和带有回滚段的表空间不能 OFFLINE)。
- 数据库对象、表、索引的数据被存储在表空间的数据文件中。

2. 数据库需要的表空间

Oracle 数据库在安装时会自动创建一些默认的表空间给用户使用,如 SYSTEM 表空间、SYSAUX 表空间、TEMP 表空间、UNDO 表空间等。每个表空间都有相应的内容进行存储。

在实际应用中,除了必需的默认表空间外,还应根据具体业务需求在数据库中创建用户自定义的表空间,以存放不同的数据。数据库管理员在创建这些用户自定义的表空间时,应当仔细地考虑应用系统数据的特性,据此合理规划表空间的大小,并指定用户在各表空间上的空间配额。

对表空间的设计和使用应遵循分散存储的原则,具体包括以下几点。

① 在系统性能要求的应用环境中,创建表空间时使用裸设备存储数据文件。

② 将表、索引分开存放在不同的表空间中。分开存放表和索引可避免磁盘 I/O 冲突,提高系统对事务的并行处理能力。

③ 将访问频率高的表、索引分开存放在不同的表空间,并将这些表空间所使用的数据文件存储到不同的物理磁盘上。

④ 对于数据量特别大,并发访问频繁的表、索引,应考虑将其单独存放在一个表空间中,避免该表、索引和其他表、索引的磁盘访问竞争问题。为了进一步提高读写速度,还可以考虑将表、索引进行分区,存储到不同的表空间中。

⑤ 将日志和数据放置在不同的磁盘上。日志信息被连续、顺序地写入磁盘,这将和数据的随机读取、更新方式相冲突。日志和数据分开存放,将避免磁头来回移动,提高 I/O 处理速度。

3. 表空间的管理方式

Oracle 数据库的表空间管理采用的是本地管理方式。在本地管理方式下,表空间的区分配和区回收的管理信息都被存储在表空间的数据文件中,而与数据字典无关。表空间为每个数据文件维护一个位图结构,用于记录表空间的区分配情况。当表空间分配新区或者回收已分配的区时,Oracle 数据库会对文件中的位图进行更新,所以不会产生回滚和重做信息。这种方式的优点是提高了存储管理的速度和并发性,不产生递归管理,没有系统回滚段,降低了用户对数据字典的依赖性。

通过数据字典 DBA_TABLESPACES 可以查看各个表空间的区、段管理方式。

```
SQL> select tablespace_name, status, extent_management,
2    allocation_type, segment_space_management
3    from dba_tablespaces;
```

4. 表空间的分类

表空间可以按 3 种方式进行分类,下面分别进行介绍。

(1) 按数据文件类型分类

按数据文件分类,表空间可分为如下两类。

- 大文件表空间(BIGFILE TABLESPACE)。
- 小文件表空间(SMALLFILE TABLESPACE)。

在 Oracle 数据库中,用户可以创建大文件表空间。这样 Oracle 数据库使用的表空间就由一个单一的大文件构成,而不是若干个小数据文件。这使得 Oracle 数据库可以发挥 64 位系统的能力,创建、管理超大的文件。在 64 位系统中,Oracle 数据库的存储能力被扩展到了 8 EB。当数据库文件由 Oracle 管理并且使用大文件表空间时,数据文件对用户而言完全透明。换句话说,用户只需针对表空间执行管理操作,无须关心处于底层的数据文件。使用大文件表空间使表空间成为磁盘空间管理、备份和恢复等操作的主要对象,可简化数据库的文件管理工作。

数据库默认创建的是小文件表空间,即 Oracle 数据库中传统的表空间类型。数据库中的 SYSTEM 和 SYSAUX 表空间在创建时一般都使用传统类型。

(2)按表空间用途分类

按表空间用途分类,表空间可分为如下几类。

- 系统表空间(SYSTEM TABLESPACE)。
- 临时表空间(TEMPORARY TABLESPACE)。
- 撤销表空间(UNDO TABLESPACE)。
- 数据表空间。
- 索引表空间。

系统表空间用于存放数据字典对象,包括表、视图、存储过程的定义等。

临时表空间用于存储数据库运行过程中由排序和汇总等操作产生的临时数据信息。

撤销表空间存放的是 UNDO 数据。当执行 DML 操作时,Oracle 数据库会将这些操作的旧数据写入 UNDO 段,以保证可以回滚或者读写一致等。

在创建表空间时,如果不指定 TEMPRORY 或 UNDO,建立的表空间就是数据表空间。在 Oracle 数据库的高性能配置中,建议表和索引分开存放在不同的表空间里,把数据表存放在数据表空间。应该为每个用户建立专用的数据表空间存储用户数据,一个用户可以使用多个数据表空间。

为了提高数据库的性能,需要建立专门的索引表空间存储,在定义索引时指定将索引存储到索引表空间里。

(3)按数据特性分类

按数据特性分类,表空间可分为以下 3 类。

- 永久表空间。
- 临时表空间。
- 撤销表空间。

一般而言,存储数据的表空间(如系统表空间)和普通用户使用的表空间都是永久表空间。永久表空间的状态有 3 种:读写、只读、脱机。

临时表空间一般在排序和创建索引时使用,不存放实际的数据。因此,即使出了问题,也不需要备份、恢复日志记录。临时表空间只能是读写模式。

撤销表空间用来存放数据修改前的原始数据,用于保证数据的读写一致性。

6.3.2 创建表空间

在一般情况下,创建表空间由特权用户或 DBA 完成,如果要以其他用户身份建立表空间,则用户必须具有 CREATE TABLESPACE 的系统权限。当执行 CRAELE DATABASE 命令建立数据库时,Oracle 数据库会自动创建

创建表空间

SYSTEM 和 SYSAUX 系统表空间,还会建立默认的临时表空间 TEMP 和撤销表空间 UNDOTBS1。同时,为了加强管理和提高数据库的性能,应该将不同类型的段部署到不同的表空间中。例如,应该建立专门存放表段的数据表空间、存放索引段的索引表空间、存放 UNDO 段的 UNDO 表空间等。

使用 CREATE TABLESPACE 命令建立表空间,其语法格式如下:

```
CREATE [SMALLFILE | BIGFILE ] [ PERMANENT | TEMPORARY | UNDO ]
TABLESPACE tablespace
[ DATAFILE | TEMPFILE ] datafile_tempfile_spec [, datafile_tempfile_spec ...]
[{ MINIMUM EXTENT integer [ K | M ]
| BLOCKSICZE integer [ K | M ]
| EXTENT MANAGEMENT LOCAL [ AUTOALLCATE | UNIFORM [ SIZE integer [K | M ]]]
| SEGMENT SPACE MANAGEMENT {MANUAL | AUTO }
| { ONLINE | OFFLINE }
| { LOGGING | NOLOGGIG }
}
];
```

说明:

根据上述语法可以创建小文件表空间、大文件表空间、永久表空间、临时表空间和撤销表空间等几种类型的表空间,默认创建的是小文件永久数据表空间。在上述语法中的 tablespace 为要创建的表空间名,PERMANENT 子句声明本表空间用于存储持久数据,即本表空间为永久表空间,而 TEMPORARY 子句则声明表空间用于存放临时数据。Oracle 数据库建议建立单独的临时表空间专门用于处理临时数据。

datafile_tempfile_spec 为表空间的数据文件(或临时文件)定义,它的语法如下。

{LOGGING | NOLOGGING}子句用于声明是否对表、索引、实体化视图和分区等进行操作日志记录,默认值是 LOGGING。除非必要,应选择 NOLOGGING 以免影响系统性能。

SEGMENT SPACE MANAGEMENT 子句声明表空间中段空间的管理方法,段空间一般采用自动管理即可。

如果不指定 TEMPORARY 或 UNDO,使用 CREATE TABLESPACE 命令默认创建的表空间就是数据表空间。应该为每个用户创建专用的数据表空间存储用户数据,一个用户可以使用多个数据表空间。

【例 6-1】 创建名称为 TBS1 的数据表空间,数据文件自动增加大小,最大到 50 MB。

```
SQL > create tablespace tbs1
2      datafile '% oracle_home % \database\tbs1_1.dbf' size 5m reuse
3      autoextend on next 50k maxsize 50m;
```

【例 6-2】 创建名称为 TBS2 的大文件表空间,大小为 10 GB。

```
SQL > create bigfile tablespace tbs2
2      datafile '% oracle_home % \database\tbs2.dbf' size 10g;
```

【例 6-3】 创建名称为 TBS3 的临时表空间,大小为 50 MB,区间统一为 128 KB 大小。

```
SQL > create temporary tablespace tbs3
2      tempfile '% oracle_home % \database\tbs3.dbf' size 50m reuse
3      uniform size 128k;
```

【例 6-4】 创建名称为 TBS4 的撤销表空间。

```
SQL> create undo tablespace tbs4
2    datafile'% oracle_home % \database\tbs4.dbf' size 10m
3    autoextend on
4    extent management local;
```

6.3.3　维护表空间

对 DBA 而言,需要经常维护表空间。维护表空间的操作包括查看表空间和数据文件的信息,改变表空间和数据文件的状态,扩展表空间,重命名表空间和数据文件,删除表空间和数据文件等。用户可使用 ALTER TABLESPACE 语句完成维护表空间的各种操作,但前提是必须拥有 ALTER TABLESPACE 或 ALTER DATABASE 的系统权限。

1. 表空间的状态

表空间的状态有联机(ONLINE)、脱机(OFFLINE)、只读(READ ONLY)和读写(READ WRITE)4 种状态,其中只读和读写状态属于 ONLINE 状态中的特殊情况。通过设置表空间的状态属性,可以对表空间的使用进行管理。

- ONLINE:将脱机的表空间设置为联机状态,用户可以对表空间进行读写。
- OFFLINE:将联机的表空间设置为脱机状态,阻止用户对表空间的访问。但是,SYSTEM 表空间、UNDO 表空间、TEMPORARY 表空间不能被设置为脱机状态。
- READ ONLY:将表空间设置为只读状态。设置只读表空间的目的主要是避免对数据库中的大量静态数据进行备份和恢复操作,以及保护历史数据不被修改。如果将表空间设置为只读状态,包括 DBA 在内的任何用户都无法向表空间写入数据或修改数据,也不能建立新的对象或修改对象。但是,具有足够权限的用户仍可以删除只读表空间中的对象。
- READ WRITE:将表空间设置为读写状态。所有的表空间在默认情况下都是可读写的,任何具有配额并且具有适当权限的用户都可以在表空间进行写入操作。

2. 改变表空间的可用性

用户可以在数据库打开的状态下改变表空间的可用性。改变表空间可用性的语法格式如下:

```
ALTER TABLESPACE tablespace {
ONLINE | OFFLINE [ NORMAL | TEMPORARY | FOE RECOVER ]
| READ [ ONLY | WRITE ]
};
```

【例 6-5】 设置表空间的脱机和联机状态。

```
SQL> alter tablespace tbs1 offline temporary;
SQL> alter tablespace tbs1 online;
```

【例 6-6】 为表空间 TBS1 增加数据文件 tbs1_2,大小为 10 MB,自动增加大小,每次增加 10 KB,最大可达到 100 MB。

```
SQL> alter tablespace tbs1
2    add datafile '% oracle_home % \database\tbs1_2.dbf' size 10m reuse
3    autoextend on next 10k maxsize 100m;
```

【例 6-7】 设置表空间为只读状态,并进行验证。

```
SQL> alter tablespace tbs1 read only;          – –将数据表空间设置为只读
```

－－下列语句在表空间 TBS1 中创建表,执行后将会出现错误

SQL > create table test(a char(1)) tablespace tbs1;

SQL > alter tablespace tbs1 read write;   －－将数据表空间设置为读写

3. 删除表空间

如果不再需要表空间和表空间里保存的数据,可以从数据库中删除除 SYSTEM 表空间之外的任何表空间。删除表空间是由特权用户或 DBA 来执行的,如果要以其他用户身份删除表空间,则该用户必须具有 DROP TABLESPACE 的系统特权。删除表空间的同时可以联机删除表空间里的所有数据文件。表空间一旦被删除,其存储的数据将永久丢失。因此,DBA 最好在删除表空间之前和之后对数据库进行完全备份。

删除表空间的语法格式如下:

DROP TABLESPACE tablespace

INCLUDING CONTENTS [AND DATAFILES]

[CASEADE CONSTRAINTS]];

说明:

① tablespace 是要删除的表空间名字。

② INCLUDING CONTENTS 指定删除表空间的同时删除表空间内容。如果不指定该选项,则该表空间非空时,会提示错误。

③ CASEADE CONSTRAINTS 指定删除表空间时删除其他表空间上表的参照完整性约束,这主要是指包含主键和唯一索引等表空间。如果存在完整性约束,而没有指定该参数,则 Oracle 数据库会返回一个错误,并且不会删除该表空间。

【例 6-8】 删除表空间的内容及其对表的一致性引用。

SQL > drop tablespace tbs1

2   including contents

3   cascade constraints;

执行上述语句并不会删除表空间 TBS1 对应的操作系统文件,需要手工删除这些文件。

【例 6-9】 删除表空间的内容及其对应的操作系统文件。

SQL > drop tablespace tbs2

2   including contents and datafiles

3   cascade constraints;

4. 查看表空间信息

为了便于对表空间进行管理,Oracle 数据库提供了一系列与表空间有关的数据字典,如表 6-1 所示。通过这些数据字典,DBA 可以了解表空间的相关信息。

表 6-1　与表空间有关的数据字典

数据字典	用途
V $ TABLESPACE	从控制文件中读取表空间名称和编号信息
DBA_TABLESPACES	读取数据库所有表空间的描述信息
USER_TABLESPACE	读取用户可访问的所有表空间信息
DBA_SEGMENTS	读取所有表空间的段的描述信息
USER_SEGMENTS	读取用户可访问的表空间中的段的描述信息
DBA_EXTENTS	读取所有用户可访问的表空间中的数据盘区的信息

续 表

数据字典	用途
USER_EXTENTS	读取用户可访问的表空间中数据盘区的信息
V＄DATAFILE	读取所有数据文件的信息,包括所属表空间的名称和编号
V＄TEMPFILE	读取所有临时文件的信息,包括所属表空间的名称和编号
DBA_DATA_FILES	读取所有数据文件及其所属表空间的信息
DBA_TEMP_FILES	读取所有临时文件及其所属临时表空间的信息

【例 6-10】 查看当前数据库的表空间名称及每个表空间的数据库大小。

```
SQL> select tablespace_name, block_size
2    from dba_tablespaces;
```

【例 6-11】 查看已创建的临时表空间 TBS3 的临时文件信息。

```
SQL> column file_name format a50
SQL> column tablespace_name format a15
SQL> select tablespace_name, file_name, bytes
2    from dba_temp_files
3    where tablespace_name = 'TBS3';
```

本 章 小 结

本章从 DBA 的角度介绍了以数据库为操作对象进行管理的内容,包括创建 Oracle 数据库、启动/关闭数据库实例以及管理表空间。创建数据库是一项重要的基础工作,可以使用 DBCA 工具创建数据库,也可以使用 SQL 语句手工创建数据库。在 Oracle 数据库启动的过程中,应对数据库实例的状态变化深入了解,以便进一步掌握数据库的体系结构。表空间是 Oracle 数据库内部数据的逻辑组织结构,在应用系统开发中应根据数据的特性和使用要求,创建和管理不同的表空间。

思 考 题

1. 数据库实例启动的过程有哪些阶段? 关闭的过程有哪些阶段?

2. 关闭数据库时,在一般情况下耗时最长的关闭方式是哪种? 为什么? 耗时最短的关闭方式是哪种? 为什么?

3. 简述 Oracle 数据库引入逻辑结构概念的原因。

4. Oracle 数据库自动创建的表空间有哪些?

5. 删除表空间时,如果要删除其拥有的所有数据文件,该如何操作?

6. 什么时候需要将表空间的状态设置为脱机状态? 如何设置?

第 7 章 Oracle 数据库的安全性管理

随着计算机技术的飞速发展,数据库的应用十分广泛,深入到各个领域,但随之而来产生了数据的安全问题。各种应用系统的数据库中大量数据的安全问题、敏感数据的防窃取和防篡改问题越来越引起人们的高度重视。数据库是信息系统良好运行的基础,数据库的安全性管理是信息系统安全性防范的重点。本章将详细介绍在 Oracle 数据库中如何进行数据库的安全性管理。

Oracle 数据库的新特性多租户环境引入 CDB 和 PDB 的概念,使得某些传统的数据库管理方式发生一些改变。当使用"conn system/systempwd@orcl"这样的语句登录时,数据库系统默认登录的是 CDB＄ROOT,这里存放的是公共用户的数据。当需要创建普通用户时,在 Oracle 数据库中必须在 PDB 下使用,PDB 可以自己创建,也可以使用数据库自带的 PDB。本章的例子都是在数据库自带的 PDB(名为 PDBORCL)下进行验证的。

7.1 数据库的安全策略

数据库安全可分为两类:系统安全性和数据安全性。系统安全性是指在系统级控制数据库的存取和使用的机制,包含有效的用户名/口令的组合、用户是否授权可连接数据库、用户对象可用的磁盘空间数量、用户的资源限制、数据库审计是否有效、用户可执行哪些系统操作等。数据安全性是指数据库系统的数据独立性、数据安全性、数据完整性、并发控制、故障恢复等几个方面。

Oracle 数据库的安全体系包括以下几个方面。
- 物理层的安全性。
- 用户层的安全性。
- 操作系统层的安全性。
- 网络层的安全性。
- 数据库系统层的安全性。

7.1.1 Oracle 数据库系统的安全性

数据库系统的安全性在很大程度上依赖数据库管理系统。如果数据库管理系统安全机制非常强大,则数据库系统的安全性能就较好。因此,数据库管理员应从以下几个方面对数据库的安全进行考虑。

1. 系统安全的策略

系统安全策略包括 3 方面的内容:数据库用户的管理、用户的验证和操作系统的安全。这是保护数据库系统安全的重要手段。它通过建立不同的用户组和用户口令验证,可以有效地防止非法的 Oracle 用户进入数据库系统,从而造成不必要的麻烦和损坏。另外,在 Oracle 数据库中,可以通过授权来对 Oracle 用户的操作进行限制,即允许一些用户可以对 Oracle 服务器进行访问,也就是说,对整个数据库具有读写的权利,而大多数用户只能在同组内进行读写或对整个数据库只具有读的权利。在此,特别强调对 SYS 和 SYSTEM 两个特殊账户的保密管理。

为了保护 Oracle 数据库服务器的安全,应保证 ＄ORACLE_HOME/bin 目录下所有内容的所有权为 Oracle 用户所有。为了加强数据库在网络中的安全性,对于远程用户,应使用加密方式通过密码来访问数据库,加强网络上的 DBA 权限控制,如拒绝远程的 DBA 访问等。

2. 数据安全的策略

由于数据库系统在操作系统下都是以文件形式进行管理的,因此入侵者可以直接利用操作系统的漏洞窃取数据库文件,或者直接利用 OS 工具来非法伪造、篡改数据库文件的内容。一般的数据库用户对于这种隐患难以察觉。数据库管理系统分层次的安全加密方法主要用来解决这一问题,它可以保证当前面的层次已经被突破的情况下仍能保障数据库数据的安全,这就要求数据库管理系统必须有一套强有力的安全机制。解决这一问题的有效方法是数据库管理系统对数据库文件进行加密处理,使得即使数据不幸泄露或者丢失,也难以被破译和阅读。

因此,可以考虑在 DBMS 内核层实现对数据库数据的加密。这种加密是指数据在物理存取之前完成加密/解密工作。这种方式的优点是加密功能强,并且加密功能几乎不会影响DBMS 的功能,可以实现加密功能与数据库管理系统之间的无缝耦合。

3. 用户安全的策略

可将一个大型数据库系统中的用户分成普通用户、终端用户、管理员、应用开发者和应用管理员,分别针对不同类别的用户设计不同的安全策略。这时需要考虑到口令的安全和权限两方面,限制用户能执行的操作。

4. 口令管理的策略

与口令管理相关的内容包括口令的期限和到期提示、口令的历史和口令复杂性校验等。

5. 审计的策略

审计策略是将审计数据的收集和分析流程完全自动化。审计数据已经成为一个关键的安全资源,它通过设置跟踪方法来监控用户对数据库的存取情况,防止非法用户对数据库进行存取以保证数据库的安全运行。

6. 防御侵害

Oracle 系统不仅在内部有一套完整有效的安全性保护措施,而且它的安全性服务在系统外部还有助于配置网络安全,可以与网络安全性产品相集成,使入侵威胁降低到最小。Oracle系统通常采用的安全保护措施包括经常性的侵入测试、网络中的入侵监测、安全的路由器和防火墙配置等。

Oracle 数据库系统是多用户的数据库管理系统,允许多个用户共享资源。为了保证数据库系统的安全,它配置了良好的安全机制。

（1）建立系统级的安全保证

系统级特权通过授予用户系统级的权限来实现,是数据库级操作上的特权。系统级的权限（系统特权）包括连接数据库、更改数据库、建立表空间、建立用户、修改用户、删除用户等。系统特权可以被授予用户,也可以随时被收回。Oracle 数据库系统有 170 多种系统特权,所有这些特权存放在 SYSTEM_PRIVILEGE_MAP 数据字典中。

（2）建立对象级的安全保证

对象级特权通过授予用户对数据库中的表、视图、序列等进行操作的权限来实现,这些操作包括查询、新增、修改和删除。

（3）建立用户级的安全保证

通过用户口令和角色机制来实现用户级的安全保证。引入角色机制的目的是简化用户的授权与管理。在一个角色中的用户拥有相同的权限。具体做法是先将用户按职责进行分组，为每组用户建立角色，然后为角色授予相应的权限，最后把角色分配给用户。

每个用户在访问 Oracle 数据库之前，都必须经过两个安全性阶段。第一个阶段是身份验证，验证用户是否具有连接权，即用户能否访问 Oracle 服务器。身份验证成功后，用户才可以连接 Oracle 数据库，但此时用户还不能对数据库执行任何操作。第二个阶段是访问控制，即验证连接服务器的用户是否对数据库具有相应的操作权限。只有该用户获得数据库的操作权限，才能够对数据库执行操作。

7.1.2　Oracle 数据库系统的身份验证

在 Oracle 数据库系统中有两种身份验证：外部身份验证和数据库身份验证。

1. 外部身份验证

外部身份验证是指由外部服务验证用户身份的有效性，而不使用 Oracle 数据库系统进行验证。外部服务一般是指操作系统。这种验证方式认为操作系统用户是可靠的，也就是说，操作系统用户既然能登录进操作系统，那么也能登录 Oracle 数据库，这是为操作系统用户提供的一种便利的登录方式。当用户试图建立与数据库的连接时，数据库不会要求用户再次输入口令和用户名。

2. 数据库身份验证

数据库身份验证是指数据库用户口令以加密的方式保存在数据库内部，当用户连接数据库时必须输入用户名和密码，通过数据库认证后才可以登录进数据库。这种验证方式认为操作系统用户是不可信任的，如果要访问数据库，必须进行再次认证。

采用这种验证方式，由数据库控制用户和所有的验证，不涉及数据库之外的任何软件，并且依靠 Oracle 数据库系统自身提供的强大管理功能以加强安全性。

7.2　权 限 管 理

权限允许用户访问属于其他用户的对象或执行程序。Oracle 数据库的权限分为两类：系统权限和对象权限。系统权限是指用户在整个数据库中执行某种操作时需要获得的权限，如连接数据库、创建用户、创建表、创建索引、连接实例等。对象权限是指用户对数据库中的某个数据对象进行操作时需要的权限，主要对数据库中的表、视图和存储过程而言。Oracle 数据库的系统权限和对象权限都对用户的操作起了限制作用，这在很大程度上保护了数据库的安全性。

在数据库中，当用户对数据库进行访问时，需要以适当的用户身份通过验证，并具有相关权限来完成一系列操作。

在 Oracle 数据库中与权限有关的另一个概念就是角色。角色是一组权限的集合，将角色赋给一个用户，这个用户就拥有了这个角色中的所有权限。

7.2.1　系统权限

系统权限是指对整个 Oracle 数据库进行操作时需要获得的权限。Oracle 数据库的用户不能自己扩展系统权限,它们都已经在 Oracle 数据库里预先设置好了。Oracle 数据库提供的系统权限可通过数据字典 SYSTEM_PRIVILEGE_MAP 来查看。

```
SQL > select * from system_privilege_map;
```

系统权限大多以 CREATE、ALTER、DROP 等 DDL 语句开头,代表用户能在系统中执行的操作。表 7-1 列出了一些常用的系统权限。

表 7-1 常用的系统权限

系统权限	作　　用
CREATE SESSION	创建会话权限,允许用户在数据库上注册
SYSDBA	启动和关闭数据库,更改数据库状态为打开/装载/备份,更改字符集,创建数据库,创建服务器参数文件,归档和恢复日志,会话权限
SYSOPER	启动和关闭数据库,更改数据库状态为打开/装载/备份,创建服务器参数文件,归档和恢复日志,会话权限
CREATE TABLE	允许用户创建表
CREATE VIEW	允许用户创建视图
CREATE PROCEDURE	允许用户创建存储过程、函数和包
CREATE TRIGGER	允许用户创建触发器
CREATE SYNONYM	允许用户创建同义词

在系统权限中,CONNECT、RESOURCE 和 DBA 是 Oracle 数据库的 3 个内置角色。

CONNECT 角色拥有最低的系统权限,其权限如下:

- 登录进 Oracle 数据库和修改口令;
- 对自己的表执行查询、插入、修改和删除操作;
- 查询经过授权的其他用户的表和视图数据;
- 插入、修改、删除经过授权的其他用户的表;
- 创建自己拥有的表的视图、同义词;
- 完成经过授权的基于表或用户的数据卸载。

每个数据库用户必须具有 CONNECT 角色才能登录进 Oracle 数据库中,CONNECT 角色的用户是权限最少的用户。

RESOURCE 角色除了具有 CONNECT 角色的所有权限外,还可进行下列操作:

- 创建基本表、视图、索引、聚簇和序列;
- 授予和收回其他用户对其数据库对象的存取特权;
- 对自己拥有的表、索引、聚簇等数据库对象的存取活动进行审计。

一般来说,对于普通用户授予 CONNECT 和 RESOURCE 权限,对于管理员用户则授予 CONNECT、RESOURCE、DBA 权限。DBA 是系统中的最高级别特权角色,可执行创建用户、导出系统数据等操作。由于 DBA 的权限太大,可能对系统及数据产生破坏,因此应严格限制该角色被授权给数据库的普通用户。

SYSDBA 是系统中级别最高的权限,SYSOPER 与 SYSDBA 相比有少许差别。这两个系统权限是特殊的系统管理权限,允许管理员以这两种身份对数据库进行特殊的管理工作。不要轻易将 SYSDBA、SYSOPER 这两种系统权限授权给数据库的普通用户。在对数据库进行普通操作时,也不要以 SYSDBA、SYSOPER 登录。

7.2.2　对象权限

对象权限是在数据库对象(如指定的表、视图、序列、过程、函数或包等)上执行操作的权限。创建对象的用户拥有该对象的所有对象权限,无须为对象的拥有者授予对象权限。

Oracle 提供了具有针对性的 9 种对象权限,分别如下:

- 插入(INSERT);
- 删除(DELETE);
- 更新(UPDATE);
- 选择(SELECT);
- 修改(ALTER);
- 运行(EXECUTE);
- 参照引用(REFERENCE);
- 索引(INDEX);
- 读(READ)/写(WRITE);

用户可以通过数据字典 DBA_TAB_PRIVS 来查看系统所具有的对象权限。

`SQL > select * from dba_tab_privs;`

对于不同类型的对象,有不同类型的对象权限。常用的对象权限如表 7-2 所示。

表 7-2　常用的对象权限

对象权限	表	视图	序列	过程
ALTER	√	√	√	
DELETE	√	√		
EXECUTE				√
INDEX	√	√		
INSERT	√	√		
REFERENCES	√			
SELECT	√	√	√	
UPDATE		√	√	

注:表中的"√"代表该数据库对象具有此权限。

7.2.3　系统权限的授予与收回

如果用户需要在数据库中执行某种操作,应当必须具有该操作对应的系统权限才行。系统权限可以由具有 DBA 角色的用户来授权,也可以由对该权限具有 WITH ADMIN OPTION 选项的用户授权。

授予系统权限的语法格式如下:

```
GRANT {system_privilege|role}  [,{system_privilege|role} ]...
TO {user|role|PUBLIC}  [,{user|role|PUBLIC} ]...
[WITH ADMIN OPTION];
```

系统权限的授予与收回

说明:

① system_privilege 表示要授予的系统权限。当授予多个系统权限时,权限之间用逗号隔开。

② role 表示被授权的角色名字。

③ PUBLIC 表示把系统权限授予所有用户。

④ WITH ADMIN OPTION 表示可以把被授予的权限级联授予其他用户或角色。

【例 7-1】 数据库系统权限的授予。

```
SQL> conn system/systempwd@pdborcl          --登录 pdborcl
--使用 system 为 user1 授予 connect 和 resorce 权限
SQL> grant connect,resource to user1 with admin option;
SQL> grant create table to user1;          --为 user1 授予 create table 权限
SQL> conn user1/user1pwd@pdborcl          --以 user1 登录 pdborcl
--以 user1 的身份为 user2 授予 connect、resorce 权限（该语句将执行成功）
SQL> grant connect,resource to user2;
SQL> grant create table to user2;          --以 user1 的身份为 user2 授予 create table 权限
```

最后一句将执行失败,原因是 user1 没有级联授权 create table 的权限。

以上语句验证了 GRANT 命令的使用过程和 WITH ADMIN OPTION 选项的作用。对数据库执行任何操作前都必须事先获得相应的权限才行。

收回系统权限的语法如下:

```
REVOKE {system_privilege|role}
FROM {user|role|PUBLIC};
```

当系统权限使用 WITH ADMIN OPTION 选项将权限传递给其他用户时,收回原始用户的系统权限将不会产生级联效应(收回传递授予用户的权限)。因此,收回系统权限时应对用户逐个检查和管理,同时慎用级联授权的功能。

在收回权限的时候应注意,收回其他用户的权限时必须拥有系统管理员的权限。

【例 7-2】 数据库系统权限的收回。

```
SQL> conn system/systempwd@pdborcl
--使用 system 收回 user1 的 connect 和 resorce 权限
SQL> revoke connect,resource from user1;
SQL> revoke create table from user1;          --收回 user1 的 create table 权限
--再以 user1 登录 pdborcl,将失败。因为相关的权限已被收回
SQL> conn user1/user1pwd@pdborcl
SQL> conn user2/user2pwd@pdborcl          --以 user2 登录 pdborcl
```

以上语句中的最后一句将执行成功,原因是 user1 的级联授权未被收回,user2 仍然拥有之前的权限。

7.2.4 对象权限的授予与收回

如果用户需要对数据库中的某个对象执行某种操作,应当必须具有该操作对应的对象权限才行。对象权限可以由具有 DBA 角色的用户来授权,也可以由对该权限具有 WITH GRANT OPTION 选项的用户授权,还可以由该对象的所有者授权。

授予对象权限的语法格式如下:

```
GRANT {object_privilege|ALL} (column_list)]
ON schema.object
TO {user|role|PUBLIC}
WITH GRANT OPTION;
```

对象权限的授
予与收回

说明：

① object_privilege 表示要授予的对象权限。当授予多个对象权限时,权限之间用逗号隔开。

② role 表示被授权的角色名字。

③ PUBLIC 表示把对象权限授予所有用户。

④ WITH GRANT OPTION 表示可以把被授予的权限级联授予其他用户或角色。

在进行对象权限的授予时,应注意以下几点：

- 应当只对确实需要该对象访问权限的用户授权；
- 只授予必需的权限,有必要限制 ALL 的使用；
- 使用对象主属名前缀标识其他用户的对象。

用户名.对象名

【例 7-3】 对象权限的授予。

```
SQL > conn system/systempwd@pdborcl
SQL > grant connect,resource to user1,user2;
--使用 system 为 user1 授予 emp 表的 select 和 update 权限
SQL > grant select,update on emp to user1 with grant option;
SQL > grant select on dept to user1;          --为 user1 授予 dept 表的 select 权限
SQL > conn user1/user1pwd@pdborcl            --以 user1 登录
--以 user1 的身份为 user2 授予 system.emp 表的 select 和 update 权限(该语句将执行成功)
SQL > grant select,update on system.emp to user2;
--以 user1 的身份为 user2 授予 system.dept 表的 select 权限(该语句将执行失败,原因是 user1 没有级
联授权 select on system.dept 的权限)
SQL > grant select on system.dept to user2;
SQL > conn user2/user2pwd@pdborcl            --以 user2 登录
SQL > select * from system.emp;              --以 user2 的身份查询 system.dept 表的数据
```

上述语句中的最后一句执行成功,原因是 user1 为 user2 级联授权了 select on system.emp 的权限。

以上语句验证了 GRANT 命令的使用过程和 WITH GRANT OPTION 选项的作用。对数据库执行任何操作前都必须事先获得相应的权限才行。

收回对象权限的语法如下：

```
REVOKE {object_privilege | ALL}
ON schema.object FROM {user | role | PUBLIC}
[CASCADE CONSTRAINTS];
```

其中：

CASCADE CONSTRAINTS 表示级联删除对象上存在的参照完整性约束。

对象权限的回收具有级联效应。也就是说,当对象权限使用 WITH GRANT OPTION 将权限传递给其他用户时,收回原始用户的对象权限将会产生级联效应,其他用户的对象访问权限也会被一并收回。

【例 7-4】 对象权限的收回。

```
SQL > conn system/systempwd@pdborcl
--以 system 的身份回收 user1 对 emp 表的 select 和 update 权限
SQL > revoke select,update on emp from user1;
SQL > conn user1/user1pwd@pdborcl               --再以 user1 登录
```

--以 user1 的身份查询 system.emp 表的数据(该语句将执行失败)
SQL > select * from system.emp;
SQL > conn user2/user2pwd@pdborcl　　　　　　--再以 user2 登录
SQL > select * from system.emp;　　　　　　　--以 user2 的身份查询 system.dept 表的数据

上述语句中的最后一句将执行失败,原因是在收回了 user1 对 system.emp 表的 select 和 update 权限后,由 user1 分配给 user2 的权限也一并被回收,这验证了对象权限在收回时的级联特性。

7.3　用户与角色管理

要对数据库进行访问,需要以适当的用户身份通过验证,并具有相关权限来完成一系列的操作。用户通俗地讲就是访问数据库的人。在 Oracle 数据库中,有一个概念叫方案(Schema)。方案就是一个逻辑实体,是数据库对象(表、视图、序列等)的逻辑组织。在一般情况下,一个用户对应一个方案。该用户的方案名可以与用户名相同。Oracle 数据库中不能新建一个方案。要想新建一个方案,只能通过创建一个用户的方法解决。在创建用户的同时为这个用户创建一个与用户名同名的方案并将其作为该用户的缺省方案,即方案的个数与用户的个数相同,同时方案名与用户名一一对应且相同。在实际工作中,可以认为用户和方案是等同的。

角色是一组权限的集合。角色能够为用户一次性地分配一组权限,而这组权限就是事先分配给该角色的权限。将角色赋给某个用户,这个用户就拥有了这个角色中的所有权限。通过角色来管理多个用户的多项权限的授予与收回工作,操作简单,安全有效。而且,如果这些用户的权限发生变化,我们只需修改其对应角色具有的权限就可以了。

用户与角色

7.3.1　用户管理

用户就是一个方案,它是一组数据库对象的所有者。用户是计算机的合法操作者,数据库用户就是数据库的合法操作者。Oracle 数据库在安装成功后会自动创建一些用户(如 SYS、SYSTEM),如表 7-3 所示。

表 7-3　数据库自动创建的用户

用户名	登录身份及说明
SYS	所有 Oracle 数据库的数据字典的基本表和视图都存放在 SYS 用户中,这些基本表和视图对于 Oracle 数据库的运行是至关重要的,由数据库自己维护,任何用户都不能手动更改。SYS 用户拥有 DBA、SYSDBA、SYSOPER 等角色或权限,是 Oracle 数据库中权限最高的用户。
SYSTEM	用于存放次一级的内部数据,如 Oracle 数据库的一些特性或工具的管理信息。SYSTEM 用户拥有普通 DBA 角色的权限。

当系统自动创建的用户不能满足要求时,可根据具体的业务需求创建新用户并授权使用。
1. 创建用户
使用 SQL 语句创建用户的语法格式如下:
CREATE USER 用户名
[IDENTIFIED BY password | EXTERNALLY | GLOBALLY AS 'external_name']

[DEFAULT TABLESPACE tablespace_name1]

[TEMPORARY TABLESPACE tablespace_name2]

[QUOTA integer ON tablespace_name]

[PASSWORD EXPIRE]

[ACCOUNT { LOCK | UNLOCK }]

[PROFILE profile_name];

说明：

① IDENTIFIED BY 子句用于指定该用户的口令；

② DEFAULT TABLESPACE 子句用于指定存放用户对象数据的默认表空间；

③ TEMPORARY TABLESPACE 子句用于指定用户的临时表空间；

④ QUOTA 子句用于设置用户对表空间占用的额度；

⑤ PASSWORD EXPIRE 表示用户在第一次登录数据库时口令即刻失效,需要修改口令；

⑥ ACCOUNT 子句用于指定该用户的账号是启用还是锁死；

⑦ PROFILE 子句用于指定用户的概要文件。

注意：创建用户的操作一般由 DBA 完成。新创建的用户不具有任何权限,不能连接数据库,也不能进行任何数据库的操作,必须为其授予相应的访问和操作数据库的权限。

2. 修改用户

修改用户的语法同创建用户的语法,仅仅将关键字 CREATE 替换为 ALTER。ALTER USER 可以修改除用户名以外的任何属性。

3. 删除用户

使用 DROP 命令可以从数据库中删除一个用户,删除用户的语法格式如下：

DROP USER user [CASCADE];

其中 CASCADE 表示级联删除该用户模式中的所有对象。

上述介绍的用户管理操作在大多数数据库中都可以正常执行。但是 Oracle 12c 之后的版本中引入 CDB 和 PDB,导致某些传统的数据库管理方式发生一些改变。例如,在 Oracle 数据库中,如果按照下列方式操作：

SQL> conn system/systempwd@orcl

SQL> create user user1 identified by user1pwd

2   default tablespace users

3   temporary tablespace temp;

将会出现"ORA-65096:公用用户名或角色名无效"的错误。这是为什么呢？因为在 Oracle 12c 之后的版本中,用 system 默认登录的是 CDB＄ROOT。在 CDB 中创建的用户属于公共用户(Common User)。如果想在 CDB 中创建用户(该用户就应该是公共用户),那么必须在用户名前面加上"c＃＃"。Oracle 数据库这么做主要是为了区分 CDB 的公共用户(前面带"c＃＃"的用户)和 PDB 的本地用户。

那么如果用户想要创建本地用户或是普通用户,该如何操作呢？当需要创建普通用户时,在 Oracle 数据库中必须在 PDB 下进行操作。为切换到自带的 PDB(名为 PDBORCL)下,可以按照下列方式操作：

SQL> conn system/systempwd@orcl as sysdba

SQL> show con_name;   --这时的容器名 con_name 应为 CDB＄ROOT

--查看 Oracle 自带的 PDB 的状态,应为 MOUNTED

SQL > select con_id,dbid,name,open_mode from v $ pdbs;

SQL > alter pluggable database pdborcl open;

--再次查看 Oracle 自带的 PDB 的状态,应已改为 READ WRITE

SQL > select con_id,dbid,name,open_mode from v $ pdbs;

SQL > alter session set container = pdborcl;　　　　--切换容器到 pdborcl

--接下来再次执行前面执行出错的创建用户的语句:

SQL > create user user1 identified by user1pwd

2　　default tablespace users

3　　temporary tablespace temp;

上述语句将执行成功。

在创建用户并为其授权后,当需要使用该用户登录数据库系统时,还需进行如下的一些操作。

(1) 在 tnsnames. ora 文件中,加入下列内容:

```
PDBORCL =
  (DESCRIPTION =
    (ADDRESS = (PROTOCOL = TCP)(HOST = localhost)(PORT = 1521))
    (CONNECT_DATA =
      (SERVER = DEDICATED)
      (SERVICE_NAME = PDBORCL)
    )
  )
```

(2) 重启 SQL Plus,登录时使用如下语句即可:

SQL > conn system/systempwd@pdborcl

SQL > connuser1/user1pwd@pdborcl

SQL > show con_name;　　　　　　　　--这时的容器名 con_name 应为 PDBORCL

另外,Oracle 之前的版本中存在的示例用户 scott 在 Oracle 12c 之后的版本中也无法查找到。该用户实际上也是存放在自带的 PDB 中。

通过上述类似的方法,我们就可以像以前一样创建普通用户,同时也可以使用示例用户 scott 的数据了。如果用户使用的是低于 Oracle 12c 版本的数据库,则不需要切换容器,直接使用默认的主机字符串 orcl 即可。

【例 7-5】 用户与权限管理。

SQL > conn system/systempwd@pdborcl

--如果要创建的用户 user1 已经存在,则执行下一句删除

SQL > drop user user1 cascade;

SQL > create user user1 identified by user1pwd

2　　default tablespace users

3　　temporary tablespace temp;

--授予用户 user1 需要的系统特权

SQL > grant create session,create table,create view to user1;

--以 user1 的身份登录,查看该用户获得的系统权限

SQL > conn user1/user1pwd@pdborcl

SQL > column username format a10

```
SQL > set pagesize 20
SQL > select username,privilege,admin_option from user_sys_privs;
--再以 system 身份登录,删除用户 user1
SQL > conn system/syspwd@pdborcl
SQL > drop user user1 cascade;
```

7.3.2 角色管理

一般创建角色有两个目的:为数据库应用管理权限和为用户组管理权限。具有不同权限的每一个角色在使用时可进行不同的数据存取。

角色的使用步骤如下:

① 由 DBA 创建角色;

② 为角色授予相应的系统权限和对象权限;

③ 将角色授予相关的数据库用户,这些用户就拥有了角色所具有的系统权限和对象权限。可将多个角色授予同一个用户。

在 Oracle 数据库中,角色分为两类:系统预定义的角色和用户自定义的角色。系统预定义的角色是指 Oracle 数据库事先创建好的角色,可以直接将其授予数据库用户。而用户自定义的角色则是由用户根据具体的业务需求自己创建并授权的,然后将角色授予相关的用户使用。

系统预定义的角色是在数据库安装成功后系统自动创建的,如 CONNECT、RESOURCE、DBA、IMP-FULL-DATABASE 和 DELETE_CATALOG_ROLE 等。用户可以通过 OEM 工具查询或修改系统角色具有的权限。表 7-4 给出了常用的系统预定义角色。CONNECT、RESOURCE 和 DBA 这 3 个系统内置的角色在前面的系统权限中有详细的介绍。

表 7-4　常用的系统预定义角色

角　色	对应的权限
CONNECT	授予最终用户的最基本的权限:ALTER SESSION、CREATE VIEW、CREATE SESSION
RESOURCE	授予开发人员的权限:CREATE TABLE、CREATE TRIGGER、CREATE PROCEDURE、CREATE TYPE
DBA	拥有系统的所有系统级权限
IMP_FULL_DATABASE、EXP_FULL_DATABASE	拥有 BACKUP ANY TABLE、SELECT ANY TABLE、BACKUP ANY TABLE、EXECUTE ANY PROCEDURE 权限
DELETE_CATALOG_ROLE	用户可以从表 SYS.AUD(审计表)中删除记录(SYS.AUD 中记录着审计后的记录),使用这个角色可以简化审计追踪管理
SELECT_CATALOG_ROLE	拥有从数据字典查询的权限
EXECUTE_CATALOG_ROLE	从数据字典中执行部分存储过程和函数的权限

当系统预定义的角色不能满足要求时,用户可根据具体的业务需求创建具有某些权限的角色,为角色授权,再将角色分配给用户。

1. 创建角色

创建角色的语法格式如下:

```
CREATE ROLE 角色名 [IDENTIFIED BY | IDENTIFIED EXTERNALLY];
```

说明：

IDENTIFIED BY 为数据库验证,本角色由数据库验证。

IDENTIFIED EXTERNALLY 为外部验证,表明该角色的身份是由 Oracle 数据库之外的系统(如操作系统)进行验证的。外部验证角色仍然在 Oracle 数据库中被创建,可以被授予相关的系统权限和对象权限,只是该角色一般在数据库之外的场合使用。

角色创建完成后,需要被授予相关的权限集合,可以将系统权限和对象权限授予一个角色。

2. 修改角色

修改角色的语法格式如下：

```
ALTER ROLE 角色名 [IDENTIFIED BY | IDENTIFIED EXTERNALLY];
```

3. 删除角色

删除角色的语法格式如下：

```
DROP ROLE 角色名;
```

【例 7-6】 用户、角色与权限的管理。

```
SQL > conn system/systempwd@pdborcl
SQL > create role role1 identified by role1pwd;        --创建一个角色 role1
SQL > grant create any table,create procedure to role1;  --给角色授权
SQL > grant role1 to user1;                            --授予角色给用户
SQL > select * from role_sys_privs;                    --查看角色所包含的权限
SQL > drop role role1;                                 --删除角色
```

如果想在 Oracle 数据库中查看与角色有关的信息,可从下列数据字典中获取相关信息。

- DBA_ROLES:数据库中所有的角色。
- ROLE_ROL_PRIVS:给角色授予权限的角色。
- DBA_SYS_PRIVS:拥有系统权限的用户和角色。
- ROLE_SYS_PRIVS:拥有系统权限的角色。
- ROLE_TAB_PRIVS:拥有对象权限的角色。

7.4 概 要 文 件

Oracle 数据库为了合理分配和使用系统的资源提出了概要文件的概念。概要文件(Profile)又被称作资源文件,是一份描述如何使用系统资源(主要是 CPU 资源)的配置文件。当 DBA 在创建一个用户时,Oracle 数据库会自动为该用户创建一个相关联的缺省概要文件。概要文件包含一组约束条件和配置项,用以限制用户可以使用的资源。将概要文件赋予某个数据库用户后,在该用户连接并访问数据库服务器时,系统就按照概要文件给该用户分配资源。在有的参考书中将概要文件翻译为配置文件,其作用包括：

- 管理数据库系统资源;
- 管理数据库口令及验证方式。

使用概要文件对用户资源占用和口令的使用进行限制有其现实的必要性,特别是在各行各业都在实施信息化的今天,数据信息的安全上升到国家安全的高度。通过限制用户的连接时间和 CPU 的占用时间,可以防止不良企图的个人或机构盗取有价值的信息。限制口令的

使用和提供口令复杂性函数,可以有效防止口令被破解。

默认分配给用户的概要文件是 DEFAULT 概要文件,该文件被赋予每个创建的用户。但该文件对资源没有任何限制,因此管理员常常需要根据数据库系统的环境自行创建一些其他的概要文件。

概要文件可以对数据库系统进行如下指标的限制。

- 用户的最大并发会话数(SESSION_PER_USER)。
- 每个会话的 CPU 时钟限制(CPU_PER_SESSION)。
- 每次调用的 CPU 时钟限制,调用包含解析、执行命令和获取数据等(CPU_PER_CALL)。
- 最长连接时间。一个会话的连接时间超过指定时间之后,Oracle 数据库会自动断开连接(CONNECT_TIME)。
- 最长空闲时间。如果一个会话处于空闲状态超过指定时间,Oracle 数据库会自动断开连接(IDLE_TIME)。
- 每个会话可以读取的最大数据块数量(LOGICAL_READS_PER_SESSION)。
- 每次调用可以读取的最大数据块数量(LOGICAL_READS_PER_CALL)。
- SGA 私有区域的最大容量(PRIVATE_SGA)。

概要文件对口令的定义和限制如下。

- 登录失败的最大尝试次数(FAILED_LOGIN_ATTEMPTS)。
- 口令的最长有效期(PASSWORD_LIFE_TIME)。
- 口令在可以重用之前必须修改的次数(PASSWORD_REUSE_MAX)。
- 口令在可以重用之前必须经过的天数(PASSWORD_REUSE_TIME)。
- 超过登录失败的最大允许尝试次数后,账户被锁定的天数。
- 指定用于判断口令复杂度的函数名。

创建概要文件之后,可以将概要文件分配给相应的数据库用户。但概要文件是否起作用是由初始化参数文件中参数 RESOURCE_LIMIT 的值决定的。当其设置为 TRUE 时表示启用概要文件对用户进行限制;当其设置为 FALSE 时表示概要文件不生效,不对用户进行限制。修改初始化参数 RESOURCE_LIMIT 的语句格式如下:

```
ALTER SYSTEM set resource_limit = {true | false}
SCOPE = {memory | spfile | both};
```

因此,对数据库概要文件的使用包括 3 个阶段。

① 使用 ALTER SYSTEM 命令修改初始化参数 RESOURCE_LIMIT,使资源限制生效。例如:

```
SQL> alter system set resource_limit = true;
```

② 使用 CREATE PROFILE 命令创建一个对数据库资源进行限制的概要文件。

③ 使用 CREATE USER 或 ALTER USER 命令将概要文件分配给用户。

7.4.1 创建概要文件

创建概要文件必须具有 CREATE PROFILE 的系统权限,其语法格式如下:

```
CREATE PROFILE profile LIMIT
```

```
[{SESSIONS_PER_USER |
 CPU_PER_SESSION |
 CPU_PER_CALL |
 CONNECT_TIME |
 IDLE_TIME |
 LOGICAL_READS_PER_SESSION |
 LOGICAL_READS_PER_CALL |
 COMPOSITE_LIMIT } { n | UNLIMITED | DEFAULT } |
 PRIVATE_SGA { n {K | M} | UNLIMITED | DEFAULT } |
{FAILED_LOGIN_ATTEMPTS |
 PASSWORD_LIFE_TIME |
 PASSWORD_REUSE_TIME |
 PASSWORD_REUSE_MAX |
 PASSWORD_LOCK_TIME |
 PASSWORD_GRACE_TIME |
 PASSWORD_VERIFY_FUNCTION [FUNCTIONNAME | NULL | DEFAULT] ];
```

说明：profile 表示创建的概要文件名；n 表示最大值的整数；UNLIMITED 表示用户可以无限制地使用该资源；DEFAULT 表示使用默认概要文件中的值。

【例 7-7】 创建一个 profile 文件，并对参数含义进行解释。

```
SQL> create profile profile1 limit
2    sessions_per_user unlimited        --指定限制用户的并发会话的数目
3    cpu_per_session unlimited          --指定会话的 CPU 时间限制，单位为百分之一秒
4    cpu_per_call 3000                  --指定一次调用(解析、执行和提取)的 CPU 时间限制，单位为
                                          百分之一秒
5    connect_time 45                    --指定会话的总连接时间，以分钟为单位
6    logical_reads_per_session default  --指定一个会话允许读的数据块数目，包括从内存和磁盘读
                                          的所有数据块
7    logical_reads_per_call 1000        --指定一次执行 SQL(解析、执行和提取)调用所允许读的数
                                          据块的最大数目
8    private_sga 15k                    --指定一个会话可以在共享池(SGA)中所允许分配的最大空
                                          间，以字节为单位
9    composite_limit 5000000;           --指定一个会话的总的资源消耗，以 service units 单位表示
```

7.4.2 分配概要文件

创建概要文件后，可以将其分配给数据库用户。在任何时候都只能给每个用户分配一个概要文件。如果将一个概要文件分配给一个已经具有概要文件的用户，则新的概要文件将取代之前分配的概要文件。可在创建用户时指定使用的概要文件，也可在修改用户时更改概要文件，用 CREATE USER 或 ALTER USER 语句来实现。

在 CREATE USER 语句中指定概要文件的语法如下：

```
CREATE USER user IDENTIFIED BY password PROFILE profile;
```

在 ALTER USER 语句中更改概要文件的语法如下：

```
ALTER USER user PROFILE profile;
```

【例 7-8】 创建一个 profile 文件对用户的密码进行限制,并在新建用户 user1 时将该概要文件分配给该用户。

```
SQL > create profile profile2
2       limit
3       failed_login_attempts   3
4       password_life_time   60
5       password_reuse_time   60
6       password_reuse_max   5
7       password_lock_time   1/720
8       password_grace_time   10;
SQL > create user user1
2       identified by user1pwd
3       profile profile2;
```

7.4.3 管理概要文件

概要文件创建完成后,可以对其进行修改或删除操作。

修改概要文件的语法格式如下:

```
ALTER PROFILE profile LIMIT ...;
```

后面的参数与创建概要文件的语法相同。若某个参数没有明确给出,系统将分配默认值 DEFAULT。

删除概要文件的语法格式如下:

```
DROP PROFILE profile [CASCADE];
```

其中 CASCADE 表示在删除该概要文件的同时从分配的用户回收该概要文件,并且 Oracle 数据库会自动把默认的概要文件 DEFAULT 分配给该用户。如果已将概要文件分配给用户,但在删除时没有使用 CASCADE,则删除失败。

如果想在 Oracle 数据库中查看与概要文件有关的信息,可从下列数据字典中获取信息:

- SYS. DBA_PROFILES;
- SYS. USER_RESOURCE_LIMITS;
- SYS. USER_PASSWORD_LIMITS。

本 章 小 结

为保证 Oracle 数据库系统的安全,应建立安全管理策略,针对系统、数据、用户和口令的安全建立审计机制。Oracle 数据库系统提供了完善的安全控制机制,用户在实际工作中可以综合应用以保证系统的安全可靠。

Oracle 数据库通过用户、角色、系统权限和对象权限来保证系统及数据的安全。通过创建概要文件并将其应用于用户,限制用户对系统资源的占用和强制用户实施口令安全措施。

思 考 题

1. 系统权限和对象权限有什么区别？
2. 用户在创建完成后是否可以连接数据库？为什么？
3. 为什么要使用角色？
4. 角色与用户有什么区别？
5. 概要文件的作用是什么？

第8章 表

　　表是 Oracle 数据库中最基本的数据存储结构之一。一个表逻辑上是一个二维表,每一行为一条记录,每一列为一个字段,有字段名、字段类型、字段长度、字段的约束和默认值等属性。

　　本章首先介绍了 Oracle 数据库对象与 Oracle 数据库常用的数据类型,然后详细讲解了如何创建表、表的完整性约束、如何对表进行数据更新,最后介绍了如何维护表结构。本章在部分内容上与第 3 章相似,第 3 章是以标准 SQL 为语法,本章是以 Oracle 数据库支持的 SQL 为语法,并在标准 SQL 的基础上进行了一些改进和增强。

　　本章所使用的数据表有两个,其中表 8-1 为员工表 emp 的信息,表 8-2 为部门表 dept 的信息,这 2 个表的结构与 Oracle 数据库提供的示例用户 scott 名下的表相似。本章及后面的章节将以这两个表为例说明 SQL 语句的各种用法。

表 8-1　员工表 emp 的信息

字段含义	列名	数据类型	允许 NULL 值	主键/外键
员工编号	eno	number(4)	not null	主键
员工姓名	ename	varchar2(10)	not null	
工作	job	varchar2(10)		
雇佣日期	hiredate	date		
工资	sal	number(7,2)		
上司	mgr	number(4)		
所在部门	dno	number(2)		外键 dept. dno

表 8-2　部门表 dept 的信息

字段含义	列名	数据类型	允许 NULL 值	主键/外键
部门编号	dno	number(2)	not null	主键
部门名称	dname	varchar2(20)	not null	
办公地址	loc	varchar2(20)		

8.1　Oracle 数据库对象与数据类型

8.1.1　Oracle 数据库对象

　　数据库对象是数据库的组成部分。对数据库的操作可以基本归结为对数据库对象的操作。最基本的数据库对象是表和视图,其他还有约束、序列、函数、存储过程、包、触发器等。这些数据库对象都是方案(Schema)的一部分,而一个方案又对应一个 Oracle 用户。在创建 Oracle 用户时,都会自动创建一个同名的方案。

下面简要介绍 Oracle 数据库中常用的数据库对象。

1．表（Table）

表是 Oracle 数据库中最基本、最重要的对象，用户的主要数据均存储在各种表中，在 Oracle 数据库中其包括关系表、对象表、嵌套表、分区表、簇表、按索引组织的表、外部表等。

2．视图（View）

使用视图主要是为了避免用户直接操作数据库对象，同时简化复杂的查询语句，视图中并不包含真正的数据，它提供了一种查看数据的快捷方式。

3．索引（Index）

索引是对数据库表中一列或多列的值进行排序的一种结构。使用索引可快速访问数据库表中的特定信息。

4．约束（Constraint）

在数据库中使用约束是为了防止非法信息进入数据库，以及限制数据表中的数据。

5．同义词（Synonym）

同义词是为表、视图、序列、存储过程等数据库对象起的别名，有时使用它也是为了简化比较长的对象名。

6．序列（Sequence）

在 Oracle 数据库中没有自动增长的列，可以通过创建序列来达到相同的效果从而提高效率。序列一旦创建就被保存在磁盘中，可以被多个 SQL 语句使用。

7．存储过程（Procedure）

存储过程是能完成一定处理功能并存储在数据字典中的程序，被调用时是在数据库服务器上运行的。

8．函数（Function）

函数也是能完成一定处理功能并存储在数据字典中的程序，与存储过程不同的是，函数必须有返回值。

9．触发器（Trigger）

触发器是存储在数据库中的 PL/SQL 程序，由表、视图、方案或数据库等相关的事件触发。

8.1.2　数据类型

Oracle 数据库的数据类型可分为字符串类型、数字类型、日期类型、LOB 类型、LONG RAW&RAW 类型、ROWID&UROWID 类型等。可以通过下面的 SQL 语句查看数据字典中包含的数据类型：

```
SQL> select * from dba_types where owner is null;
```
常用的数据类型如表 8-3 所示。

表 8-3　常用的数据类型

数据类型	说明
CHAR	定长字符类型，≤2 KB
VARCHAR	（同 VARCHAR2）可变长字符串类型，≤4 KB。不建议使用
VARCHAR2	可变长字符串类型，≤4 KB。建议使用

续 表

数据类型	说明
DATE	固定长度(7 B)的日期型,注意存储与使用格式
TIMESTAMP	时间戳类型,可精确地存储与表示时间
NUMBER	数字型,可存放实型和整型
LONG	可变长字符类型,≤2 GB。不建议使用
RAW	可变长二进制数据类型,≤4 KB
LONG RAW	可变长二进制数据类型,≤2 GB。可用于存储图形信息。不建议使用
LSLABEL	仅 Trusted Oracle 版本中使用。长度在 2~5 字节
BLOB	大二进制对象类型,≤4 KB。建议使用
CLOB	大字符串对象类型,≤4 KB。建议使用
NCLOB	多字节字符集的 CLOB,≤4 GB
BFILE	外部二进制文件类型,存储在数据库之外,只读,大小与 OS 有关
ROWID	存储表中行的物理地址,固定为 10 个字节或 80 个二进制位
VARRAY	用于存放较少数量的列表元素值,数组中的元素为相同数据类型
TABLE	表中的元素类型相同,元素个数没有限制,可用于构造嵌套表

关于 TIMESTAMP 数据类型的说明如下。

- TIMESTAMP 是 DATE 的扩展,可指定秒的计量精度至小数点后 9 位数。
- TIMESTAMP 和 TIMESTAMP WITH LOCAL TIME ZONE 可用于主键,而 TIMESTAMP WITH TIME ZONE 不能用于主键。

关于 ROWID 数据类型的说明如下。

ROWID 用于定位数据库中一条记录的相对唯一的地址值。在通常情况下,该值在该行数据插入数据库表时即被确定且值唯一,它占 10 个字节或 80 个二进制位的存储空间,查询时显示为 4 段 18 个字符。由于 ROWID 表示了一条记录的具体位置,因此它又称为记录的物理地址。数据库的大多数操作都是通过 ROWID 来完成的,而且使用 ROWID 进行单记录定位的速度是最快的。

8.2 创 建 表

数据库中的数据是以表的形式存储的。创建表就是根据设计人员对表的设计来定义表的结构、约束条件、默认表空间、在表空间中的配额、数据库保留空间的比例等参数。用户创建表需要拥有 CREATE TABLE 系统权限,同时表的所有者必须在指定的表空间拥有空间配额或具有 UNLIMITED TABLESPACE 的系统权限。

8.2.1 创建基本关系表

基本关系表是采用传统方法存储的二维关系表,简称基本表,是 Oracle 数据库中用得最多的表类型。最简单的创建二维关系表的方法是不指定物理存储特性,也不指定分区属性,创建的表将使用系统默认的参数,可参见 3.2 节的内容。

8.2.2 利用带存储参数的方式创建表

Oracle 数据库提供了一种带存储参数的 CREATE TABLE 命令来创建表,其语法格式如下:

```
CREATE TABLE [schema.]table
({COLUMN1 DATAYPE[DEFAULT EXPRL]
[COLUMN_CONSTRAINT]|TABLE_CONSTRAINT}
[,{COLUMN2 DATAYPE[DEFAULT EXPR2]
[COLUMN_CONSTRAINT]|TABLE_CONSTRAINT}]...)
[STORAGE(
INITIAL n
NEXT n
MINEXTENTS n
MAXEXTENTS n
PCTINCREASE n)
]
[TABLESPACE tablespace]
[PCTFREE n]
[PCTUSED n]
[INITRANS n]
[MAXTRANS n]
[AS subquery];
```

Oracle 数据库
支持的创建表

说明:

① TABLESPACE(表空间名)用于指定当前定义的表所存放的空间,用户必须在该表空间拥有配额空间。如果不指定该子句,则该表将存放在当前用户的默认表空间中。

② PCTFREE 用于指定表或者分区的每一个数据块用于保留给数据更新的空间的百分比。PCTFREE 的值必须是 1~99 的正整数。0 值表示允许插入新行时整个数据块都被填充。其默认值为 10,表示每一个数据块保留 10%的空间用于更新现有行,允许插入新行时每一个数据块填满到 90%。

③ PCTUSED 用于指定表的每个数据块已用空间的最小百分比。PCTUSED 的值必须是 1~99 的正整数,默认值为 40。

④ INITRANS 用于指定表中每个数据块中分配的事务数,即可并发修改块的最小事务数,该值为 1~255,默认值为 1;MAXTRANS 用于指定可同时修改表的数据块的最大事务数,该值为 1~255。

⑤ STORAGE(存储参数表):STORAGE 子句用于设置表中段的分配管理方式的存储参数。如果不设置表的存储参数,它将自动采用所属表空间的默认的存储参数设置。如果要设置更合适于表所需的存储参数,需要在创建表的时候为它显式地设置存储参数。在创建表时显式设置的存储参数值将覆盖表空间的默认设置的存储参数值。

(1)关系操作语言一体化

关系操作语言具有数据定义、查询、更新和控制一体化的特点。关系操作语言既可作为宿主语言嵌入主语言中,又可作为独立语言交互使用。关系操作语言的这一特点使得关系型数据库语言容易学习,使用方便。

(2)关系操作语言是高度非过程化的语言

用户不必请求数据库管理员为其建立特殊的存取路径,存取路径的选择由 DBMS 的优化机制来完成。用户也不必求助于循环和递归来完成数据的重复操作。

【例 8-1】 创建员工表 emp,并指定它的存储参数。

```
SQL > create table emp(eno number(4) primary key,
2      ename varchar2(10),
3      job varchar2(10),
4      hiredate date,
5      sal number(7,2),
6      mgrnumber(4),
7      dno number(2))
8      storage(
9      initial 100k
10     next 100k
11     minextents 2
12     maxextents 100
13     pctincrease 100)
14     tablespace users
15     pctfree 10
16     pctused 40
17     initrans 2
18     maxtrans 10;
```

8.2.3 利用子查询创建表

在 Oracle 数据库中,可以通过在 CREATE TABLE 语句中嵌套子查询来实现基于已有的表或视图创建新表的目的。

利用子查询来创建表的语法格式如下:

```
CREATE TABLE table
[(column,column ...)]
AS subquery;
```

利用子查询来创建表时需要遵守以下原则。

(1) 不能改变列的数据类型与长度

在利用子查询来创建新表时,DBA 可以修改新表中列的名称,但是不能够改变列的数据类型和长度。新表中所有列的数据类型和长度必须与原有表的查询列一致。例如,当 DBA 要从一个员工表中获取员工姓名、员工雇佣日期等信息以创建一个新表时,如果在员工表中员工的雇佣日期是一个日期型的字段,那么在新表中的雇佣日期也必须是日期型的数据类型。在创建新表的过程中,不能够修改数据类型。

如果的确需要修改数据类型,可通过其他方法实现。在创建新表时,数据类型以查询列为准,而不以基本表中列的数据类型为准。所以在查询语句中使用数据类型转换函数,就可以改变新表中的数据类型。

(2) 不能复制约束条件与列的默认值

在基本表中,某些字段可能有约束条件,如唯一性约束等;某些字段也可能设置了默认值,如系统的当前时间等。但是,如果利用子查询来创建新表,那么这些字段的约束条件、默认值等都不会在新表中体现出来。也就是说,这些内容需要 DBA 在新表创建后手工重新建立。如果有需要的话,要对照基本表的约束条件与默认值,分别在新表的字段中再进行定义。

（3）不能为新表指定表空间

在正常情况下，创建表时，DBA可以为表指定其所属的表空间。如果不指定，则采用当前用户的默认表空间。但是在使用查询来创建新表时，不能为新表指定表空间，其所属的表空间就是执行这条语句的用户的默认表空间。

（4）某些数据类型的数据不能导入

如果在查询结果中带有大对象数据类型或者LONG数据类型的数据，则该语句就会执行失败。换句话说，如果采用子查询来创建新表，则在SELECT语句中不能包含大对象数据类型或者LONG数据类型。这是Oracle数据库的一种强制性规定。如果确实需要这些类型的数据，则可以采用其他方式解决。例如，先不导入这些类型的数据，利用子查询把表创建起来。等新表创建完成后，再利用UPDATE关键字结合子查询来更新这些列的数据即可。

【例8-2】 利用子查询创建表emp_info，该表只包含员工表emp中的员工编号、姓名和雇佣日期。

```
SQL>create table emp_info(eno,ename,hiredate)
2    as
3    select eno,ename,hiredate
4    from emp;
```

在实际的项目开发过程中，有时候需要复制表的结构，而不需要复制数据。那么可以先利用SELECT语句将相关的列等结构查询出来，然后在WHERE子句中设置一些根本不存在的条件。这样就可以实现复制了表结构却不导入数据的目的。

8.2.4 完整性约束

完整性约束是一种强制性的规则，用以实现要求的数据完整性控制，不占用数据库的任何空间。完整性约束保存在数据字典中，在执行SQL或PL/SQL期间使用。完整性约束可以在创建表的时候定义，也可以在修改表结构的时候定义。

Oracle数据库中的约束条件分为以下几类。

- NOT NULL：应用在单一的数据列上，并且它保护的数据列必须要有数据值。在缺省情况下，Oracle数据库允许任何列都可以有NULL值。某些商业规则要求某数据列必须要有值，NOT NULL约束将确保该列的所有数据行都必须有值。
- UNIQUE：唯一性约束，可以指定表中多个数据列，保证数据列中任何两行的数据都不相同。唯一性约束可定义在列中，也可定义在列之外。其语法格式如下：

column_name data_type CONSTRAINT constraint_name UNIQUE

- PRIMARY KEY：主键约束，表的主键可以包括一个或多个列。主键约束用在列定义中，表示该列为主键；用在列定义之外，即指定表的主键。主键约束可与NOT NULL约束共同作用于一个或多个数据列。NOT NULL约束和UNIQUE约束的组合将保证主键唯一地标识每一行数据。
- FOREIGN KEY：外键约束，也叫参照完整性约束，指定某列为表的外键，并指定它所参照的表和列。外键约束可定义在列中，也可定义在列之外。
- CHECK：检查约束，用于限制该列的取值在该约束范围内。检查约束可定义在列中，也可定义在列之外。其语法格式如下：

CONSTRAINT [constraint_name] CHECK (condition)

　　无论是定义在列中的约束还是定义在列之外的约束,只要使用了 CONSTRAINT constraint_name 子句,该约束便有了一个名称。以后可用程序动态修改该约束的定义,也可更改该约束的状态(启动/禁用)。如果在定义约束时未为约束命名,以后不可以直接更改该约束的状态,也不可以修改该约束的定义。

　　定义在列之外的约束必须指明这个约束作用到表中的哪些列上,这是它与定义在列中约束的最大区别。

　　关于完整性约束需要注意如下几点。

　　① 组合关键字只能定义在表级。

　　② 系统会自动对设置为主关键字的列建立唯一性索引。

　　③ 一个表只能指定一组关键字,但可以在不同列上建立多个数据唯一性约束。

　　④ 外键仅依赖表间或表内的数据关系,而不依赖物理存储或指针,是纯逻辑上的关系。

　　⑤ 可在表定义时进行完整性的约束定义,或在表定义后使用 ALTER TABLE 语句进行定义。

　　⑥ 对于定义的完整性约束,可由用户自己命名,也可由系统命名。

　　⑦ 数据字典 UESR_CONSTRAINTS 记载了用户定义的完整性约束,记载了在哪些列上定义了完整性约束。该表中的约束类型列的含义如下。

- C:检查约束,包括 CHECK 和 NOT NULL 两种约束。
- P:主键约束(PRIMARY KEY)。
- R:参照完整性约束(REFERENCES)。
- U:唯一性约束(UNIQUE)。

　　约束作为数据库方案的一类对象,为便于管理和理解,在命名时应遵循一定的规则,典型的命名格式如下:

表名_约束类型_字段名 1[_字段名 2]

　　每一个项目开发组织都应设计一套自己认可的命名规范,并在项目实施过程中严格遵守执行。

【例 8-3】 创建部门表 dept,指定相关的约束,定义在列中。

```
SQL > create table dept(
2     dno number(2) primary key,
3     dname varchar2(20) not null,
4     loc varchar2(20)
5     );
```

【例 8-4】 重新创建例 8-1 的员工表 emp,指定相关的约束,定义在列中。

```
SQL > create table emp(.
2     eno number(4) primary key,
3     ename varchar2(10) not null,
4     job varchar2(10),
5     hiredate date,
6     sal number(7,2) check(sal between 3000 and 5000),
7     mgr number(4),
8     dno number(2),
9     foreign key(dno) references dept(dno)
10    );
```

【例 8-5】 重新创建例 8-4 中的表 emp,将其命名为 emp1,指定相关的约束,定义在列之外。

```
SQL> create table emp1(
2     eno number(4),
3     ename varchar2(10) not null,
4     job varchar2(10),
5     hiredate date,
6     sal number(7,2),
7     mgr number(4),
8     dno number(2),
9     constraint emp_pk primary key(eno),
10    constraint emp_fk foreign key(dno) references dept(dno)
11    );
```

【例 8-6】 修改例 8-5 中的表 emp1,为 sal 增加相应的约束。

```
SQL> alter table emp1
2     add constraint emp_ck check (sal between3000 and 6000);
```

8.3　更新表数据

Oracle 数据库
支持的更新表

Oracle 数据库提供了 DML 命令来更新表中的数据,该命令包含插入语句 INSERT、修改语句 UPDATE、删除语句 DELETE/TRUNCATE、合并语句 MERGE。本节将详细介绍这些语句的用法。

8.3.1　插入数据

INSERT 语句是最常用的向数据库的表中插入数据的语句。使用 INSERT 语句可以向表中添加一行或多行数据。

1. 插入单行数据

使用 VALUES 子句的 INSERT 语句可以向表中插入单行数据,其语法格式如下:

```
INSERT INTO table [ (column_1[,column_2,... column_n] ) ]
VALUES ( sql_expression_1 [,sql_expression_2,... sql_expression_n]);
```

在使用过程中需注意以下几点。

① INSERT INTO 子句后可不带列名,只包括表名,这时默认向该表中的所有列赋值,而且要求 VALUES 子句所提供的值的顺序、数据类型和数量必须与表中的列定义一致(可用 DESC 命令查看)。建议使用列名表以明确要往哪些列中插入数据,此时 VALUES 子句中的数据个数、顺序、类型与指定的列定义一致。

② VALUES 子句中,字符型、日期型数据要用单引号括起来。

③ 对于未指定数据的列,且在创建表时未指定缺省值,则该列的值将为空,表示为 NULL。可用如下方法插入空值列:

- 在 INSERT INTO 子句的 TABLE 后不指定该列名,在默认情况下该列取空值;
- 在 VALUES 子句中使用 NULL 作为列的值。

【例 8-7】 向部门表 dept 中插入两条完整的记录。

插入第一条记录:

```
SQL> insert into dept(dno,dname,loc)
2      values (10,'Accounting','New York');
```

插入第二条记录：

```
SQL> insert into dept
2      values (20,'Research','Dallas');
```

【例8-8】 向员工表emp中插入两条完整的记录。

插入第一条记录：

```
SQL> insert into emp (eno,ename,job,hiredate,sal,mgr,dno)
2      values (7369,'Smith','CLERK','3-10月-22',5000,null,10);
```

或者

```
SQL> insert into emp values (7369,'Smith','CLERK','3-10月-22',5000,null,10);
```

插入第二条记录：

```
SQL> insert into emp values (7064,'Jack','CLERK','17-1月-21',4500,7369,10);
```

【例8-9】 向员工表emp中插入一条记录,只给出部分字段的值。

```
SQL> insert into emp (eno,ename,job,hiredate,dno)
2      values (7065,'Mary',null,'3-6月-20',10);
```

或者

```
SQL> insert into emp (eno,ename,hiredate,dno)
2      values (7065,'Mary','17-4月-18',10);
```

2. 插入多行数据

在实际应用中,在很多情况下会要求一次插入多行数据。使用 INSERT SELECT 语句可以将一个表中的数据插入另一个表中。其语法格式如下：

```
INSERT INTO<表名>(<列名>,<列名>,...)
SELECT<列名>,<列名>,...
FROM<表名>
WHERE<条件>;
```

该语句的执行顺序是先执行 SELECT 子句,找出符合条件的数据,然后将这些数据插入另一个表中。

在使用时应注意 SELECT 子句中的列数量与列类型应该和 INTO 子句中指定的列数量与列类型一致。必须明确被插入数据的表中的字段是否存在默认值、是否允许为空值。如果不允许为空值,则必须在插入数据时为这些列提供列值。

【例8-10】 新建表emp_10用于临时存放部门10的员工信息。

```
SQL> create table emp_10
2      as
3      select *
4      from emp
5      where eno is null;
SQL> insert into emp_10
2      select * from emp
3      where dno = 10;
```

8.3.2 修改数据

在实际应用中,表中的数据会随实际情况发生变化。可以使用 UPDATE 语句修改表中的数据,以满足用户的要求。

1. 最简单的 UPDATE 语句

最简单的 UPDATE 语句语法格式如下:

```
UPDATE table
SET column = value [,column = value,... ]
[WHERE condition];
```

在使用过程中需注意以下几点。

① 每次只能修改一个表中的数据。

② UPDATE 无法更新标识列。

③ SET 子句用于指定修改后的数据。

④ 使用 WHERE 子句指定需要更新的行。如果不使用 WHERE 子句指定,则表示修改表中所有行对应的数据。

⑤ 更新后的数据应满足表中定义的完整性约束,否则 SQL 语句将报错,无法执行成功。在 SET 子句中的 VALUE 处可使用 DEFAULT 关键字,将其作为该列的缺省值。

【例 8-11】 修改员工表 emp 中的数据,将部门 20 的员工 sal 增加 500。

```
SQL > update emp
2    set sal = sal + 500
3    where dno = 20;
```

【例 8-12】 修改员工表 emp 中的数据,将员工编号为 7640 的员工所在部门修改为 30。

```
SQL > update emp
2    set dno = 30
3    where eno = 7640;
```

2. 带子查询的 UPDATE 语句

在 UPDATE 语句中使用子查询可以从其他表里获取数据来作为某些记录列的新值,其语法格式如下:

```
UPDATE <表名>
SET (<列名>,<列名>,...) = ( SELECT <列名>,<列名>,...
                        FROM <表名>
                        WHERE <条件> )
WHERE <列名或列表达式> <比较运算符> ( SELECT <列名>
                            FROM <表名>
                            WHERE <条件>);
```

这里需要注意的是,SET 子句中的 SELECT 子句只能返回一行数据,否则会报错。

【例 8-13】 修改员工表 emp,将员工编号为 7369 的员工工作修改为员工编号为 7640 员工的工作。

```
SQL > update emp
2    set job = (select job from emp where eno = 7640)
3    where eno = 7369;
```

上述语句在执行时必须保证子查询"(select job from emp where eno=7640)"返回的数据只能是一行。

8.3.3 删除数据

在数据表的使用过程中,会有一些过期或错误的数据。为了保持数据的准确性,可以使用删除语句将它们从数据表中删除。

常用的删除语句是 DELETE 和 TRUNCATE。

1. DELETE

DELETE 语句用于删除表中的数据,其语法格式如下:

```
DELETE FROM table
[WHERE condition];
```

在使用过程中需注意以下几点。

① DELETE 语句只能从数据表中删除数据,不能删除数据表本身。要删除数据表的定义,需使用 DROP TABLE 语句。

② DELETE 语句中没有指定列名,它只能删除行,不能从表中删除单个字段的值。

③ 如果不使用 WHERE 子句指定条件,则删除表中的所有记录。被参照表中的记录只有在参照表中无记录与之对应时才可以删除。

【例 8-14】 删除员工表 emp 中员工编号为 7640 的员工记录。

```
SQL > delete from emp
2     where eno = 7640;
```

上述语句在执行时,表中会有一行数据受影响,该行数据会被删除。

【例 8-15】 删除员工表 emp 中的所有记录。

```
SQL > delete from emp;
```

上述语句没有 WHERE 子句,在执行时,表中的所有记录都会被删除。

2. TRUNCATE

TRUNCATE 语句用于清空数据表中的所有数据,并且释放数据表的存储空间。其语法格式如下:

```
TRUNCATE TABLE table;
```

TRUNCATE 语句与 DELETE 语句的区别在于如下 3 方面。

① TRUNCATE 比 DELETE 的执行速度更快,而且占用的系统和事务日志资源更少。

② TRUNCATE 不触发任何 DELETE 触发器,而 DELETE 则相反。

③ TRUNCATE 执行后不可以回滚,它是 DDL,被隐式提交,不能对其使用 ROLLBACK 操作。DELETE 是 DML,它每次从数据表中删除一行,并且同时将该行的删除操作作为事务记录在日志中保存以便进行 ROLLBACK 操作。

【例 8-16】 清空员工表 emp 中的记录。

```
SQL > truncate table emp;
```

上述语句执行的效果等同于"delete from emp"语句,但其执行速度更快。

8.3.4 合并数据

合并数据的 MERGE 语句用于将一个数据表的数据合并到另一个数据表中。MERGE 语句根据一个表或多表联合查询的连接条件对另一个表进行查询,能匹配上连接条件的执行 UPDATE,无法匹配的执行 INSERT。MERGE 语句仅需要一次全表扫描就完成了全部工作,执行效率要高于 INSERT+UPDATE。也就是说,通过 MERGE,用户可以在一个 SQL 语句中对一个数据表同时执行 INSERT 和 UPDATE 的操作。

MERGE 语句是一条一定会执行的语句。简单地说,就是"有则更新,无则插入"。

MERGE 语句的语法格式如下:

```
MERGE INTO table
USING { table | view | subquery} [t_alias]
ON expression
WHEN MATCHED THEN UPDATE SET {clause}
WHEN NOT MATCHED THEN INSERT VALUES {clause};
```

说明：

① USING 子句可指定表、视图或查询语句。

② 当 ON 条件符合时进行 UPDATE 操作，否则进行 INSERT 操作。

③ UPDATE 或 INSERT 子句是可选的。

④ UPDATE 和 INSERT 子句可以加 WHERE 子句。因此，MERGE 语句有两次条件过滤：第一次是 MERGE 中的 ON 子句；第二次是 UPDATE 子句和 INSERT 子句中的 WHERE 子句。

【例 8-17】 将员工表 emp 中部门为 10 的员工记录合并到表 emp_10 中。

```
SQL> merge into emp_10 e10
2      using emp e
3      on (e10.eno = e.eno)
4      when matched then
5      update set e10.ename = e.ename,e10.job = e.job,e10.hiredate = e.hiredate,
6      e10.sal = e.sal,e10.mgr = e.mgr,e10.dno = e.dno
7      when not matched then
8      insert values (e.eno,e.ename,e.job,e.hiredate,e.sal,e.mgr,e.dno)
9      where e.dno = 10;
```

上述语句中，为书写方便，为员工表 emp 和表 emp_10 分别起了别名为 e 和 e10。

上述语句在执行时，当员工表 emp 中的员工编号与表 emp_10 的员工编号相等时，会把员工表 emp 中的对应数据更新到表 emp_10 中的对应数据；若不相等，则说明表 emp_10 中无该行数据，则将员工表 emp 中的这条数据插入表 emp_10 中。这种操作充分体现了 MERGE 语句"有则更新，无则插入"的特点。

8.3.5 事务控制

事务(Transaction)是由一系列相关 SQL 语句组成的最小逻辑工作单元。这个单元里的操作要么全做要么全都不做，是一个不可分割的工作单位。在程序更新数据库时，事务至关重要，因为必须维护数据的完整性。Oracle 数据库以事务为单位处理数据，用以保证数据的一致性。

事务具有 4 个特性：原子性(Atomicity)、一致性(Consistency)、隔离性(Isolation)和持久性(Durability)。这 4 个特性也称为 ACID 特性。

(1) 原子性

原子性是指事务中包含的所有操作要么全做，要么全都不做。

(2) 一致性

一致性是指事务中包含的所有操作必须同时成功或者同时失败。无论成功与否，其中的数据必须都满足业务规定的约束。

(3) 隔离性

隔离性是指数据库允许多个并发事务同时对其中的数据进行读写和修改。隔离性可以防止在事务的并发执行时由操作命令交叉执行而导致数据的不一致状态。

（4）持久性

持久性是指当事务结束后,它对数据库中的影响是永久的。即使系统遇到故障,数据也不会丢失。

Oracle 数据库提供了以下 3 条语句用于实现事务控制。

1. COMMIT 语句

COMMIT 是事务提交语句,让已经执行的更改（INSERT、UPDATE、DELETE、MERGE)生效,表明该事务对数据库所做的修改操作将永久记录到数据库中,不能被回滚。因此,数据库操作人员应该养成良好的编程习惯,在修改操作完成后显式执行 COMMIT 语句或 ROLLBACK 语句来结束事务,否则当会话结束时系统将选择某种默认方式结束当前事务,可能会对数据库造成重大损失。

COMMIT 语句的语法格式如下:

```
COMMIT [WORK];
```

2. ROLLBACK 语句

ROLLBACK 语句用于事务出错时回滚数据,表示撤销未提交的事务所做的各种修改操作。

ROLLBACK 语句的语法格式如下:

```
ROLLBACK [WORK] TO [savepoint];
```

回滚语句使数据库状态回到上次最后事务的状态或回退到某一个保存的状态。

当事务回滚时,Oracle 数据库将执行以下操作。

① 通过回退段中的数据撤销事务中所有 SQL 语句对数据库所做的任何操作。

② 释放事务中所占用的资源,即解除该事务对表或行施加的各种锁。

③ 通知用户事务回滚操作成功。

3. SAVEPOINT 语句

SAVEPOINT 保存点是一个标记,用于标记事务中的某个点,以便将来可以回滚,用来将事务划分成若干个小的事务。它与回滚一起使用以回滚当前事务部分。在事务的处理过程中,如果发生了错误并用 ROLLBACK 进行了回滚,则整个事务对数据所做的操作都会被撤销。这种方式会浪费大量的系统资源。因此,可以为该事务设计适当的一个或多个保存点。当出现错误需要回滚时,只需回滚到该保存点,这样不会影响保存点之前操作的执行,也不影响回滚之后的操作,既可以提高系统性能,又可以减少回滚操作的时间。

SAVEPOINT 语句的语法格式如下:

```
SAVEPOINT savepoint;
```

【例 8-18】 更新员工表 emp 中员工编号为 7064 的工资,然后执行回滚操作。

```
SQL> update emp set sal = sal + 500
2    where eno = 7064;
SQL> rollback;
```

上述语句执行后,可以查看到员工表 emp 中的数据并没有发生改变,表明回滚起了作用。

【例 8-19】 更新员工表 emp 中员工编号为 7064 的工资,然后执行提交操作。

```
SQL> update emp set sal = sal + 500
2    where eno = 7064;
SQL> commit;
```

上述语句执行后,可以查看到员工表 emp 中的数据已发生改变,表明 UPDATE 语句的操作已提交到数据库了。

【例 8-20】 使用 ROLLBACK 回滚到保存点。

```
SQL> insert into emp(eno,ename) values (7400,'Tom');
SQL> select sal from emp where eno = 7400;        --查询显示该员工的 sal 为 NULL
SQL> savepoint p1;                                --设置保存点
SQL> update emp set sal = 2000 where eno = 7400;
SQL> select sal from emp where eno = 7400;        --查询更新结果,sal 不为 NULL
SQL> rollback to p1;                              --回滚到保存点 p1,撤销部分事务
SQL> select sal from emp where eno = 7400;        --查询显示该员工的 sal 又为 NULL
```

上述语句执行后,可以查看到员工表 emp 中员工编号为 7400 的工资数据未发生改变。

8.4 管理表

数据库中的表在使用过程中可能需要对表结构进行修改,包括修改表名、列或者表空间等。使用 ALTER TABLE 语句进行表结构的修改。

1. 修改列

修改列定义包括修改列的名称、数据类型、数据精度及缺省值等操作。修改列的语法格式如下:

```
ALTER TABLE table MODIFY (column datatype [DEFAULT expr],...);
```

说明:datatype 为修改后的列属性,DEFAULT expr 为指定修改后的列缺省值。另外,需注意的是对于有数据的列,修改后的列宽度不能小于数据的长度。

【例 8-21】 将员工表 emp 中 sal 的缺省值设置为 0。

```
SQL> alter table emp modify (sal default 0);
```

【例 8-22】 将员工表 emp 中字段 ename 的长度改为 20。

```
SQL> alter table emp modify (ename varchar2(20));
```

2. 增加列

有时根据需求可能需要向表中增加列。增加列的语法格式如下:

```
ALTER TABLE table ADD (column datatype [DEFAULT expr],...);
```

其中,新增加的列总是排在列定义的最后。若对有记录的行增加新列,则新列在默认情况下取空值。

【例 8-23】 在员工表 emp 中增加字段——奖金 bonus,该字段用于记录每个员工的奖金信息,其数据类型与 sal 相同,为 number(7,2)。

```
SQL> alter table emp add bonus number(7,2);
```

3. 删除列

有时可能需要删除表中已有的列定义。删除列定义的语法格式如下:

```
ALTER TABLE table DROP COLUMN column;
```

删除列时 Oracle 数据库将删除表中每行数据相应列的值,并且释放所占用的存储空间。同时删除根据所有被删除列而创建的索引和引用被删除列的约束。

【例 8-24】 删除员工表 emp 中的 bonus 列。

```
SQL> alter table emp drop column bonus;
```

4. 重命名列

重命名列的语法格式如下：

ALTER TABLE tablename RENAME COLUMN old_name TO new_name;

【例8-25】 将员工表 emp 中的 sal 重命名为 salary。

SQL> alter table emp rename column sal to salary;

5. 重命名表

重命名表的语法格式如下：

ALTER TABLE tablename RENAME TO new_tablename;

这里需要注意的是重命名表后可能会造成使用该表定义的同义词不可使用,相关的视图也将处于不可用的状态。

【例8-26】 将表 emp_10 重命名为 emp_dep10。

SQL> alter table emp_10 rename to emp_dep10;

6. 删除表

进行删除表的操作时,表中的数据也一并被删除。删除表的语法格式如下：

DROP TABLE table [CASCADE CONSTRAINTS];

说明：CASCADE CONSTRAINTS 选项表明删除所有与该表相关的参照完整性约束。这里需要注意的是一个表被删除后,与被删除表相关的索引一起被删除掉,与被删除表相关的视图、同义词、函数等仍然存在,但不可用。

【例8-27】 将表 emp_dep10 删除。

SQL> drop table emp_dep10 cascade constraints;

本 章 小 结

表是最基本的数据库对象,用于组织和管理数据。用户在使用 Oracle 数据库进行系统设计与实现时,首先就要设计和实现数据的表示与存储。使用 SQL 语句可以新建、修改、删除和合并数据表,而用户应学会利用表的完整性约束来提高表中数据的组织和管理效率。理解和掌握 Oracle 数据库支持的表的各种操作是 DBA 和应用程序的开发人员必须具备的能力。

思 考 题

1. 简述 CHAR 和 VARCHAR2 两种字符数据类型的区别,并举例说明在什么情况下使用这两种字符数据类型。

2. 简述 UNIQUE 约束和 PRIMARY KEY 约束的含义与区别。

3. 简述在进行 DELETE 操作时,带有 WHREE 条件和不带 WHERE 条件的区别。

4. 简述 DELETE 与 TRUNCATE 的区别。

5. 在 MERGE 语句中,什么时候执行 UPDATE 语句? 什么时候执行 INSERT 语句?

6. 事务是什么? 它有什么特性?

第9章 Oracle 数据库支持的 SQL 查询

在数据库系统中,通过使用 SELECT 语句可以从数据库中按照用户的需求查询数据,并将查询结果以表格的形式输出。在使用 SELECT 语句查询数据时,还可以排序、分组和统计结果集。在实际的查询应用中,用户所需要的数据并不一定都在一个表中,可能存放在多个表中,这就需要使用多表查询。多表查询就是通过各个表之间不同列的相关性来查询数据的,是数据的主要查询方式。本章将介绍虚表和伪列、基本查询、Oracle 数据库支持的 SQL 函数和高级查询等内容。

9.1 虚表和伪列

9.1.1 虚表

虚表(伪表)是 Oracle 数据库为了实现 SELECT 语句的完整性功能而提供的一个表,该表名为 DUAL,是 Oracle 数据库与数据字典一起自动创建的一个表。它只有一列 (DUMMY),其数据类型为 VARCHAR2(1)。DUAL 只有一行数据为'X'。DUAL 属于 SYS 模式,但所有用户都可以使用 DUAL 名称访问它。用 SELECT 语句计算常量表达式、伪列等的值时常用该表,因为它只返回一行数据,而使用其他表时可能返回多个数据行。

通过对虚表的查询可以实现对一些系统变量的值的读取。

【例 9-1】 查看系统当前日期。

SQL> select sysdate from dual;

【例 9-2】 转换系统当前日期的显示格式。

SQL> select sysdate,to_char(sysdate,'yyyy-mm-dd') from dual;

虚表和伪列

【例 9-3】 查看当前连接用户的名称。

SQL> select user from dual;

【例 9-4】 虚表 dual 用作计算器。

SQL> select 3 * 4 * 5-6 from dual;

9.1.2 伪列

Oracle 系统为了实现完整的关系数据库功能,专门提供了一组伪列(Pseudo Column),这些列是在用户建立数据库对象时由 Oracle 数据库完成的。

Oracle 数据库目前有以下伪列:

- CURRVAL 和 NEXTVAL:分别表示序列的当前值和下一个值。
- LEVEL:查询数据所对应的层级,用于层次树形表记录数据查询。
- ROWID:表示记录的唯一标识,未存储在表中,可以从表中查询,但不支持插入、更新、删除它们的值。
- ROWNUM:查询结果集中记录的行序号,从编号 1 开始。

9.2 基 本 查 询

SELECT 语句在数据库应用中是使用频率很高的语句。SELECT 语句的作用是让数据库服务器根据用户的要求从数据库中查询出所需的信息,并按规定的格式进行分类、统计、排序,再把结果返回给客户。另外,利用 SELECT 语句还可以设置和显示系统信息,给局部变量赋值等。

在 Oracle 数据库中,SELECT 语句的语法格式与第 3 章介绍的标准 SQL 的 SELECT 语句相同,可参考 3.4 节的内容,这里不再赘述。在书写 SELECT 语句时,一般将各子句单独成行书写,并采用缩进格式。下面将列举常用的 SELECT 语句基本查询的情形。

9.2.1 查询所有列

在 SELECT 子句中可以使用 * 显示表中所有的列。

【例 9-5】 查询员工表 emp 中符合条件的所有列信息。

基本查询

```
SQL > select * from emp;
SQL > select * from emp where eno = 7064;
```

9.2.2 查询指定列

在 SELECT 子句中列出所需字段的列表,就可以查询指定列的数据了。如果把表中的所有列都放在该列表中,将查询整个表的数据,其作用等同于使用 * 显示表中所有的列。

【例 9-6】 查询员工表 emp 中符合条件的部分列信息。

```
SQL > select eno,ename,sal from emp;
--下列语句等价于 select * from emp where eno = 7064;
SQL > select eno,ename,job,hiredate,sal,mgr,dno
2      from emp
3      where eno = 7064;
```

9.2.3 改变列名

在默认情况下,查询结果显示的列名就是在创建表时使用的列名。为了改善查询结果的可读性,用户可以在 SELECT 子句中使用别名(ALIAS)来改变列名。

使用别名的方法有以下两种。

- 直接在字段名称后面加上别名,中间以空格隔开。
- 以 AS 关键字指定字段别名,AS 在 SELECT 子句的字段和别名之间。

当别名没有被双引号括起来时,其显示结果为大写的字符。如果想让别名原样显示或者别名中包含了特殊字符,就要使用双引号把别名括起来。

【例 9-7】 查询员工表 emp 中符合条件的部分列信息。

```
SQL > select eno as 员工编号,ename as 员工姓名 from emp;
```

或者

```
SQL > select eno 员工编号,ename 员工姓名 from emp;
```

【例 9-8】 别名使用双引号。

```
SQL > select eno as "emp number",ename as "emp Name" from emp;
```

9.2.4 查询不重复数据

在 SELECT 子句中如果需要消除重复出现的行,可使用 DISTINCT 限定词,其语法格式如下:

```
SELECT DISTINCT column_name [,column_name2,...]
FROM table;
```

【例 9-9】 查询员工表 emp 中的 job 和 dno 字段,要求去掉重复行。

```
SQL> select distinct job,dno from emp;          --去除重复行
```

9.2.5 查询计算列

在数据查询过程中,SELECT 子句中的内容也可以是一个表达式。表达式是经过对某些列的计算而得到的结果数据。在使用表达式时,字符串和日期常量需用单引号括起来。

在 Oracle 数据库中,字符串是严格区分大小写的。例如:′A′与′a′表示的是两个不同的字符;′Tom′与′tom′表示的也是两个不同的字符串。

【例 9-10】 查询员工表 emp 中每个员工的年收入。

```
SQL> select eno,sal * 12 as "Annual Income" from emp;
```

9.2.6 分页查询

在查询出的数据量比较大的情况下,有时需要使用分页显示,也就是将查询出来的数据信息按每页多少条记录进行显示,这时可以使用分页查询。

分页查询的语法格式如下:

```
SELECT *
FROM (SELECT A. * ,ROWNUM RN
    FROM (SELECT * FROM table ) A
    WHERE ROWNUM <= number_high
    )
WHERE RN >= number_low;
```

分页查询

说明:

① 最内层的查询“SELECT * FROM table”表示不进行分页的原始查询语句,返回的结果是数据表中的所有数据。

② “ROWNUM <= number_high”和“RN >= number_low”控制分页查询的范围,表示每页从 number_low 开始到 number_high 之间的数据。

分页的目的就是控制输出结果集的大小,将结果尽快返回。该语句在大多数情况下拥有较高的效率,主要体现在“WHERE ROWNUM <= number_high”语句上。

【例 9-11】 采用分页查询,查询出员工表 emp 中第 11 条至第 18 条的数据。

```
SQL> select *
2       from (select a. * ,rownum rn
3           from (select * from emp) a
4           where rownum <= 18)
5       where rn >= 11;
```

或者

```
SQL > select *
2    from (select a. * ,rownum rn
3        from emp a)
4    where rn between 11 and 18;
```

上述两种查询语句的执行效果是一样的。

9.2.7　WHERE 子句

WHERE 子句在 FROM 子句之后,用于筛选出符合条件的记录。其语法格式可参考 3.4 节的内容。筛选条件是指由比较运算符、逻辑运算符、模式匹配符等构成的表达式。表达式的结果是 TRUE 或 FALSE。

下面将对常用的出现在 WHERE 子句中的条件进行介绍。

1. 比较运算(比较大小)

比较运算符有>、>=、=、<、<=、<>、!>、!<。

2. 逻辑运算(用于多条件的逻辑连接)

逻辑运算符有 NOT、AND、OR。

3. 模式匹配

模式匹配符有 LIKE、NOT LIKE。

进行模式匹配时,可在字符串中使用通配符。常用的通配符有以下两种。

- %:用于表示 0 个或多个字符。
- _:用于表示单个字符。

4. 范围比较(表达式的值是否在指定的范围)

范围运算符有 BETWEEN...AND... 和 NOT BETWEEN...AND...。

5. 列表使用

列表运算符有 IN 和 NOT IN。

6. 空值判断

空值判断符有 IS NULL 和 NOT IS NULL。

【例 9-12】　查询员工表 emp 中员工工资大于 4000 的记录。

```
SQL > select *
2    from emp
3    where sal >= 4000;
```

【例 9-13】　查询员工表 emp 中员工工资大于 4000 的 SALESMAN 的记录。

```
SQL > select *
2    from emp
3    where sal >= 4000 and job = 'SALESMAN';
```

【例 9-14】　查询员工表 emp 中员工不是 SALESMAN 的记录。

```
SQL > select *
2    from emp
3    where job <> 'SALESMAN';
```

【例 9-15】　查询员工表 emp 中员工工资在 3000 和 4000 之间的记录。

```
SQL > select *
2       from emp
3       where sal > = 3000 and sal < = 4000;
```

或者

```
SQL > select *
2       from emp
3       where sal between3000 and 4000;
```

【例 9-16】　查询员工表 emp 中员工是 SALESMAN 或 CLERK 的记录。

```
SQL > select *
2       from emp
3       where job in ('SALESMAN','CLERK');
```

或者

```
SQL > select *
2       from emp
3       where job ='SALESMAN' or job ='CLERK';
```

【例 9-17】　查询员工表 emp 中员工不是 SALESMAN 和 CLERK 的记录。

```
SQL > select *
2       from emp
3       where job not in ('SALESMAN','CLERK');
```

【例 9-18】　查询员工表 emp 中员工姓名开头字母是 T 的记录。

```
SQL > select *
2       from emp
3       where ename like 'T%';
```

【例 9-19】　查询员工表 emp 中员工姓名中有字母 T 的记录。

```
SQL > select *
2       from emp
3       where ename like '%T%';
```

【例 9-20】　查询员工表 emp 中员工姓名开头字母是 T,且姓名长度为 3 的记录。

```
SQL > select *
2       from emp
3       where ename like 'T_ _';
```

【例 9-21】　查询员工表 emp 中 job 为空的记录。

```
SQL > select *
2       from emp
3       where job is null;
```

【例 9-22】　查询员工表 emp 中 job 不为空的记录。

```
SQL > select *
2       from emp
3       where job is not null;
```

9.2.8　排序

在实际应用中,经常需要对查询结果进行排序输出,如将员工的工资由高到低排列等。

SELECT 语句通过 ORDER BY 子句对查询结果进行排序,其语法格式可参考 3.4 节的内容。

使用 ORDER BY 子句对选取的记录进行排序,升序用 ASC,降序用 DESC。默认排序方式为 ASC,ASC 可省略不写。

排序时可以按多个列的值进行排序,排序列的优先级从左至右依次降低。另外,别名可用于 ORDER BY 子句。

【例 9-23】 将员工表 emp 按工资升序进行排序。

```
SQL> select *
2      from emp
3      order by sal asc;
```

或者

```
SQL> select *
2      from emp
3      order by sal;
```

【例 9-24】 对员工表 emp 中的 SALESMAN 按工资降序进行排序。

```
SQL> select *
2      from emp
3      where job = 'SALESMAN'
4      order by sal desc;
```

【例 9-25】 在员工表 emp 表中,先按姓名进行排序,再按雇佣日期降序进行排序。

```
SQL> select *
2      from emp
3      order by ename,hiredate desc;
```

上述语句在执行时可以看出,在使用多列进行排序时,数据库会先按第一列进行排序,然后使用第二列对第一列的排序结果中相同的值进行排序。

9.2.9 使用统计函数

在实际应用中,经常会对表中的数据进行分类、统计和汇总,如统计人数、计算平均工资等。这些操作可以使用 SQL 提供的统计函数来实现。常用的统计函数有 AVG、MAX、MIN、SUM、COUNT,具体内容可参考 3.4 节。

【例 9-26】 统计员工表 emp 中的总人数。

```
SQL> select count( * )
2      from emp;
```

或者

```
SQL> select count(eno)
2      from emp;
```

【例 9-27】 统计员工表 emp 中部门 10 的总人数。

```
SQL> select count( * )
2      from emp
3      where dno = 10;
```

【例 9-28】 统计员工表 emp 中部门 30 的 job 为 SALESMAN 的总人数。

```
SQL > select count( * )
2     from emp
3     where dno = 30 and job = 'SALESMAN';
```

【例 9-29】 统计员工表 emp 中所有员工的平均工资、最高工资、最低工资和工资总和。

```
SQL > select avg(sal),max(sal),min(sal),sum(sal)
2     from emp;
```

【例 9-30】 统计员工表 emp 中 CLERK 的平均工资。

```
SQL > select avg(sal)
2     from emp
3     where job = 'CLERK';
```

9.2.10 分组

在实际应用中,有时需要将表中的数据按照某些字段值进行分组,然后对每组里的数据进行统计,从而得到多个汇总结果,这时需要使用 GROUP BY 子句。该子句的功能是根据指定的列将表中的数据分成多个组后进行汇总统计,其语法格式可参考 3.4 节的内容。

在使用 GROUP BY 子句时需注意以下几个原则。

① SELECT 子句的列名表中的所有非分组函数计算列必须出现在 GROUP BY 子句中。

② GROUP BY 子句通常与统计函数一起使用。

③ 使用 HAVING 子句对数据分组后的返回结果进行限制,HAVING 子句应放在 GROUP BY 子句之后。

【例 9-31】 统计员工表 emp 中各部门的人数。

```
SQL > select dno,count(eno) 人数
2     from emp
3     group by dno;
```

【例 9-32】 统计员工表 emp 中各种工作的人数。

```
SQL > select job,count( * )
2     from emp
3     group by job;
```

【例 9-33】 统计员工表 emp 中各个部门中各种工作的员工人数。

```
SQL > select dno,job,count( * )
2     from emp
3     group by dno,job;
```

【例 9-34】 统计员工表 emp 中平均工资超过 4000 的工作。

```
SQL > select job,avg(sal)
2     from emp
3     group by job
4     having avg(sal) > 4000;
```

【例 9-35】 统计员工表 emp 中部门人数超过 10 人的部门。

```
SQL > select dno,count( * )
2     from emp
3     group by dno
4     having count( * ) > = 10;
```

9.3 Oracle 数据库支持的 SQL 函数

为了方便用户的使用,Oracle 数据库提供了很多种类的函数。用户可以利用这些函数完成特定的运算和操作。常用的函数包括字符串函数、数学函数、日期时间函数和转换函数等。

9.3.1 字符串函数

字符串函数主要用于对字符串数据的处理,是比较常用的一类函数。字符串函数可以直接在 SQL 语句中引用,也可以在 PL/SQL 语句块中使用。

Oracle 数据库中常用的字符串函数如表 9-1 所示。

Oracle 数据库支持的 SQL 函数

表 9-1　常用的字符串函数

字符串函数	功能说明
COUNT(string)	返回字符串 string 的个数
CONCAT(string1,string2)	拼接字符串 string1 和 string2
INITCAP(string)	将字符串 string 的首字母变大写,其余字母不变
INSTR(string,value)	查询字符 value 在字符串 string 中出现的位置
LOWER(string)	将字符串 string 的全部字母转换成小写
LPAD(string,length[,padding])	在 string 左侧填充 padding 指定的字符串,直到达到 length 指定的长度。padding 为可选项,表示要填充的字符,默认为空格
RPAD(string,length[,padding])	在 string 右侧填充 padding 指定的字符串,直到达到 length 指定的长度。padding 为可选项,表示要填充的字符,默认为空格
LTRIM(string [,char])	删除字符串 string 左边出现的字符 char,char 的默认值为空格
RTRIM(string [,char])	删除字符串 string 右边出现的字符 char,char 的默认值为空格
UPPER(string)	将字符串 string 的全部字母转换成大写
REPLACE(string,string1[,string2])	替换字符串。在 string 中查找 string1,并用 string2 替换。如果没有指定 string2,则查找到指定的字符串时,删除该字符串
SUBSTR(string,start[,count])	获取字符串 string 的子串,返回 string 中从 start 位置开始长度为 count 的子串
LENGTH(string)	返回字符串 string 的长度

【例 9-36】 转换字符的大小写。

```
SQL> select upper('oracle'),lower('ORACLE'),initcap('oracle')
2     from dual;
```

【例 9-37】 获取员工表 emp 中员工姓名的前 2 位字母。

```
SQL> select substr(ename,1,2)
2     from emp;
```

【例 9-38】 使用 CONCAT 函数将'hello'与'oracle'连接起来。

```
SQL> select concat('hello','oracle')
2     from dual;                --这里需要使用伪表 dual
```

或者

```
SQL> select'hello' ‖ 'oracle'
2    from dual;
```

9.3.2　数学函数

使用 SQL 语句查询的返回值是数值型时,可以使用数学函数。数学函数可以直接在 SQL 语句中引用,也可以在 PL/SQL 语句块中使用。

Oracle 数据库中常用的数学函数如表 9-2 所示。

表 9-2　常用的数学函数

数学函数	功能说明
ABS(n)	返回 n 的绝对值
CEIL(n)	返回大于或等于 n 的最小整数
FLOOR(n)	返回小于或等于 n 的最大整数
SIN(n)	返回 n 的正弦值
COS(n)	返回 n 的余弦值
LN(n)	返回 n 的自然对数
LOG(m,n)	返回以 m 为底的 n 的对数
POWER(m,n)	返回 m 的 n 次方,如果 m 为负数,则 n 必须为整数
ROUND(m[,n])	对 m 进行四舍五入。n>0 时,将 m 四舍五入到小数点右边 n 位;n=0 或 n 被省略表示对 m 进行取整;n<0 时,将 m 四舍五入到小数点左边 n 位
MOD(m,n)	返回 m 除以 n 的余数,n=0 时,返回 m,该函数可用于判断数的奇偶性
SQRT(n)	返回 n 的平方根,n 不能为负数
EXP(n)	返回 e 的 n 次幂
TRUNC(m[,n])	对 m 进行截断操作。n>0 时,将 m 小数点右边 n 位后的各位截断;n=0 或 n 被省略表示对 m 进行取整;n<0 时,将 m 小数点左边 n 位后的各位截断,并添加 n 个 0

【例 9-39】 比较 ROUND 函数和 TRUNC 函数的区别。

```
SQL> select round(3.456,2),trunc(3.456,2)
2    from dual;
```

9.3.3　日期时间函数

对于日期型的数据,Oracle 数据库提供了日期时间函数进行处理。常用的日期时间函数如表 9-3 所示。

表 9-3　常用的日期时间函数

日期时间函数	功能说明
SYSDATE	返回当前系统时间
CURRENT_TIMESTAMP	返回当前的日期和时间
MONTHS_BETWEEN(d1,d2)	返回 d1 与 d2 之间的月份数
ADD_MONTHS(d,n)	在指定日期 d 上增加 n 个月

日期时间函数	功能说明
NEXT_DAY(d,s)	返回与指定日期 d 后的星期 s 对应的新日期
LAST_DAY(d)	返回日期 d 所在月的最后一天
NEW_TIME(date,'this','that')	将 date 从 this 时区转换为 that 时区的日期和时间
EXTRACT(c1 from d1)	从日期 d1 中抽取 c1 指定的年/月/日/时/分/秒

【例 9-40】　求当前日期所在月份的最后一天。

SQL > select last_day(sysdate)

2　　　from dual;

【例 9-41】　求下一个星期一的日期。

SQL > select next_day(sysdate,'星期一')

2　　　from dual;

【例 9-42】　求两个日期之间相隔的月数。

SQL > select trunc(months_between (sysdate,'20-1 月-2022'))

2　　　from dual;

【例 9-43】　分别显示系统当前日期和系统当前时间与日期值。

SQL > select sysdate,current_timestamp

2　　　from dual;

9.3.4　转换函数

在执行运算的过程中,经常需要把一种类型的数据转换成另一种类型的数据,这种转换可以是隐式转换,也可以是显式转换。隐式转换是在运算过程中由系统自动完成的,不需要用户干预,而显式转换则需要用户调用相应的转换函数来实现。

常用的转换函数如表 9-4 所示。

表 9-4　常用的转换函数

转换函数	功能说明
TO_CHAR(value,'format')	按照 format 的格式将 value 转换为字符串
TO_NUMBER(char,'format')	按照 format 的格式将 char 转换为数值型数据
TO_DATE(string,'format')	按照 format 的格式将 string 转换为日期型数据
CHARTOROWID(char)	将字符串转换为 ROWID 类型
ROWIDTOCHAR(x)	将 ROWID 类型转换为字符串

【例 9-44】　将系统日期转换为字符串。

SQL > select to_char(sysdate,'YYYY-MM-DD')

2　　　from dual;

【例 9-45】　将字符串转换为数字。

SQL > select to_number('123')

2　　　from dual;

9.4　高级查询

在实际的查询应用中,用户所需要的数据并不全都在一个表中,可能数据来源于多个不同的表。为了获取完整的信息,需要从多个表中获取数据。这就需要使用多表查询,即查询时使用多个表中的数据组合,再从中获取所需要的数据信息。通过多表查询可以实现连接查询、子查询、集合查询等高级 SELECT 语句的应用。连接查询可以指定多个表的连接方式。子查询可以实现从另一个表中获取数据,从而限制当前查询语句的返回结果。集合查询可以将两个或多个查询返回的行组合起来。

9.4.1　连接查询

连接查询是指 SELECT 语句中显示的列来源于多个数据表。查询数据时,通过各个表之间不同列的相关性,将多个表以某个或某些列为条件进行连接操作而查询出数据的过程称为连接查询。Oracle 数据库的连接查询与标准的 SQL 一样,包括等值连接查询、非等值连接查询、自身连接查询、外连接查询等。其具体定义可参考 3.4.2 节的内容,这里不再赘述。

1. 等值与非等值连接

等值连接是指在参与连接的多个表中,将连接条件列值相同的记录连接在一起作为查询结果记录返回,非等值连接则相反。在实际应用中,大多进行等值或非等值连接查询。

【例 9-46】　查看员工表 emp 中所有员工的信息及其所在部门。

```
SQL > select emp. * ,dname
2      from emp,dept
3      where emp. dno = dept. dno;
```

连接查询

2. 自身连接

自身连接将一个表看成两个副本,取不同的别名,然后用别名构造连接条件。

【例 9-47】　查看部门 10 中每个员工的主管姓名。

```
SQL > select w. ename,m. ename "manager name"
2      from emp w,emp m
3      where w. mgr = m. eno and w. dno = 10;
```

上述语句的编写基于员工表 emp 中 eno 和 mgr 之间在业务逻辑的设计上存在一种层级的关系,即每一行数据里 eno 对应的 mgr 是其主管,而 mgr 对应的数据本身也是一个 eno。所以可以将员工表 emp 进行自身连接。

3. 外连接

在实际应用中,有时即使连接的两个表中的某些记录不满足连接条件也要返回该记录,这时就要用到外连接。在 Oracle 数据库的外连接查询中,提供了一个特殊的操作符"＋",在查询时,可以使用该操作符进行外连接查询。

Oracle 数据库提供的外连接查询语句的语法格式如下:

```
SELECT ...
FROM table alias1,table alias2
WHERE {alias1.column1( + ) = alias2.column2 | alias1.column1 = alias2.column2( + )};
```

这里需要特别注意的是：

① （＋）所在位置的另一侧为连接的方向。

② 左连接等同于左外连接(LEFT OUTER JOIN)。"alias1. column1＝alias2. column2（＋）"说明等号左侧的所有记录均会被显示。

③ 右连接等同于右外连接(RIGHT OUTER JOIN)。"alias1. column1（＋）＝alias2. column2"说明等号右侧的所有记录均会被显示。

【例 9-48】 查询所有员工及其对应部门的记录。

```
SQL> select eno,e.dno,dname
  2    from emp e,dept d
  3    where e.dno = d. dno( + );
```

或者

```
SQL> select eno,e.dno,dname
  2    from emp e left outer join dept d
  3    on (e.dno = d.dno);
```

上述左连接查询语句执行后的结果为所有员工及对应部门的记录,也包括没有对应部门编号 dno 的员工记录,即等号左侧的所有记录均会被显示。

【例 9-49】 查询所有部门及其对应员工的记录。

```
SQL> select eno,e.dno,dname
  2    from emp e,dept d
  3    where e.dno( + ) = d.dno;
```

或者

```
SQL> select eno,e.dno,dname
  2    from emp e right outer join dept d
  3    on (e.dno = d.dno);
```

上述右连接查询语句执行后的结果为所有员工及其对应部门的记录,包括还没有任何员工加入的部门记录,即等号右侧的所有记录均会被显示。

【例 9-50】 查询所有部门和所有员工的记录。

```
SQL> select eno,e.dno,dname
  2    from emp e full outer join dept d
  3    on (e.dno = d.dno);
```

上述全外连接查询语句执行后的结果为所有员工及其所有部门的记录,包括没有分配对应部门编号 dno 的员工记录和没有任何员工加入的部门记录。

在使用连接查询时,需注意以下几点。

① 多个表中若存在同名的列,必须冠以表名前缀以明确告知 Oracle 数据库该列选取自哪个表。

② 对表使用简短的别名可改善连接性能。

③ 使用准确的连接条件和 WHERE 子句条件可显著改善连接性能。尽量不使用无条件的连接(笛卡儿积),除非有此需要。

9.4.2 子查询

子查询是指嵌入在其他 SQL 语句中的 SELECT 语句,也称为嵌套查询。使用子查询主要是将结果作为外部主查询的查询条件来使用的查询。子查询也是一个完整的 SELECT 语句,只不过是作为其他 SQL 语句的一部分而存在的。大部分子查询都放在 SELECT 语句的 WHERE 子句中使用,也可以放在 FROM 子句中当作一个新的结果集或者伪表来使用。其具体定义可参考 3.4.3 节的内容,这里不再赘述。

子查询

根据子查询返回的结果,可分为单行子查询、多行子查询。下面将分别进行介绍。

1. 单行子查询

单行子查询是指子查询返回的是单行单列的数据,即只返回一个值。单行子查询的应用最为广泛,经常在 SELECT、UPDATE、DELETE 语句的 WHERE 子句中充当查询、修改或删除的条件。

在 WHERE 子句中使用子查询的语法格式如下:

```
WHERE expr operator (SELECT select_list
                       FROM table);
```

说明:operator 可根据子查询的返回值选取各种不同的单行比较运算符,包括>、>=、<、<=、<>、=。

【例 9-51】　查询在 Research 部门工作的员工编号和姓名。

```
SQL> select eno,ename
2     from emp
3     where dno = (select dno from dept where dname = 'Research');
```

若不使用子查询,也可以写成以下的 SQL 语句:

```
SQL> select eno,ename
2     from emp e,dept d
3     where e.dno = d.dno and dname = 'Research';
```

或者

```
SQL> select eno,ename
2     from emp e inner join dept d
3     on e.dno = d.dno
4     where dname = 'Research';
```

上述 3 种查询语句执行后的结果是一样的。说明 SQL 查询语句可以有多种写法,执行结果是一样的。

【例 9-52】　查询员工表 emp 中低于平均工资的员工信息。

```
SQL> select *
2     from emp
3     where sal <( select avg(sal) from emp);
```

【例 9-53】　将部门 10 的员工工资改为平均工资的 1.5 倍。

```
SQL> update emp
2     set sal = 1.5 * (select avg(sal) from emp)
3     where dno = 10;
```

2. 多行子查询

多行子查询是指子查询返回的是多行单列数据,即一组数据。当子查询是多行子查询时,必须使用多行比较运算符,包括 IN、NOT IN、ANY、ALL、EXISTS、NOT EXISTS 等,如表 9-5 所示。

表 9-5　常用的多行比较运算符

多行比较运算符	含　义
IN	用于检查一个值列表是否包含指定的值
NOT IN	用于检查一个值列表是否不包含指定的值
ANY	用于将一个值与一个列表中的所有值进行比较,只需要匹配列表中的一个值即可。必须与单行操作符联合使用
ALL	用于将一个值与一个列表中的所有值进行比较,需要匹配列表中的所有值。必须与单行操作符联合使用
EXISTS	用于测试子查询的结果是否为空。若不为空则返回 TRUE,否则返回 FALSE
NOT EXISTS	其返回值与 EXISTS 相反

【例 9-54】　查询员工表 emp 中 job 是 CLERK 或 ANALYST 的员工信息。

```
SQL> select *
2     from emp
3     where job in ('CLERK','ANALYST');
```

【例 9-55】　查询员工表 emp 中 job 不是 CLERK 或 ANALYST 的员工信息。

```
SQL> select *
2     from emp
3     where job not in ('CLERK','ANALYST');
```

【例 9-56】　查询员工表 emp 中工资大于任意一个部门的平均工资的员工信息。

```
SQL> select *
2     from emp
3     where sal > any (select avg(sal) from emp group by dno);
```

【例 9-57】　查询员工表 emp 中工资低于所有 SALESMAN 的工资的员工信息。

```
SQL> select *
2     from emp
3     where sal < all (select sal from emp where job = 'SALESMAN');
```

【例 9-58】　查询在 Dallas 工作的所有员工信息。

```
SQL> select *
2     from emp
3     where exists (select * from dept where dno = emp.dno and loc = 'Dallas');
```

【例 9-59】　查询不在 Dallas 工作的所有员工信息。

```
SQL> select *
2     from emp
3     where not exists (select 'x' from dept where dno = emp.dno and loc = 'Dallas');
```

使用 EXISTS 只查询返回的数据是否存在,因此,在子查询语句中可以不返回具体的数据列,而是返回一个常量,如例 9-59 里的'x',这样可提高查询的性能。

9.4.3　集合操作

集合操作就是将两个或多个 SQL 查询结果返回的集合组合起来,以完成复杂的查询任务。集合操作主要由集合运算符实现,集合运算符包括 UNION/UNION ALL、INTERSECT 和 MINUS。可通过集合运算符实现不同的集合运算,各种集合运算的含义如图 9-1 所示。

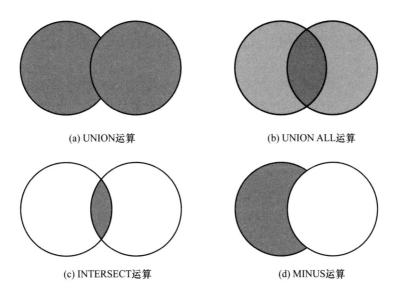

(a) UNION运算   (b) UNION ALL运算

(c) INTERSECT运算   (d) MINUS运算

图 9-1　集合运算的含义

所有集合运算符具有相同的优先级,执行时按照从左(上)至右(下)的顺序执行。因此应注意使用括号改变运算的优先级以得到正确的结果。

所有集合运算的各 SELECT 语句中的列数量和字段类型必须相同(属于同一个大类型),列的名字、列的顺序可以不相同。查询结果中的列标题为第一个 SELECT 语句指定的列标题名。不同查询语句中 CHAR 和 VARCHAR2 类型的列将自动转换为 VARCHAR2 类型。

下面分别介绍集合运算符。

1. UNION/UNION ALL

UNION 运算可以将多个查询结果集合并,形成一个结果集。多个查询的列的数量必须相同,数据类型必须兼容,且顺序必须一致。

UNION 运算的语法格式如下:

```
select_statement1
UNION [ALL] select_statement2
UNION [ALL] select_statement3 [...n];
```

集合运算

说明:

① select_statement 等是 SELECT 查询语句。

② UNION 表示将所有行合并到结果集中,并去除重复行。

③ UNION ALL 表示将所有行合并到结果集中,包括重复行。

【例 9-60】 使用 UNION 运算将工资大于 4000 的员工信息与工作为 SALESMAN 的员工信息合并。

```
SQL> select *
2    from emp
3    where sal > 4000
4    union
5    select *
6    from emp
7    where job = 'SALESMAN';
```

上述语句执行后结果集中不会出现重复的员工记录。

【例 9-61】 使用 UNION ALL 运算将工资大于 4000 的员工信息与工作为 SALESMAN 的员工信息合并。

```
SQL> select *
2    from emp
3    where sal > 4000
4    union all
5    select *
6    from emp
7    where job = 'SALESMAN';
```

上述语句执行后结果集中会出现重复的员工记录。

2. INTERSECT

INTERSECT 运算用于获取多个查询结果集的交集,即共同行,并去掉重复行。其语法格式如下:

```
select_statement1
INTERSECT select_statement2
INTERSECT select_statement3 [...n];
```

说明:select_statement 等是 SELECT 查询语句。

【例 9-62】 使用 INTERSECT 运算获取工作为 SALESMAN 并且工资大于 4000 的员工信息。

```
SQL> select *
2    from emp
3    where sal > 4000
4    INTERSECT
5    select *
6    from emp
7    where job = 'SALESMAN';
```

使用一般的 SELECT 语句也可以实现相同的功能:

```
SQL> select *
2    from emp
3    where sal > 4000 and job = 'SALESMAN';
```

3. MINUS

MINUS 运算用于获取多个查询结果集的差集。该运算的结果是在第一个结果集中却不在第二个结果集中的行。其语法格式如下:

```
select_statement1
MINUS select_statement2
MINUS select_statement3 [...n];
```

说明:select_statement 等是 SELECT 查询语句。

【例 9-63】 使用 MINUS 运算查询工资大于 4000 但不是 SALESMAN 的员工信息。

```
SQL> select *
2    from emp
3    where sal > 4000
```

```
4      minus
5      select *
6      from emp
7      where job = 'SALESMAN';
```

使用一般的 SELECT 语句也可以实现相同的功能：

```
SQL > select *
2      from emp
3      where sal > 4000 and job < > 'SALESMAN';
```

9.4.4 TOP-N 查询

在 SQL 语句中,TOP-N 子句用于获取某列数据中最大或最小的 N 个值。对于拥有数千条甚至是更多记录的大型数据表来说,TOP-N 子句是非常有用的。然而,并非所有的数据库系统都支持 TOP 子句,例如,Oracle 数据库就不支持 TOP 子句。那么为了得到相同的结果,在 Oracle 数据库中要如何操作呢?

在 Oracle 数据库中经常使用 ORDER BY 与 ROWNUM 的组合来实现 SELECT TOP N 的查询。其实现思想就是先对表中的数据进行由小到大或由大到小的顺序进行排列,再从排好序的结果集中获取最小或最大的 N 条记录。具体的语法格式如下：

```
SELECT [ column_list ],ROWNUM
FROM (SELECT [column_list ]
      FROM table
      ORDER BY Top-N_column [ ASC | DESC ])
WHERE ROWNUM < = N;
```

TOP-N 查询

说明：

- 取最大的前 N 个值,ORDER BY 子句需指明 DESC。
- 取最小的前 N 个值,ORDER BY 子句需指明 ASC。
- 用伪列 ROWNUM 限制取得的结果记录数。

【例 9-64】 在员工表 emp 中获取工资最低的 3 个员工。

```
SQL > select *
2      from (select * from emp order by sal)
3      where rownum < 4;
```

请执行下列语句,并将其与上述语句进行比较,两者显示的结果是否一样? 试分析一下原因。

```
SQL > select *
2      from emp
3      where rownum < 4
4      order by sal;
```

9.4.5 树形层次查询

Oracle 数据库提供了一种树形结构用来实现层次查询,简单地说就是将一个树状结构存储在一个表里。例如,一个表中存在两个字段(ID 和 PARENTID),那么通过表示每一条记录的 PARENT 是谁,就可以形成一个树状结构。

树结构的数据存放在表中,数据之间的层次关系(父子关系)是通过表中列与列之间的关系来描述的。例如,员工表 emp 中的 eno 表示该员工的编号,mgr 表示该员工对应的主管编号,而主管自己也是一个员工,即子节点的 eno 值等于父节点的 mgr 值。在表的每一行中都有一个表示父节点的 mgr(除根节点外),通过每个节点的父节点,就可以确定整个树结构。

Oracle 数据库提供的 SELECT 语句中使用 START WITH...CONNECT BY PRIOR 子句实现层次查询,其语法格式如下:

```
SELECT ...
FROM table_name
START WITH condition1
CONNECT BY PRIOR condition2
WHERE condition3;
```

树形层次查询

使用上述语法的查询可以取得这棵树的所有记录。

说明:

① START WITH 用于指定查询的根行。

② CONNECT BY 用于指定父行和子行的关系,用 PRIOR 表示上一条记录。例如,"CONNECT BY PRIOR ID = PRAENTID"是指上一条记录的 ID 是本条记录的 PRAENTID,即本记录的父亲是上一条记录。

③ condition3 是过滤条件,用于对结果树进行过滤。注意是先有结果树再过滤,不是先过滤再得到结果树。

④ 在查询结果显示树形层次结构时,需要借助于 Oracle 数据库提供的伪列 LEVEL 构造出返回记录在层次树形中的层级数。根节点的 LEVEL 为 1,根节点的子节点的 LEVEL 为 2,根节点的子孙节点的 LEVEL 为 3,以此类推。为了显示层次的递进关系,还可以借助于字符串函数(LPAD 函数)配合 LEVEL 伪列在查询结果的左边添加空格字符构造出缩进的效果,以形成树形层次结构。

【例 9-65】 实现在员工表 emp 中从根节点 eno=7369 开始查询员工与主管隶属关系的树形层次结构。

```
SQL> select *
2     from emp
3     start with eno = 7369
4     connect by prior eno = mgr;
```

【例 9-66】 实现员工表 emp 中所有员工与主管隶属关系的树形层次结构。(每层缩进两个空格的样式。)

```
SQL> select LPAD(' ',2 * (LEVEL-1)) ‖ ename as employee,eno,mgr,job
2     from emp
3     start with job = 'PRESIDENT'
4     connect by prior eno = mgr;
```

注意:' '代表若干个空格,这里是两个空格。

本 章 小 结

本章对 Oracle 数据库所支持的虚表和伪列、基本的 SELECT 查询、连接查询、子查询、集合操作、TOP-N 查询、树形层次查询等内容做了详细的介绍,对 Oracle 数据库支持的 SQL 函数进行了简要的说明。理解和掌握 SQL 语句对数据库编程至关重要。如果用户希望对其深入了解可参考相关的文档。

在 SQL 语句的编写过程中,可以看出 SQL 语句的编写方式不是唯一的。用户可以设计和编写出不同的 SQL 语句用于实现同一个功能。因此,这就要求用户在学习 SQL 语句时融会贯通,多练习,多尝试,多测试。当然,这并不是要求用户掌握所有不同 SQL 语句的编写方法,而是希望用户通过学习找到合适的方法进行编写。面对大量的数据库,只有通过编写代码并仔细分析运行结果,才能验证解决问题的方法是否正确。

思 考 题

1. 简述 Oracle 数据库提供的虚表的用途,如何使用它?
2. 伪列 ROWID 与 ROWNUM 的作用是什么?
3. Oracle 数据库提供的分页查询的设计思想是什么? 需借助于哪些伪列来实现?
4. 连接查询分为哪 3 种类型?
5. 在进行集合操作时,使用哪些运算符可分别获得两个结果集的并集、交集和差集?
6. 集合运算中的 UNION 和 UNION ALL 有什么区别?
7. 设 A 和 B 为两个结果集,A MINUS B 与 B MINUS A 的执行结果是否相同? 为什么?
8. 在 Oracle 数据库中如何实现 TOP-N 的查询效果?
9. 在 Oracle 数据库中的树形层次查询要求对应的表结构有什么特点? 如何显示树形层次结构?

第 10 章　其他方案对象

数据库中的数据主要存储在表中。但是,在数据库中建立其他的数据库方案对象可以提高系统性能,使用户访问数据更加简便、快速和安全。Oracle 数据库的常用方案对象除表以外,还包括视图、索引、序列、同义词等。本章主要介绍视图、索引、序列、同义词的创建及使用方法。

10.1　视　　图

视图其实就是一条查询的 SQL 语句,用于显示一个、多个表或其他视图中的相关数据。视图将一个查询的结果作为一个表来使用,因此视图可以看作存储的查询或一个虚拟表。视图的数据来源于表,所有对视图数据的修改最终都会被反映到视图的基本表中。这些修改必须服从基本表的完整性约束,并同样会触发定义在基本表上的触发器。Oracle 数据库支持在视图上显式地定义触发器和一些逻辑约束。

但是,视图与表不同,视图不会要求分配存储空间,视图中也不会包含实际的数据。视图只是定义了一个查询,其数据是从基本表中获取的。这些数据在视图被引用时动态地生成。由于视图基于数据库中的其他对象,因此一个视图只需要占用数据字典中保存其定义的空间,而无须额外的存储空间。

Oracle 数据库的视图概念与标准的 SQL 中定义的一样,具体内容可参考 3.5 节,这里不再赘述。

10.1.1　创建视图

创建视图的语法格式如下:

```
CREATE [OR REPLACE][FORCE|NOFORCE] VIEW view[(alias,alias,...)]
AS subquery
[WITH CHECK OPTION [CONSTRAINT constraint]]
[WITH READ ONLY [CONSTRAINT constraint]];
```

说明:

① REPLACE 选项表示若视图已存在,就替换它。该选项常用于视图维护时对视图进行重建。

② FORCE 选项表示不论视图所依赖的基本表是否存在,均强制创建该视图。该选项系统默认是 NOFORCE,表示如果创建视图所需要的基本表不存在,就不能创建该视图。

③ subquery 中可以包含复杂运算和复杂条件的 SELECT 子句。

④ WITH CHECK OPTION 选项表示当对该视图执行 DML 语句时,DML 语句操作的数据应满足视图定义时的条件。对于该选项产生的约束用户可以自己命名,名称放在 CONSTRAINT 的后面。如果用户没有命名,则系统会按照完整性约束的命名规则将其命名

为 SYS_Cnn,其中 nn 为数字串。

⑤ WITH READ ONLY 选项表示该视图是只读的,用户仅能在该视图上执行 SELECT 操作,不能执行 DML 语句。对于该选项产生的约束,用户可以自己命名,名称放在 CONSTRAINT 的后面;如果用户没有命名,则系统会按照完整性约束的命名规则将其命名为 SYS_Cnn,其中 nn 为数字串。

创建视图时需注意以下几点。

- 创建视图的子查询不能使用序列,不可选取 CURRVAL、NEXTVAL 伪列。
- 只有加别名才能使用 ROWID、ROWNUM、LEVEL 等伪列。
- 创建视图的子查询一般不应包含 ORDER BY 子句。
- 最好不要在视图上再创建视图。
- 可用 DESCRIBE 命令查看视图的结构。
- 在多表连接的查询中,FROM 子句中的第一个表是主表。在对视图进行更新时,应确保主表的非空字段都在该视图中,否则更新会失败。

【例 10-1】 在员工表 emp 上创建一个视图,用于查看部门为 10 的员工信息。

```
SQL> create or replace view v_emp10
2     as
3     select eno,ename,job,sal
4     from emp
5     where dno = 10;
```

【例 10-2】 创建一个视图使用员工表 emp 和部门表 dept 的连接查询显示员工的年收入和其他详细信息。

```
SQL> create or replace view v_emp_dept
2     as
3     select eno,ename,job,hiredate,sal * 12 annualIncome,d.dno,dname
4     from emp e,dept d
5     where e.dno = d.dno;
```

【例 10-3】 查询视图 v_emp10 和 v_emp_dept 的信息。

```
SQL> select * from v_emp10;
SQL> select * from v_emp_dept;
```

【例 10-4】 查看视图 v_emp10 和 v_emp_dept 的结构。

```
SQL> desc v_emp10;
SQL> desc v_emp_dept;
```

10.1.2 更新视图

不是所有的视图都能够进行更新。一般来说,简单的视图支持 DML 操作。但是对于复杂的视图,如果包含的字段使用了函数或数学计算,或者在查询中不含主表中非空的字段,那么该视图是无法进行 DML 操作的。当然,如果在创建视图时使用了 WITH READ ONLY 子句,则只能通过视图读取表中的数据,也是无法执行 DML 操作的。

在对视图进行 INSERT、UPDATE 或 DELETE 操作时,应确保视图的创建不包括以下结构:

- 连接运算;
- 集合运算;

- 分组函数、SQL 函数、数学计算等；
- GROUP BY；
- CONNECT BY；
- START WITH；
- DISTINCT。

【例 10-5】 更新视图 v_emp10。

SQL> insert into v_emp10 (eno,ename,job,sal,dno) values(7411,'Kate','CLERK',3000,20);

上述语句将执行成功。由于该视图只提供了部分字段的数据，因此主表中的其他字段的数据将会使用默认值，若无默认值则赋值 NULL。

如果对视图 v_emp_dept 进行更新，将会失败，因为该视图中有字段使用了数学计算。

10.1.3 管理视图

管理视图包括查看视图、删除视图的操作。

1. 查看视图

用户可通过数据字典 USER_VIEWS、DBA_VIEWS、ALL_VIEWS 查看视图信息。

【例 10-6】 查看视图 v_emp10 的定义。

SQL> select view_name,text
2   from user_views
3   where view_name ='V_EMP10';

2. 删除视图

只有视图的所有者和具备 DROP VIEW 权限的用户才可以删除视图。删除视图的定义不影响基本表中的数据。视图被删除后，基于被删除视图的其他视图或应用将无效。

删除视图的语法格式如下：

DROP VIEW view [CASCADE CONSTRAINTS];

说明：CASCADE CONSTRAINTS 选项的作用与删除表语法中 CASCADE CONSTRAINTS 的作用一样，用于级联删除视图上的参照引用。

【例 10-7】 删除视图 v_emp10 和 v_emp_dept。

SQL> drop view v_emp10;

SQL> drop view v_emp_dept;

10.2 索　引

10.2.1 索引的概念

索引是数据库中用于存放表中每一条记录位置的对象，其目的是加快数据的读取速度和完整性检查速度。简单地说，如果将表看作一本书，索引的作用就类似于书的目录。在没有目录的情况下，要在书中查找指定的内容只能从头到尾地浏览全书才能查找到。而对于有目录的书，要想在里面快速地查找指定的内容，可以借助于目录快速定位到查询内容所在的页码。类似地，在数据表中如果没有索引的情况下，要在表中查找指定的记录只能从头到尾地遍历整个表才能查找到。对于有索引的表，要想在里面快速地查找指定的内容，只需要在索引中找到符合条件的索引字段值,这样就可以通过保存在索引中的 ROWID(相当于书的页码)快速找到数据表中对应的记录。

索引由表中一列或多列值的集合和这些值所在行的 ROWID 组成。ROWID 是表中数据行的唯一标识,可以用来定位行。索引提供指针指向存储在表中指定列的数据值,然后根据指定的次序排列这些指针。数据库使用索引的方式与使用书目录的方式很相似,通过索引找到特定的值,然后跟随指针到达包含该值的行。索引是一个单独的物理结构,可以有子句的存储空间,不必与相关联的表放在同一个表空间中。为表建立索引,既能够减少查询操作的时间开销,又能够减少 I/O 操作的开销,从而加快查询的速度。

在 Oracle 数据库中,索引创建完成后,系统将自动进行对索引的维护。当用户执行 INSERT、UPDATE、DELETE 操作后,Oracle 数据库会自动更新索引列表。当用户执行 SELECT、UPDATE、DELETE 操作后,Oracle 数据库会自动选择合适的索引来优化操作。

但是,创建和维护索引需要占用许多存储空间,而且在对表中的数据进行 DML 操作时,数据库需要花费额外的开销维护索引,这在一定程度上降低了处理数据的速度。因此,在实际应用中,为表创建索引时需要考虑该字段或表达式是否适合创建索引。如果适合,应该确保索引能够得到有效的利用,否则将会降低数据库的性能。

一般来说,适合创建索引的字段应具备以下特征:

- 在 WHERE 子句中频繁使用;
- 经常作为连接条件;
- 取值范围较大;
- NULL 值比较多;
- 经常需要排序。

不适合创建索引的字段应具备以下特征:

- 经常被修改;
- 经常使用函数调用;
- 有很多重复值;
- 数据量小的表,如数据量小于 1000 行。

Oracle 数据库提供了多种类型的索引以适应各种表的特点。常用的索引类型有以下几种。

1. B-树索引

B-树索引(B-Tree Index)又称平衡树索引,是 Oracle 数据库中最常用的默认的索引。B-树索引以树形结构的形式来存储索引列的值,用自顶向下的顺序来对表中索引列数据进行排序,是现代关系型数据库中最为普通的索引。B-树索引不仅存储了索引列的数据,还存储了 ROWID 中用于标志表中相应行的剩余数据的地址。

2. 唯一性索引

唯一性索引是在索引列上增加了唯一性约束的索引。该索引列的数据列可以为空,但是只要存在数据值,就必须是唯一的。唯一性索引可以保证在索引列上不会有两行相同的值。

在 8.2 节中我们介绍了主键约束和唯一性约束。当用户在表上定义并启用了主键约束和唯一性约束时,系统会自动为这些列创建同名的唯一性索引。因此,不需要在这些列上重复建立唯一性索引。但是需要注意的是主键约束要求列值非空,而唯一性约束和唯一性索引并不要求列值非空。

3. 基于函数的索引

基于函数的索引存放的是经过函数处理后的数据。当需要使用函数值时,该值已经计算出来,从而改善查询的执行性能。

4. 位图索引

位图索引不存储 ROWID 值,也不存储键值,适用于仅有几个固定值的列。使用位图索引能减少索引的存储开销。当索引列的数据变化不大而又需要索引以加快访问速度时,位图索引非常有效。

5. 簇索引

簇索引就是将多个表的相同列放在一起。若在簇表中不创建簇索引,则在簇表插入数据时会出现 ORA-02032 的报错信息。

6. 分区索引

分区索引应用于分区表中。在 Oracle 数据库中,分区表通过对分区列的判断,把分区列不同的记录放到不同的分区中。每个分区都是一个独立的段,可以存放到不同的表空间中。查询时可以通过查询分区来访问各个分区中的数据。Oracle 数据库将分区表上的索引分为两类:贯穿所有分区的全局分区索引和各个单独分区的本地分区索引。

7. 反向索引

反向索引就是将正常的键值反向存储。例如,若原值是 1234,则数据库将会以 4321 的形式进行存储。这样做的目的是当程序需要访问 1234、1235 和 1236 等这些比较连续的数值时,这样不至于导致访问的数据在同一个块上,也就是避免过多地访问同一个数据块。该设计思想非常直观地体现了 Oracle 数据库"以空间换取时间,改善系统性能"的特性。

10.2.2 创建索引

创建索引的语法格式如下:

```
CREATE [UNIQUE|BITMAP] INDEX [schema.] index
ON [schema.] table
(column_name[DESC|ASC][,column_name[DESC|ASC]] ... )
[REVERSE]
[TABLESPACE tablespace]
[PCTFREE n]
[INITRANS n]
[MAXTRANS n]
[instorage state]
[LOGGING|NOLOGGING]
[NOSORT];
```

说明:

- UNIQUE 用于创建唯一索引。
- BITMAP 用于创建位图索引。
- DESC|ASC 用于说明创建的索引按照降序或升序排列。
- REVERSE 用于创建反向索引。
- TABLESPACE 用于说明要创建的索引所存储的表空间。
- PCTFRE 表示索引块中预留的空间比例。

- INITRANS 表示每一个索引块中分配的事务数。
- MAXTRANS 表示每一个索引块中分配的最大事务数。
- instorage state 用于说明索引中的区段 extent 如何分配。
- LOGGING|NOLOGGING 用于说明是否记录索引相关的操作,若记录则将相关操作保存在联机重做日志中。
- NOSORT 表示不需要在创建索引时按键值进行排序。

【例 10-8】 在部门表 dept 的 dname 字段上创建唯一性索引。

```
SQL> create unique index index_dname
2    on dept (dname);
```

【例 10-9】 在员工表 emp 的 sal 字段上创建 B-树索引,按字段值降序排列。

```
SQL> create index index_sal
2    on emp (sal desc)
3    tablespace users;
```

【例 10-10】 在员工表 emp 的 job 字段上创建位图索引。

```
SQL> create bitmap index index_job
2    on emp (job)
3    tablespace users;
```

【例 10-11】 在员工表 emp 的 mgr 字段上创建反向索引。

```
SQL> create index index_mgr
2    on emp (mgr)
3    reverse
4    tablespace users;
```

【例 10-12】 在员工表 emp 的 ename 字段上创建基于 LOWER() 函数的索引。

```
SQL> create index index_ename
2    on emp (lower(ename))
3    tablespace users;
```

10.2.3 管理索引

对数据表频繁地执行 DML 操作可能会使索引和空间变得凌乱,这时就需要对索引进行必要的管理和维护。

1. 修改索引

索引的修改主要由 DBA 完成。修改索引主要涉及修改索引的存储参数、重建索引、对无用的索引空间进行合并等。

修改索引的语法格式如下:

```
ALTER [UNIQUE] INDEX index
INITRANS n
MAXTRANS n
REBUILD
[STORAGE<storage>];
```

说明:

- INITRANS n 定义支持并发操作的初始事务数量。
- MAXTRANS n 定义支持并发操作的最大事务数量。

- REBUILD 定义根据原来的索引结构重新建立索引,也就是在重新对表进行全表扫描以后创建索引数据。
- STORAGE 表示存储参数。

【例 10-13】 修改例 10-12 中的索引 index_ename,改变其事务和存储参数。

```
SQL > alter index index_ename
2    rebuild
3    tablespace users
4    initrans 3
5    maxtrans 10
6    storage (initial 10k next 20k pctincrease 40);
```

2. 合并索引

在实际应用中,表中的数据不断被更新可能会导致表的索引产生越来越多的存储碎片,这些碎片会影响索引的使用效率。而合并索引可以消除索引块中的存储碎片,释放它们所占用的空间以紧凑索引,使索引树重新变得平衡,从而提高数据的查询效率。

合并索引的语法格式如下:

```
ALTER INDEX index COALESCE;
```

【例 10-14】 合并例 10-9 中的索引 index_sal。

```
SQL > alter index index_sal coalesce;
```

3. 重命名索引

重命名索引的语法格式如下:

```
ALTER INDEX index RENAME TO new_index;
```

【例 10-15】 重命名例 10-12 中的索引 index_ename。

```
SQL > alter index index_ename rename to ind_ename;
```

4. 查看索引

用户可通过数据字典 USER_INDEXES、USER_IND_COLUMNS、DBA_INDEXES、DBA_IND_COLUMNS、ALL_INDEXES、ALL_IND_COLUMNS 查看用户定义的索引信息。

【例 10-16】 查看当前用户定义的索引信息。

```
SQL > select ix.table_name,ic.index_name,ic.column_name,ic.column_position,
2    ix.uniqueness
3    from user_indexes ix,user_ind_columns ic
4    where ic.index_name = ix.index_name
5    order by ix.table_name;
```

【例 10-17】 查询员工表 emp 的所有索引信息。

```
SQL > select index_name,table_name,status
2    from user_indexes
3    where table_name = 'EMP';
```

5. 删除索引

如果索引不再需要了或者由于索引中包含损坏的数据块以及过多的存储碎片,则可以先删除该索引,然后重新建立索引。

删除索引的语法格式如下:

```
DROP INDEX index;
```

如果索引是在定义约束时由数据库自动创建的,则可以通过禁用约束或删除约束的方式来删除对应的索引。

【例 10-18】 删除例 10-15 中的索引 ind_ename。

SQL> drop index ind_ename;

删除索引之后,该索引的段的索引盘区将归还给包含它的表空间,并由表空间中的其他对象使用。用户在删除表时,Oracle 数据库会自动删除所有与该表相关的索引。

10.3　序　列

序列(Sequence)是 Oracle 数据库提供的用于产生自增的、不重复的整数,也称为序列生成器。序列一般用来生成主键和计数,它不会与特定的表关联。用户可以通过创建序列和触发器实现表的主键自增或计数自增。例如,当用户为创建的一个新表添加一个索引字段(没有任何业务功能)时,为了确保当前该字段在每次新增数据时的字段值不重复,可创建一个序列号。使用这种方式的好处是不需要在代码中去控制该字段的值,而是通过 Oracle 数据库提供的序列来实现字段值自增且不重复的功能,简化了程序的编写。

序列由 Oracle 数据库产生,并不占用实际的存储空间,只是在数据字典中保存它的定义。它可以在多用户并发环境下为每个用户生成不重复的顺序整数,并且不需要任何额外的 I/O 开销。每个用户在使用序列时都会得到下一个可用的整数。如果多个用户使用同一个序列,则序列将按串行机制依次处理各个用户请求,不会生成两个相同的整数。

10.3.1　创建序列

创建序列需要用户具有 CREATE SEQUENCE 系统权限。创建序列的语法格式如下:

```
CREATE SEQUENCE sequence
[INCREMENT BY n]
[START WITH n]
[MAXVALUE n | NOMAXVALUE]
[MINVALUE n | NOMINVALUE]
[CYCLE | NO CYCLE]
[CACHE n | NO CACHE]
[ORDER | NO ORDER];
```

说明:

① INCREMENT BY 用于定义序列的步长。如果该值省略,则默认为 1;如果该值为负值,则代表序列的值是按照此步长递减的。

② START WITH 定义序列的初始值(产生的第一个值),默认为 1。

③ MAXVALUE 定义序列生成器能产生的最大值。选项 NOMAXVALUE 是默认选项,代表没有最大值定义。这时对于递增序列,系统能够产生的最大值是 10^{27};对于递减序列,最大值是 -1。

④ MINVALUE 定义序列生成器能产生的最小值。选项 NOMAXVALUE 是默认选项,代表没有最小值定义。这时对于递减序列,系统能够产生的最小值是 -10^{26};对于递增序列,最小值是 1。

⑤ CYCLE 表示当序列生成器的值达到限制值后循环;NOCYCLE 表示当序列生成器的

值达到限制值后不循环。如果循环,则当递增序列达到最大值时,循环到最小值;当递减序列达到最小值时,循环到最大值。如果不循环,则当达到限制值后,继续产生新值就会发生错误。

⑥ CACHE(缓冲)定义存放序列的内存块大小,默认为 20。NOCACHE 表示不对序列进行内存缓冲。对序列进行内存缓冲可以改善序列的性能。

【例 10-19】 创建名为 seq_eno 的序列,从 1001 开始,每次递增 1,最大值为 9999,使用 CACHE 预先分配 10 个序列值。

```
SQL > create sequence seq_eno
2      increment by 1
3      start with 1001
4      maxvalue 9999
5      cache 10
6      nocycle;
```

10.3.2 使用序列

Oracle 数据库提供了两个伪列专门用于访问序列的值。

- NEXTVAL:用于获取序列的下一个序号值,使用形式为< seq_name >. NEXTVAL。
- CURRVAL:用于获取序列的当前序号值,使用形式为< seq_name >. CURRVAL。CURRVAL 使用的前提是序列创建后,必须先使用一次 nextval,然后才能使用该伪列。

【例 10-20】 使用序列 seq_eno 为员工表 emp 插入记录。

```
SQL > insert into emp (eno,ename,job,sal,dno)
2      values (seq_eno.nextval,'ROSE','SALESMAN',4000,30);
```

【例 10-21】 查看序列 seq_eno 的当前值。

```
SQL > select seq_eno.currval from dual;
```

NEXTVAL 和 CURRVAL 伪列可用于以下场合:

① 不包含子查询的 SELECT 语句中;

② INSERT 语句的子查询中;

③ INSERT 语句的 VALUES 中;

④ UPDATE 的 SET 中。

NEXTVAL 和 CURRVAL 伪列不可用于以下场合:

① 在 SELECT、UPDATE、DELETE 的子查询中;

② 视图定义中;

③ SELECT 查询中有 DISTINCT;

④ SELECT 查询中有 GROUP BY 或 ORDER BY。

在使用序列的过程中,序列可能会被多个用户共享,其值也可能被分别用于多个表。同时,如果序列设置了 CACHE 选项,则可能会导致部分序列号被丢弃,使得不是每个序列号值都会被使用或被用到同一个表中,从而产生"间隙"(GAP)。间隙就是在一个表中看到的序列号的值不连续、不完整的现象。间隙的产生可能正常,也可能不正常,需要用户综合分析序列的使用情况再作出判断。

10.3.3 管理序列

管理序列包括修改序列、查看序列和删除序列的操作。

1. 修改序列

修改序列需要用户具有 ALTER SEQUENCE 系统权限。修改序列的语法格式除 ALTER SEQUENCE 这个参数和 CREATE SEQUENCE 的不一样外,其他参数与 CREATE SEQUENCE 系统权限的参数类似。

2. 查看序列

用户可通过数据字典 USER_SEQUENCES、DBA_SEQUENCES、ALL_SEQUENCES 查看用户定义的序列信息。

【例 10-22】 查看当前用户定义的序列信息。

```
SQL > select sequence_name,min_value,max_value,increment_by,last_number
2    from user_sequences;
```

3. 删除序列

删除序列是将序列的定义从数据字典中删除。删除序列需要用户具有 DROP SEQUENCE 系统权限,其语法格式如下:

```
DROP SEQUENCE sequence;
```

【例 10-23】 删除序列 seq_eno。

```
SQL > drop sequence seq_eno;
```

10.4　同　义　词

同义词(Synonym)从字面上理解就是别名的意思。在 Oracle 数据库中,它是表、视图、索引、存储过程、函数或其他数据对象的一个别名。Oracle 数据库只在数据字典中保存对同义词的定义描述,因此同义词并不占用任何实际的存储空间。同义词一方面可以用来简化数据库对象的名称,方便用户对数据库对象的引用;另一方面可以用来隐藏真实的对象名,提供对象访问的安全性。

10.4.1　创建同义词

用户可以创建公有(Public)同义词和私有(Private)同义词。公有同义词可以被所有的数据库用户访问,私有同义词只能被创建用户访问。

创建同义词的语法格式如下:

```
CREATE [PUBLIC] SYNONYM synonym
FOR [schema.] object;
```

说明:PUBLIC 表示创建一个公有同义词。如果省略 PUBLIC,表示创建一个私有同义词。

【例 10-24】 为员工表 emp 创建一个公有同义词,并使用它的同义词访问该表。

```
SQL > create public synonym syn_e
2    for emp;
SQL > select * from syn_e;
```

10.4.2　管理同义词

同义词

管理同义词包括查看同义词、删除同义词的操作。

1. 查看同义词

用户可通过数据字典 USER_SYNONYMS、DBA_SYNONYMS、ALL_SYNONYMS 查看用户定义的同义词信息。

【例 10-25】 查看当前用户定义的同义词信息。

SQL > select synonym_name,table_name,table_owner
2   from user_synonyms;

2. 删除同义词

DBA 可以删除所有的公有同义词,用户只可以删除自己创建的同义词。用户若要删除公有同义词,则必须具有 DROP PUBLIC SYNONYM 系统权限。

删除同义词是将同义词的定义从数据字典中删除,同义词的基础对象不会受到任何影响,但是所有引用该同义词的对象将处于不可用状态(INVALID)。

删除同义词的语法格式如下:

DROP SYNONYM synonym;

【例 10-26】 删除同义词 syn_e。

SQL > drop public synonym syn_e;

本 章 小 结

本章介绍了除表之外的常用数据库方案对象,包括视图、索引、序列、同义词的概念、创建及管理方法。用户通过视图可以提取数据在逻辑上的集合或组合。索引是一种与表有关的数据库结构,它可以使对应于表的 SQL 语句执行得更快,提高数据库的性能。序列可用于产生唯一的序列号,序列号可用于产生诸如流水号这样不重复的自增数据。同义词是表、索引、视图或其他方案对象的一个别名。

通过本章的学习,用户应学会根据不同的应用场景,设计出合理的视图、索引、序列和同义词等数据库方案对象来提高表中数据的录入和查询速度,简化对表的操作,提高表中数据的安全性和保密性。

思 考 题

1. 视图与表有什么异同?
2. 什么样的视图可以进行更新?
3. 简述索引的作用。它的优缺点是什么?
4. 位图索引适用于什么样的字段? 如何创建它?
5. 什么是反向索引? 在反向索引的作用下,数据库中的表的数据是如何进行存储的?
6. 什么是序列? 在实际应用中,在什么情况下可以选择使用序列?
7. 如何获得序列的当前值和下一个值?
8. 序列中的间隙是如何产生的?
9. 简述使用同义词的目的。

第 11 章　PL/SQL

SQL 是访问数据库的标准语言,主流的数据库都采用 SQL 作为主要的数据操纵语言。在数据库应用中,为了实现复杂的应用逻辑,需要数据库提供过程化的编程支持,这时仅靠 SQL 就不能满足需求。因此,数据库厂商在标准的 SQL 基础上进行了不同程度的扩展,增强了原有 SQL 的功能。这些扩展后的 SQL 也被冠以特定的名称。

PL/SQL(Procedural Language/SQL)是专为 Oracle 数据库设计的一种过程化程序设计语言,它把 SQL 处理数据的功能与过程化程序设计的功能有机地结合起来。PL/SQL 提供了完善的程序控制结构,可以编写出复杂且功能强大的应用程序;PL/SQL 也可以用于分组 SQL 语句,将它们一起发向服务器,以减少网络传输,提高程序运行效率。PL/SQL 具有良好的可移植性,可运行于任何有 Oracle 数据库的地方。

开发和调试 PL/SQL 程序可以使用多种不同的开发工具。目前使用较多的是 Oracle 数据库提供的 SQL Plus 和第三方提供的 PL/SQL Developer。本章选用 SQL Plus 作为开发工具。

本章将介绍 PL/SQL 基础、PL/SQL 支持的 SQL 语句、流程控制语句、游标、异常、存储过程、函数、触发器等内容。

11.1　PL/SQL 基础

PL/SQL 允许嵌入 SQL 语句、定义变量和常量、使用条件语句和循环语句、使用异常处理各种错误等。它除具有过程编程语言的基本特征(条件分支、循环等)外,还具有对象编程语言的高级特征(重载、继承等)。

11.1.1　PL/SQL 程序块

在 PL/SQL 中,块(Block)是最基本的程序单元,编写 PL/SQL 程序实际上就是编写 PL/SQL 程序块。完成相对简单的功能可能只需要编写一个 PL/SQL 程序块就可以了。如果要实现复杂的应用功能,可能需要在一个 PL/SQL 程序块中嵌套其他 PL/SQL 程序块。

PL/SQL 程序块由 3 个部分组成:说明部分、执行部分和异常处理部分。

一段完整的 PL/SQL 程序块的结构如下所示:

```
DECLARE
    说明部分;
BEGIN        --块开始标记
    执行部分;
EXCEPTION
    异常处理部分;
END;         --块结束标记
```

11.1.1 节

说明：

① 说明部分是可选的,由关键字 DECLARE 引出,用于定义常量、变量、游标、异常、复杂数据类型。在编写程序时,程序块中引用的数据对象和程序单元应遵循先定义后使用的原则。

② 执行部分是必需的,由关键字 BEGIN 开始,至 END 结束。PL/SQL 程序块中至少包含一条可执行语句,也可以嵌套其他 PL/SQL 程序块。

③ 异常处理部分是可选的,由关键字 EXCEPTION 开始。当执行部分发生错误时,将会引起异常。这时,正常的执行将被停止并且转移到异常程序处理。异常处理完成后,将结束对应 PL/SQL 程序块的执行。

用户在编写 PL/SQL 程序块时,应注意以下几点。

① PL/SQL 的每一条语句都必须以分号(";")结束。关键字 DECLARE、BEGIN、EXCEPTION 后无分号。但 END 后一定要有分号,表示一个 PL/SQL 程序块的结束。

② 注释用多行注释(/ * 注释文本 * /)或单行注释(--注释文本)来表示。

③ 在执行部分可以使用的控制结构包括顺序结构、分支结构、循环结构等。在执行部分可使用 SQL 语句的一个子集,可使用 SELECT 语句、DML 语句、游标操作语句、事务控制语句,但不能使用 DDL 语句和 DCL 语句。DDL 语句和 DCL 语句需要在相关包的支持下才能在 PL/SQL 中使用。在执行部分中,空语句(NULL;)是合法的。

④ 当一个 PL/SQL 程序的说明部分和异常处理部分都没有时,可将 BEGIN 和 END 两个关键字略掉,只保留中间的代码。

【例 11-1】 一个简单的 PL/SQL 程序块。

```
SQL > set serveroutput on
SQL > begin
2      dbms_output.put_line('Hello,Oracle!');
3    end;
4    /
```

上述语句执行后的结果是输出字符串 'Hello,Oracle!'。

在例 11-1 中需注意以下两点。

① set serveroutput on 语句用于设置环境变量 serveroutput 的值为 ON 时,表示允许服务器输出 PL/SQL 程序的运行结果。该语句在当前会话结束前一直有效,因此不用重复书写。也就是说,在用户没有关闭 SQL Plus 之前,该语句都不需要重复执行。

② dbms_output.put_line(...)语句调用了 DBMS_OUTPUT 包的 PUT_LINE 子程序,用于在输出给定的字符串后换行。DBMS_OUTPUT 包一般用于调试,输出必要的调试信息。

③ 输入"/"表示将程序块的内容提交给数据库执行。

【例 11-2】 一个只包含空语句的 PL/SQL 程序块。

```
SQL > begin
2      null;
3    end;
4    /
```

该程序块是合法的,只是执行了一句空操作,并没有做任何实质性的动作。

【例 11-3】 一个定义变量并输出该变量值的 PL/SQL 程序块。

```
SQL > set serveroutput on
SQL > declare
```

```
2      temp varchar2(10);
3    begin
4      temp : ='abcde';
5      dbms_output.put_line(temp);
6    end;
7    /
```

上述语句执行后的结果是输出变量 temp 的值'abcde'。

【例 11-4】 一个包含说明部分、执行部分和异常处理部分的 PL/SQL 程序块。

```
SQL> set serveroutput on
SQL> declare
2      i number(10);
3    begin
4      i : = 5/0;
5      exception
6        when zero_divide then
7          dbms_output.put_line('error:divided by 0');
8    end;
9    /
```

由于 0 不能当作除数，所以上述语句在执行到第 4 行代码时会报错，因此转入异常进行处理，输出错误信息，从而避免了程序运行错误。zero_divide 是 Oracle 数据库预定义的异常，数据库系统可以自动识别异常并进行异常处理。

【例 11-5】 嵌套的 PL/SQL 程序块。

```
SQL> set serveroutput on
SQL> declare
2      a varchar2(10) : ='aaa';
3    begin
4      declare
5        b varchar2(10) : ='bbb';
6      begin
7        dbms_output.put_line(b);
8      end;
9      dbms_output.put_line(a);
10   end;
11   /
```

11.1.2 PL/SQL 的编写规则

1. 标识符

标识符是用户自己定义的符号串，用于指定 PL/SQL 程序单元和程序项的名称。通过使用合法的标识符来定义常量、变量、异常、显式游标、游标变量、参数、子程序以及包的名称。标识符不区分大小写。当使用标识符时，必须满足以下规则。

• 名称必须以字母开头，长度不能超过 30 个字符。
• 标识符中不能包括减号(—)和空格。
• 标识符不能是 SQL 保留字。

PL/SQL 中标识符的作用范围与一般的程序设计语言中的约定相同,是可以引用该标识符的块、程序或包的区域范围。

2. 运算符

PL/SQL 中可以使用以下运算符。

逻辑运算符:AND、OR、NOT。

算术运算符:＋、－、＊ 、/、＊＊(幂)。

关系运算符:＝、!＝、＜＞、＞、＜、＞＝、＜＝、LIKE、BETWEEN x AND y、IS NULL。

集合运算符:IN(属于)。

字符串运算符:＋、－、‖(连接)。

这些运算符的使用规则与其在 Oracle 数据库支持的 SELECT 语句中的使用规则几乎一致,这里不再赘述。

3. 数据类型

Oracle 数据库的数据类型可以分为 4 类,分别是标量类型、复合类型、引用类型和 LOB 类型,其中标量类型又分为 4 类:数字型、字符型、布尔型和日期时间型。图 11-1 是在 PL/SQL 中可以使用的预定义类型。需要注意的是,PL/SQL 中的数据类型与 Oracle 数据库列表的数据类型不完全相同。

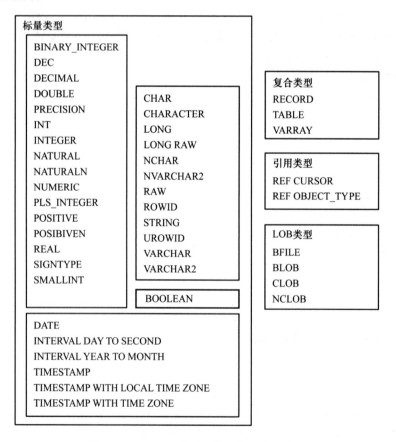

图 11-1　PL/SQL 中可以使用的预定义类型

(1) 标量类型

标量类型又称为基本数据类型,它的变量只有一个值且内部没有分量。标量类型主要包括数值型、字符型、日期时间型和布尔型。

- 数值型:用于存储数字,包括 NUMBER、BINARY_INTEGER、PLS_INTEGER 类型。
- 字符型:用于存储字符串或字符数据,包括 CHAR、VARCHAR2、LONG、RAW、LONG RAW 类型。
- 日期时间型:用于存储日期和时间数据,包括 DATE、TIMESTAMP 类型。
- 布尔型(BOOLEAN):用于定义布尔变量,其值为 TRUE、FALSE。布尔变量在 PL/SQL 程序中只能进行逻辑判断,不能向数据库插入布尔型的值。

(2)复合类型

复合类型是指类型中含有可以单独处理的分量。复合类型包括记录类型、表类型和数组类型。

- 记录类型(RECORD):用于表示逻辑相关的一组信息,这些信息按某种结构组织在一起。定义记录类型的语法格式如下:

```
TYPE record_type_name IS RECORD(
    field1 data_type,
    field2 data_type,
    ...
);
```

引用记录类型变量的属性域需按如下格式进行:

记录变量.域名

- 表类型(TABLE):类似于 C 语言中的数组类型,表中元素属于同种类型,表中元素个数没有限制。定义表类型的语法格式如下:

```
TYPE table_type_name IS TABLE OF 基类型 INDEX BY BINARY_INTEGER;
```

用下标区分表类型变量中的每一个元素,访问表类型变量的元素需按如下格式进行:表类型变量(下标)。

- 数组类型(VARRAY):数组类型与 TABLE 类型的不同之处在于 VARRAY 中的元素个数是有限制的,下标不能取负数,从 1 开始。定义 VARRAY 类型的语法格式如下:

```
TYPE varray_type_name IS VARRAY(元素个数) OF 基类型;
```

访问 VARRAY 类型数组变量的元素需按如下格式进行:

varray 类型变量(下标)

(3)引用类型

引用类型是指向其他程序项的一个指针,类似于 C 语言中的指针,能够引用一个值。

(4)LOB 类型

LOB 类型的值就是一个 LOB 定位器,能够指示出大对象(如图像)的存储位置。它可以存储无结构的数据。LOB 类型包括 CLOB、BLOB、NCLOB 和 BFILE。

4. 声明常量与变量

在编写 PL/SQL 程序块时,若需要使用常量和变量,则必须先在声明部分定义常量或变量,然后才能在执行部分和异常处理部分中使用它们。

声明常量或变量的语法格式如下:

```
Variable_name [CONSTANT] databyte [NOT NULL][:=|DEFAULT expression];
```

对定义为 NOT NULL 的变量,一定要赋以初值(用":="或 DEFAULT 关键字)。

变量赋值语句的语法格式如下：

变量名 : = PL/SQL 表达式;

说明：":="是 PL/SQL 的赋值符号。对日期和字符串变量赋予的初始值应使用单引号括起来。对变量赋予初值的另一个方法是使用 SELECT INTO 或 FETCH 语句从数据库中提取。

【例 11-6】 使用 PL/SQL 程序块定义常量和变量。

```
SQL > declare
2      v_ename varchar2(10);
3      v_sal number(6,2);
4      v_hiredate date;
5      v_isMgr boolean not null default false;
6      bonus constant number : = 1000;
7    begin
8      null;
9    end;
10   /
```

【例 11-7】 在 PL/SQL 程序块中使用 SELECT INTO 为变量赋值并输出。

```
SQL > set serveroutput on
SQL > declare
2      v_ename varchar2(10);
3    begin
4      select ename into v_ename from emp where eno = 7064;
5      dbms_output.put_line(v_ename);
6    end;
7    /
```

上述例子表明，在 PL/SQL 程序块中使用 SELECT 语句可以将查询出来的数据传递到变量中并将其打印输出。

为了简化变量的定义和自动保持某些变量在数据类型上的一致性，Oracle 数据库允许在 PL/SQL 中使用如下两种形式的方式定义常量和变量。

• 第一种形式：

表名.列名 % TYPE

• 第二种形式：

已定义的变量或常量 % TYPE

这种方式的定义表示将获取的数据表中某列的类型或已定义的某些数据对象的类型作为新常量或变量的类型。

【例 11-8】 使用%TYPE 定义变量。

```
SQL > set serveroutput on
SQL > declare
2      v_ename emp.ename % type;
3      v_sal emp.sal % type;
4      bonus v_sal % type : = 0;
5    begin
```

```
6       select ename,sal into v_ename,v_sal from emp where eno = 7064;
7       bonus ：= v_sal + 1000；
8       dbms_output.put_line(v_ename)；
9       dbms_output.put_line(v_sal)；
10      dbms_output.put_line(bonus)；
11   end；
12   /
```

同理，也可以基于已定义的记录类型变量或数据库中已存在的表来定义与其结构相同的记录类型变量。Oracle 数据库使用％ROWTYPE 来自动定义新记录类型变量的属性域及其类型，格式分别如下：

```
新记录变量名 已定义的记录类型变量 % ROWTYPE
新记录变量名 表名 % ROWTYPE
```

【例 11-9】　使用％ROWTYPE 定义变量。

```
SQL > set serveroutput on
SQL > declare
2        v_record emp % rowtype；
3     begin
4        select ename,sal into v_record.ename,v_record.sal
5        from emp where eno = 7064；
6        dbms_output.put_line(v_record.ename)；
7        dbms_output.put_line(v_record.sal)；
8     end；
9     /
```

使用 TYPE％和％ROWTYPE 这两种方法定义常量和变量不仅可以简化变量类型的定义，还可以减少程序的维护工作。所以，在 PL/SQL 程序编写中经常使用这两种方式定义常量和变量。

5. 替换变量与绑定变量

PS/SQL 没有输入和输出能力，因此需要借助于 DBMS_OUTPUT 包和非 PL/SQL 变量实现数据的输入和输出。非 PL/SQL 变量包括两种类型：一种是替换变量；另一种是绑定变量。下面分别进行介绍。

（1）替换变量

替换变量完成的只是一个代码替换操作。因此，替换变量没有类型，用户输入的所有数据都被当作一个字符串。用户要确保替换后的 SQL 或者 PL/SQL 语句的语法、语义是正确的。替换变量不必事先定义，也可以事先在 SQL Plus 中使用 DEFINE 定义。在 PL/SQL 中通过使用"&"前缀引用替换变量来获取输入数据。

（2）绑定变量

在 SQL Plus 中使用 VARIABLE 定义绑定变量，使用 PRINT 语句输出绑定变量的值。用户可利用绑定变量将 PL/SQL 运算的结果返回到 SQL Plus 等主机环境中。

在 PL/SQL 程序块中使用绑定变量的引用方法如下：

```
:绑定变量名
```

SQL Plus 环境变量 VERIFY 用于设定是否显示替换后的语句行，以便用户验证替换的结果是否正确。

【例 11-10】 使用替换变量和绑定变量。

```
SQL> set serveroutput on
SQL> set verify on
SQL> define p_eno = 7064                      --定义替换变量
SQL> variable g_sal number                    --定义绑定变量
SQL> declare
2      v_ename emp.ename % type;              --定义局部变量
3    begin
4      select ename,sal into v_ename,:g_sal  --为绑定变量赋值
5      from emp
6      where eno = '&p_eno';                  --替换变量被替换掉
7      dbms_output.put_line(v_ename);
8    end;
9    /
SQL> print g_sal                              --输出绑定变量的值
```

在本例中,定义并使用了 3 个变量:替换变量 p_eno、绑定变量 g_sal 和局部变量 v_ename。

6. 在编写 PL/SQL 程序时应遵循的基本原则

- 使用注释文档化代码。
- 遵循代码字符大小写规范。
- 遵循命名规范。
- 使用缩进来增强程序的可读性。
- 适当换行,分行书写语句。

11.1.3　PL/SQL 的程序形式和调试环境

1. PL/SQL 的程序形式

PL/SQL 程序块可组成不同的程序形式,它们的适用性各不相同,大致有以下几种形式。

(1)程序块

没有命名的 PL/SQL 程序块可以是一组函数、变量、常量和游标等 PL/SQL 程序设计元素的组合,也可以是嵌入某一应用程序之中的一个程序块。程序块在所有 PL/SQL 环境下都适用。

(2)存储过程

存储过程是命名的 PL/SQL 程序块,可以设置输入参数和输出参数,也可以重复地被调用。

(3)函数

函数也是命名的 PL/SQL 程序块,可以设置输入参数,但是必须有返回值,可重复地被调用。

(4)包

包是命名的 PL/SQL 程序块,由一组相关的函数、过程和标识符组成。包作为一个完整的单元存储在数据库中,用名称来标识包。

(5)触发器

触发器是与数据库中的表相关的 PL/SQL 程序块,可以自动地被触发。

2. PL/SQL 的调试环境

可以在 SQL Plus 或者 SQL Developer 中的 Procedure Builder 环境中调试和运行 PL/SQL 程序。

SQL Plus 是运行 PL/SQL 的最基本环境之一,它具有自动识别 PL/SQL 程序块和 SQL 语句的能力。在 SQL Plus 里,对于 PL/SQL 程序块,只有输入"/"才能将程序块的内容提交给数据库执行,而单个 SQL 语句使用";"或"/"就将程序块的内容自动提交给数据库。

11.2　PL/SQL 支持的 SQL 语句

PL/SQL 支持大部分 SQL 语句的应用,主要包括 DML 和 DCL 语句的应用。DDL 语句在 PL/SQL 中是不被直接支持的,也就是说直接在 PL/SQL 中使用 DDL 语句是不允许的,但是可以利用其他方式将 DDL 语句应用到 PL/SQL 中。

11.2.1　SELECT 语句

在 PL/SQL 程序块中使用 SELECT 语句,可以将查询出的数据传递到变量中。当在 PL/SQL块中使用 SELECT 语句时,必须带有 INTO 子句。

SELECT INTO 的语法格式如下:

```
SELECT [DISTINCT| ALL] select_list
INTO variable_list | record
FROM table_name | view_name | subquery
[WHERE search_condition];
```

11.2.1 节

说明:

- select_list 为指定查询列。
- variable_list 为接收指定查询列的标量变量名。
- record 为接收指定查询列的记录变量名。
- subquery 为向 SELECT INTO 语句提供值或值集的 SELECT 语句。

在一般情况下,要求 SELECT 语句仅返回一条记录,否则 INTO 子句将出错(INTO 后的变量保存不了那么多行的值),会引起系统的预定义异常 TOO_MANY_ROWS 发生。

11.2.2　INSERT、UPDATE、DELETE 语句

在 PL/SQL 程序块中也可以使用 INSERT、UPDATE、DELETE 语句更新数据库中的数据。这些语句在 PL/SQL 程序中使用的格式与 Oracle 数据库支持的 SQL 格式相同,同样也支持使用子查询。在使用子查询时,需要注意的是 INSERT、UPDATE、DELETE 中列出的字段的数据类型和个数要与子查询中字段的数据类型和个数一致。

【例 11-11】　使用 PL/SQL 程序块向部门表 dept 中插入数据。

```
SQL > declare
2      v_dno number;
3      v_dname varchar2(20);
4      v_loc varchar2(20);
5    begin
6      v_dno : = 40;
```

```
7        v_dname := 'Operations';
8        v_loc := 'Boston';
9        insert into dept (dno,dname,loc) values (v_dno,v_dname,v_loc);
10   end;
11   /
```

【例 11-12】 在 PL/SQL 程序块中使用子查询的方式修改员工表 emp 中的数据。

```
SQL > declare
2        v_dname varchar2(20);
3        v_ename varchar2(20);
4    begin
5        v_dname := 'Operations';
6        v_ename := 'Tom';
7        update emp set dno = (select dno from dept where dname = v_dname)
8        where eno = (select eno from emp where ename = v_ename);
9    end;
10   /
```

【例 11-13】 在 PL/SQL 程序块中使用子查询删除员工表 emp 中的数据。

```
SQL > declare
2        v_dname varchar2(20);
3    begin
4        v_dname := 'Operations';
5        delete from emp
6        where dno = (select dno from dept where dname = v_dname);
7    end;
8    /
```

11.3 PL/SQL 的流程控制语句

流程控制语句

PL/SQL 对 SQL 最重要的扩展是提供了流程控制语句。和其他计算机语言一样，PL/SQL 的流程控制语句包括以下 3 类。

- 条件语句:IF 语句、CASE 语句。
- 循环控制语句:LOOP 语句、WHILE 语句、FOR 语句。
- 跳转控制语句:GOTO 语句、EXIT 语句、NULL 语句。

PL/SQL 程序块主要是通过条件语句和循环控制语句来控制和改变程序执行的逻辑顺序,从而实现复杂的运算和控制功能。下面将对这些语句分别进行介绍。

11.3.1 条件语句

条件语句是程序设计中最重要的控制结构之一,它据条件的真或假来执行不同的程序段。PL/SQL 提供了 IF 语句和 CASE 语句来实现条件选择。

1. IF 语句

IF 可以分为 3 种格式。

（1）IF-THEN 格式

```
IF 条件 THEN
  语句序列;
END IF;
```

（2）IF-THEN-ELSE 格式

```
IF 条件 THEN
  语句序列 1;
ELSE
  语句序列 2;
END IF;
```

（3）IF-THEN-ELSIF 格式

```
IF 条件 1 THEN
  语句序列 1;
ELSIF 条件 2 THEN
  语句序列 2;
ELSE
  语句序列 3;
END IF;
```

注意：在书写 IF 语句中的"ELSIF"时，不能写成"ELSEIF"。

2. CASE 语句

当条件选择分支较多时，CASE 语句有更好的可读性。

CASE 语句的格式如下：

```
CASE 表达式
  WHEN 表达式 1 THEN 语句 1;
  WHEN 表达式 2 THEN 语句 2;
  ...
  ELSE 语句 x;
END CASE;
```

【例 11-14】 IF 语句的例子。

```
SQL> set serveroutput on
SQL> declare
2     v_a number := 1;
3     v_b number := 5;
4   begin
5     if v_a > v_b then
6       dbms_output.put_line('v_a 比 v_b 的值大');
7     else
8       dbms_output.put_line('v_a 比 v_b 的值小');
9     end if;
10   end;
11   /
```

【例 11-15】 CASE 语句的例子。

```
SQL > set serveroutput on
SQL > declare
2      v_sal number(6,2);
3    begin
4      select avg(sal) into v_sal from emp where dno = 10;
5      case
6        when v_sal < 3000 then dbms_output.put_line('工资低');
7        when v_sal between 3000 and 8000 then dbms_output.put_line('工资还行');
8        when v_sal > 8000 then dbms_output.put_line('工资高');
9      end case;
10   end;
11   /
```

11.3.2 循环控制语句

为了执行有规律的重复操作,PL/SQL 提供了格式较为丰富的循环语句来完成循环控制,以适应不同的应用场合。用户可以使用 LOOP 语句、WHILE 语句和 FOR 语句来实现循环控制。

1. LOOP 语句

LOOP 语句是最简单的循环语句,其语法格式如下:

```
LOOP
   语句序列;
   EXIT WHEN 布尔表达式;
END LOOP;
```

说明:LOOP 语句中退出循环的条件是利用 EXIT 语句在 WHEN 当中给出的布尔表达式。如果没有选择 EXIT 语句,则进入死循环。

2. WHILE 语句

WHILE 循环是在 LOOP 循环的基础上增加循环条件,也就是说,只有满足 WHILE 条件才会执行循环体的内容。WHILE 循环的语法格式如下:

```
WHILE 条件 LOOP
   语句序列;
END LOOP;
```

说明:当条件为 TRUE 时,执行循环体;当条件为 FALSE 或 NULL 时,则退出循环,并执行 END LOOP 后的语句。

3. FOR 语句

FOR 循环是在 LOOP 循环的基础上添加循环次数。FOR 循环的语法格式如下:

```
FOR 循环变量 IN [REVERSE] 下界 .. 上界 LOOP
   语句序列;
END LOOP;
```

说明:

① 循环变量不需要事先定义,该变量的作用域仅限于循环内部。

② 每循环一次,循环变量自动加 1。若使用关键字 REVERSE,则循环变量自动减 1。跟在 IN[REVERSE]后面的数字必须是从小到大的顺序,而且必须是整数,不能是变量或表

达式。

③ 可以使用 EXIT 退出循环。

以下 3 个例子的功能是一样的,都是实现循环输出数值 1～5 的功能。用户可根据这 3 种方式在使用上的不同之处从而判断使用哪种方式比较简便。

【例 11-16】　使用 LOOP 语句输出数值 1～5。

```
SQL> set serveroutput on
SQL> declare
2      i number := 1;
3    begin
4      loop
5        dbms_output.put_line(i);
6        i := i + 1;
7        exit when i > 5;
8      end loop;
9    end;
10   /
```

【例 11-17】　使用 WHILE 语句输出数值 1～5。

```
SQL> set serveroutput on
SQL> declare
2      i number := 1;
3    begin
4      while i <= 5
5      loop
6        dbms_output.put_line(i);
7        i := i + 1;
8      end loop;
9    end;
10   /
```

【例 11-18】　使用 FOR 语句输出数值 1～5。

```
SQL> set serveroutput on
SQL> begin
2      for i in 1..5
3      loop
4        dbms_output.put_line(i);
5      end loop;
6    end;
7    /
```

由于 FOR 循环中的循环变量是由循环语句自动定义并赋值的,而且循环变量的值在循环过程中会自动递增或递减,所以在使用 FOR 语句时,不需要使用 DECLARE 语句定义循环变量,也不需要在循环体中编写语句去控制循环变量的值。

11.3.3　跳转控制语句

PL/SQL 提供了 EXIT 语句和 GOTO 语句实现程序执行的跳转。

1. EXIT 语句

EXIT 语句用于退出当前循环,结束当前循环语句的执行。EXIT 语句有两种格式。

① 第一种格式:

```
IF condition THEN
    EXIT;
END IF;
```

② 第二种格式:

```
EXIT [WHEN condition];
```

2. GOTO 语句

PL/SQL 中使用 GOTO 语句无条件地转向指定标号的语句去执行程序块。使用 GOTO 语句能有效地提高编程效率。但考虑到结构化程序设计的需要,应尽量避免使用 GOTO 语句。

3. NULL 语句

NULL 语句不做任何操作,只是将控制转移到下一条语句。当某个地方必须要有语句,而又无须执行什么操作时,NULL 语句很有用。

11.4　游　　标

当 SELECT INTO 语句在 PL/SQL 程序块里执行时,查询的结果集中只能包含一条记录。若查询出来的数据多于一行,则执行出错。那么,在实际应用中若的确需要 SELECT 语句返回多条记录进行处理的时候,该怎么办呢? SQL 提供了游标(Cursor)机制来解决这个问题。游标是指向查询结果集的一个指针,通过游标可以将查询结果集的记录逐一读取出来,并可以在 PL/SQL 程序块中进行处理。

在数据库中,游标是一个十分重要的概念。游标提供了一种灵活的手段,可以对表中检索出的数据进行操作。就本质而言,游标实际上是一种能从包括多条数据记录的结果集中每次提取一条记录的机制。游标由结果集和结果集中指向特定记录的游标位置组成,游标充当了指针的作用。游标的结果集由 SELECT 语句产生,如果处理过程需要重复使用一个记录集,那么可以在创建一个游标后重复使用它若干次,比重复查询数据库要快得多。需要注意的是,尽管游标能够遍历查询结果中的所有行,但它一次只能指向一行数据。

游标有两种类型:隐式游标和显式游标。隐式游标是由系统自动创建并管理的游标,PL/SQL 会为所有的 SQL 数据操作声明一个隐式游标。用户可以访问隐式游标的属性。如果用户想在程序中处理查询结果集中的数据,可以通过创建显式游标来获取数据并做进一步处理。

11.4.1　显式游标

Oracle 数据库的显式游标可以用来逐行获取 SELECT 语句中返回的多条数据。它的使用过程主要有以下 4 个步骤。

显式游标

① 声明游标:指定游标所对应的 SELECT 语句。

② 打开游标:执行游标对应的查询,建立结果数据集,指针指向第一条数据记录。

③ 使用游标读取记录:提取游标指针指向的当前记录数据到接收变量中,指针后移一条记录。

④ 关闭游标:当最后一条记录处理完成后应关闭游标,释放已经建立的 SQL 工作区。

下面对上述步骤逐一进行介绍。

1. 声明游标

在使用游标之前,必须先在程序块的声明部分对游标进行声明。声明游标是定义一个游标名称来对应一条查询语句,从而利用该游标对此查询语句返回的结果集进行操作。

声明游标的语法格式如下:

```
CURSOR cursor[(形式参数表)]
IS SELECT 子句
[FOR UPDATE [ OF column [,...] ] [NOWAIT]];
```

说明:

① 形式参数表是可选的,如果没有参数,参数的括号也应一并省略掉。

② FOR UPDATE 用于锁定游标结果集取出的记录。通常与 UPDATE 或 DELETE 语句联合使用以实现对表中数据的修改。

③ 如果表中数据行被用户锁定,那么其他用户的 FOR UPDATE 操作将会一直等到用户释放这些数据行的锁定后才会执行。而使用了 NOWAIT 关键字后,其他用户在使用 OPEN 语句打开游标时会报错。

2. 打开游标

在使用声明过的游标之前,必须先打开游标。只有打开游标后,Oracle 数据库才会执行游标里所指定的 SELECT 语句。

打开游标的语法格式如下:

```
OPEN cursor[(形式参数值表)];
```

说明:应该按声明游标时的参数顺序为参数赋值。

3. 使用游标读取记录

游标打开后,可以使用 FETCH 语句获取游标指针当前指向的查询结果集中的记录。FETCH 语句执行后,游标的指针自动向下移动,指向下一条记录。因此,如果要处理查询结果集中的所有记录,则需要多次执行 FETCH 语句,这时可采用循环控制语句(LOOP、FOR)来实现。

FETCH 语句的语法格式如下:

```
FETCH cursor INTO 变量名表;
```

说明:变量名表中的变量个数、顺序和数据类型要与查询结果集中的结构保持一致。

4. 关闭游标

游标使用完后应关闭游标以释放游标中的 SELECT 语句的查询结果所占用的系统资源。

关闭游标的语法格式如下:

```
CLOSE cursor;
```

游标关闭后不可再访问。若对关闭的游标进行访问则会返回 INVALID_CURSOR 错误。关闭的游标可以使用 OPEN 语句再次打开,由此得到新状态的查询结果集。

【例 11-19】 声明一个不带参数的游标并使用它。

```
SQL > declare
2       v_emp emp % rowtype;
```

```
3      cursor emp_cursor is select * from emp where dno = 10;
4    begin
5      open emp_cursor;
6      loop
7        fetch emp_cursor into v_emp;
8        exit when emp_cursor % notfound;
9        dbms_output.put_line(v_emp.eno ‖ ' ' ‖ v_emp.ename);
10     end loop;
11     close emp_cursor;
12    end;
13    /
```

【例 11-20】 声明一个带参数的游标并使用它。

```
SQL > declare
2      v_eno emp.eno % type;
3      v_ename varchar2(20);
4      cursor cursor_emp(v_dno number) is select eno,ename from emp where dno = v_dno;
5    begin
6      open cursor_emp(10);
7      loop
8        fetch cursor_emp into v_eno,v_ename;
9        exit when cursor_emp % notfound;
10       dbms_output.put_line(v_eno ‖ ' ' ‖ v_ename);
11     end loop;
12     close cursor_emp;
13    end;
14    /
```

上述例子中均用到了游标的一个属性——％NOTFOUND 属性,该属性用于确定游标的当前状态。游标还有其他的一些属性,这些属性将在 11.4.2 节进行介绍。

11.4.2 游标的属性

在游标的使用过程中,可以使用游标的 4 个属性以确定游标的当前状态和总体状态。

1. ％FOUND 属性

该属性返回布尔型,用于判断游标是否可以从结果集中提取到记录。如果可以就返回 TRUE,否则就返回 FALSE。

2. ％NOTFOUND 属性

该属性与％FOUND 属性相反。如果可以提取到记录,就返回 FALSE,否则就返回 TRUE。

3. ％ISOPEN 属性

该属性返回布尔型,用于判断指定的游标是否已经打开。如果游标已打开,就返回 TRUE,否则就返回 FALSE。

4. ％ROWCOUNT 属性

该属性返回数值型,取值为从查询结果集中已经提取到的记录数,可用该属性控制要处理的记录数。

在使用游标的属性时,应注意以下几点。

① 游标的属性只能用于 IF、EXIT 等语句,不能直接在 SQL 语句中使用。

② 游标属性的引用方法是将属性直接写在游标名的后面,如下列格式:

游标名 % 属性

前面提到过,用户定义的游标为显式游标。对于在 Oracle 数据库中执行的 SQL 语句, Oracle 数据库会隐式创建并打开一个游标。隐式游标也具有与显示游标一样的 4 个属性,不过在其内部状态变化和用法上与显示游标有些差别。由于隐式游标未被明确定义,没有名称来标识它,因此 Oracle 数据库统一用"SQL"作为隐式游标的名称,它对应的是最近执行完成的 SQL 语句(不仅仅是 SELECT 语句)。

例如,下面的代码段中第一行的 update 语句将产生一个隐式游标,该隐式游标对应于它要修改的记录。IF 语句判断是否有满足条件的被修改记录,如果没有,则在员工表 emp 中插入一条新记录。

```
update emp set sal = sal * 1.05 where eno = v_eno;
if sql % notfound then
insert into emp values (v_eno,v_ename,...);
end if;
```

【例 11-21】 使用游标的属性。

```
SQL > declare
2      v_emp emp % rowtype;
3      cursor emp_cursor is select * from emp where dno = 10;
4   begin
5      open emp_cursor;
6      loop
7        fetch emp_cursor into v_emp;
8        exit when emp_cursor % notfound;
9        dbms_output.put_line(v_emp.eno ‖ ' ' ‖ v_emp.ename);
13       close emp_cursor;
10     end loop;
11     dbms_output.put_line(emp_cursor % rowcount);
12     if emp_cursor % isopen then
13       close emp_cursor;
14     end if;
15   end;
16   /
```

11.4.3 用于游标的循环

当游标的查询语句返回的是一个结果集时,需要在 PL/SQL 程序块中循环读取游标中的记录。每循环一次,读取一条记录。

1. LOOP 循环

LOOP 可以实现简单的游标循环,在循环体内使用 EXIT 退出循环。其语法格式如下:

```
LOOP
  ...
```

```
        EXIT cursor % NOTFOUND;
    END LOOP;
```

2. FOR 循环

使用 FOR 语句也可以实现游标的循环,其语法格式如下:

```
FOR 记录型变量名 IN cursor LOOP
    ...
END LOOP;
```

和其他循环语句相比,FOR 循环更能方便地控制游标的循环过程,主要体现在以下几点。

① FOR 循环中的循环控制变量不需要事先定义,但该变量类型为记录型,访问时要用"记录型变量名.域名"的方式访问。

② 不需要用户手动打开和关闭游标。在游标的 FOR 循环开始时,系统能够自动打开游标;在 FOR 循环结束后,系统能够自动关闭游标,不需要用户手工操作。

③ FOR 循环体内,系统能够自动执行 FETCH 语句。每循环一次,系统就自动执行一次 FETCH,将游标指向的当前记录存入循环控制变量中。

【例 11-22】 使用 FOR 循环实现例 11-19 的功能。

```
SQL > declare
2        cursor emp_cursor is select * from emp where dno = 10;
3    begin
4      for v_emp in emp_cursor
5      loop
6        dbms_output.put_line(v_emp.eno ‖ ' ' ‖ v_emp.ename);
7      end loop;
8    end;
9    /
```

本例中的记录型变量 v_emp 是系统隐式定义的。显然,使用 FOR 循环可以简化游标的循环操作,而且编写的代码量也相对少一些。

11.4.4 使用游标更新数据

使用游标还可以更新表中的数据,其更新操作针对的是当前游标所定位的数据行。如果要通过游标修改或删除数据,在定义游标时必须带有 FOR UPDATE 子句,然后在 UPDATE 或 DELETE 语句中使用 WHERE CURRENT OF 子句,就可以更新游标结果集中当前行对应的数据了。

在 UPDATE 语句中可以使用游标来限定要修改的记录,其语法格式如下:

```
UPDATE table SET column = sql_expression
WHERE CURRENT OF cursor;
```

在 DELETE 语句中可以使用游标来限定要删除的记录,其语法格式如下:

```
DELETE FROM table
WHERE CURRENT OF cursor;
```

【例 11-23】 使用显式游标修改员工表 emp 中的记录。

```
SQL > declare
2        cursor emp_cursor is select * from emp for update;
3    begin
```

```
4      for v_emp in emp_cursor
5      loop
6        if v_emp. eno = 7064 then
7          update emp set sal = sal + 500 where current of emp_cursor;
8        end if;
9      end loop;
10     commit;
11   end;
12   /
```

【例 11-24】 使用显式游标删除员工表 emp 中的记录。

```
SQL > declare
2      cursor emp_cursor is select * from emp for update;
3    begin
4      for v_emp in emp_cursor
5      loop
6        if v_emp. eno = 7064 then
7          delete from emp where current of emp_cursor;
8        end if;
9      end loop;
10     commit;
11   end;
12   /
```

11.5 异 常

编写的程序在运行时可能会出现一些错误或警告,称之为异常(Exception)。出现了异常,如果不及时进行处理,不仅会终止程序的执行,还会出现一些不太友好的代码错误提示。好的程序设计应当能够捕获各种异常并将其交由程序进行相关的处理。PL/SQL 提供了异常处理的机制以应对程序运行过程中出现的错误。

11.5.1 异常处理

在运行 PL/SQL 程序时,如果出现程序异常却没有对该异常进行处理,整个程序将会终止运行。为了使程序能够正常地运行,即使遇到异常也能进行合理的处理,就需要用户对可能引发异常的部分进行异常处理。

处理异常一般使用 EXCEPTION 语句进行操作,其语法格式如下:

```
EXCEPTION
  WHEN exception1 [OR exception2 ...] THEN statement1;
  [WHEN exception3 [OR exception4 ...] THEN statement2;]
  [WHEN OTHERS THEN statement3;]
```

异常

说明:WHEN OTHERS THEN 语句是针对除上述列举的异常之外的其他异常情况进行处理,与 IF 语句的 ELSE 作用相同,是当上述列举的情况都不满足的时候所执行的程序块。

根据异常的定义方式,可将异常分为两类。

- 系统异常。系统异常可分为系统预定义异常和非预定义异常。
- 用户自定义异常。

11.5.2 系统异常

1. 系统预定义异常

系统预定义异常是 Oracle 数据库系统根据发生的错误事先定义好的异常,如被 0 整除或没有数据返回等。Oracle 数据库为这些异常设置了相应的错误编号和异常名称,用户无须进行声明。当这一类的异常发生时,Oracle 数据库会自动捕获它们,用户只需进行后续的异常处理即可。

常见的系统预定义异常如表 11-1 所示,最常见的预定义异常包括 DUP_VAL_ON_INDEX、INVALID_NUMBER、NO_DATA_FOUND、TOO_MANY_ROWS、ZERO_DIVIDE、VALUE_ERROR 等。

表 11-1 常见的系统预定义异常

系统预定义异常	Oracle Server 错误号	错误说明
CASE_NOT_FOUND	ORA-06592	对 CASE 表达式值没有进行相对应 WHEN 匹配并且也没有设置 ELSE
CURSOR_ALREADY_OPEN	ORA-06511	打开已经打开的游标
DUP_VAL_ON_INDEX	ORA-00001	重复插入唯一索引列的值
INVALID_CURSOR	ORA-01001	不合法的游标操作
INVALID_NUMBER	ORA-01722	不能将字符转换为数字
NO_DATA_FOUND	ORA-01403	SELECT INTO 语句未返回行
NOT_LOGGED_ON	ORA-01012	PL/SQL 应用程序在没有连接 Oracle 数据库的情况下发出数据库调用
PROGRAM_ERROR	ORA-06501	PL/SQL 发生内部错误
STORAGE_ERROR	ORA-06500	PL/SQL 运行时超过内存空间或发生内存错误
TOO_MANY_ROWS	ORA-01422	SELECT INTO 语句的结果超过一行
VALUE_ERROR	ORA-06502	算术、转换、截尾或数据宽度不足等与值相关的错误
ZERO_DIVIDE	ORA-01476	除数为 0

Oracle 数据库还提供了两个异常处理函数 SQLCODE 和 SQLERRM。

- SQLCODE:用于获取 Oracle 数据库的错误号。
- SQLERRM:用于获取与错误号对应的相关错误消息。

这两个异常处理函数返回的是 Oracle 数据库系统预定义的错误代码和消息文本,而不是返回用户自定义的消息。

【例 11-25】 系统预定义异常的捕获和处理。

```
SQL> set serveroutput on
SQL> declare
2      v_ename varchar2(10);
3    begin
4      select ename into v_ename from emp where eno = 7777;
```

```
5        dbms_output.put_line(v_ename);
6      exception
7        when no_data_found then
8          dbms_output.put_line('no data found error');
9        when too_many_rows then
10         dbms_output.put_line('too many rows error');
11       when others then
12         dbms_output.put_line('error no:' ‖ sqlcode);
13         dbms_output.put_line(sqlerrm);
14    end;
15    /
```

从上述语句可以看出,通过对预定义异常进行处理,能够让异常的错误提示信息更加友好,更便于开发人员准确地查找产生异常的原因。

2. 非预定义异常

系统的非预定义异常是指 Oracle 数据库只定义了错误编号但没有为其定义名称的异常。用户在使用这类异常时,必须先为它声明一个异常名称,然后通过伪过程(PRAGMA_EXCEPTION_INIT)将异常名称与错误编号关联起来,这样就可以在 EXCEPTION 中处理非预定义异常了。非预定义异常的处理过程如图 11-2 所示。

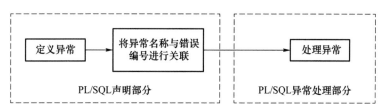

图 11-2 非预定义异常的处理过程

因此,在 PL/SQL 程序块中使用非预定义异常的步骤如下。

① 声明一个异常类型变量,其语法格式如下:

异常类型变量名 EXCEPTION;

② 将异常类型变量与 Oracle Server 错误号进行关联,其语法格式如下:

PRAGMA EXCEPTION_INIT(异常类型变量名,Oracle Server 错误号);

说明:Oracle 数据库提供了各类异常错误信息,每个异常错误都有一个编号,如 ORA-02292、PLS-00201 等。ORA 代表的是 Oracle Server 返回的错误,PLS 代表是 PL/SQL 返回的错误。2292 和 201 代表错误号,其中 2292 错误编号的含义是违反了完整性约束。

③ 在异常处理部分引用异常类型变量名捕获并处理该异常。

【例 11-26】 系统非预定义异常的捕获和处理。

```
SQL> set serveroutput on
SQL> declare
2      v_dno number : = 10;
3      e_dno exception;
4      pragma exception_init(e_dno,-2292);
5    begin
6      delete from dept where dno = v_dno;
```

```
7      exception
8        when e_dno then
9          dbms_output.put_line('违反了完整性约束');
10       when others then
11         dbms_output.put_line(sqlcode || '---' || sqlerrm);
12     end;
13     /
```

在本例中,由于员工表 emp 中有数据的 dno 引用了部门表 dept 的 dno,因此在删除部门表 dept 中的数据时产生了异常,于是使用 EXCEPTION 语句捕获该异常,输出异常提示信息。

11.5.3 用户自定义异常

为了更方便灵活地处理应用系统业务逻辑的需求,Oracle 数据库允许用户自定义异常并主动引发它。可见,用户自定义异常是显式引发的。

在 PL/SQL 程序块中使用用户自定义异常的步骤如下。

① 声明一个异常类型变量。

② 在 PL/SQL 程序块的执行部分将该异常引发,其语法格式如下:

RAISE 异常类型变量名;

说明:使用 RAISE 语句引发一个异常,使程序转入异常处理程序执行,由此可执行用户安排的特定程序。

③ 在异常处理部分引用异常类型变量名捕获并处理该异常。

【例 11-27】 用户自定义异常的捕获和处理。

```
SQL > set serveroutput on
SQL > declare
2      v_a number : = 0;
3      v_b number;
4      e exception;
5    begin
6      if v_a = 0 then
7        raise e;
8      end if;
9      v_b : = 10 / v_a;
10     exception
11       when e then
12         dbms_output.put_line('v_a is 0');
13       when others then
14         dbms_output.put_line('unknown error');
15     end;
16     /
```

11.6 存 储 过 程

无名的 PL/SQL 程序块不能保存在 Oracle 数据库内部,这样既不方便也不安全。为此,Oracle 数据库提供了支持命名块的功能。这些命名块可作为数据库对象存储在数据库内部,包括存储过程、函数、触发器等。

存储过程(Stored Procedure)是一种命名的 PL/SQL 程序块,它可以接受 0 个或多个输入、输出参数。如果在应用程序中经常需要执行某些特定的操作,那么就可以基于这些操作编写一个特定的存储过程,存储过程经过编译后存储在数据库中。这样做不仅可以简化客户端应用程序的开发和维护过程,还可以提高应用程序的运行性能。因此,执行存储过程要比执行 SQL 语句更有效率。

11.6.1　创建存储过程

创建存储的语法格式如下:

```
CREATE [OR REPLACE] PROCEDURE procedure
[(argument [ {IN | OUT | IN OUT } ] datatype,... )]
{ IS | AS }
   说明部分;
BEGIN
   执行部分;
EXCEPTION
   例外处理部分;
END [procedure_name];
```

说明:

① OR REPLACE 表示如果存储过程已经存在,则重建该存储过程。

② argument 表示为存储过程定义的参数,包括参数名称、参数模式、数据类型。为参数指定类型时不能指定长度。

③ IN | OUT | IN OUT 表示参数的 3 种模式。其中:IN 表示该输入参数向存储过程内传递数据;OUT 表示该输出参数从存储过程内返回数据;IN OUT 表示该参数既可以当作输入参数又可以当作输出参数。若忽略参数模式,则默认为输入参数 IN。

【例 11-28】　创建无参数的存储过程。

```
SQL> set serveroutput on
SQL> create or replace procedure disp_hello
2     is
3     begin
4        dbms_output.put_line('Hello,Oracle');
5     end;
6     /
```

【例 11-29】　创建带 IN 参数的存储过程。

```
SQL> set serveroutput on
SQL> create or replace procedure update_dname
2     (v_dno in number,v_dname in varchar2)
3     is
4     begin
5        update dept set dname = v_dname where dno = v_dno;
6     end;
7     /
```

【例 11-30】　创建带 IN 参数和 OUT 参数的存储过程。

```
SQL> set serveroutput on
SQL> create or replace procedure select_dname
2    (v_dno in number,v_dname out dept.dname%type)
3    is
4    begin
5      select dname into v_dname from dept where dno = v_dno;
6      exception
7        when no_data_found then
8          dbms_output.put_line('No this department.');
9    end;
10   /
```

【例 11-31】 创建带 IN OUT 参数的存储过程。

```
SQL> set serveroutput on
SQL> create or replace procedure changeValue
2    (a in out number,b in out number)
3    is
4      c number;
5    begin
6      c := a;
7      a := b;
8      b := c;
9    end;
10   /
```

在创建存储过程时,如果发生编译错误,可使用 SQL Plus 命令的 SHOW ERRORS 查看错误的具体情况。

SHOW ERRORS 命令的语法格式如下:

```
show errors
```

11.6.2 调用存储过程

存储过程建立后经编译存储在数据库中。要想执行存储过程必须通过用户调用该过程,如同函数调用一样。

在 SQL Plus 环境中调用存储过程有 3 种方式。

- 使用 EXECUTE(EXEC)命令调用。
- 使用 CALL 命令调用。
- 在无名程序块中以存储过程名调用。

【例 11-32】 采用上述 3 种方式调用例 11-28 创建的存储过程。

```
--使用 EXECUTE 命令
SQL> execute disp_hello;
```

或者

```
SQL> execute disp_hello( );
--使用 CALL 命令
SQL> call disp_hello( );
```

```
--在无名程序块中以存储过程名调用
SQL> begin
2      disp_hello;  --或者 disp_hello( );
3    end;
4    /
```

对于有带 IN 参数的存储过程,在调用时需要为存储过程的输入参数赋值才可以执行。赋值的形式有 3 种。

（1）按参数名称传递

在调用存储过程的参数列表中包括参数名和参数值,其表达形式为"形参变量＝＞实参值"。使用这种方式无须考虑参数的顺序。

（2）按参数位置传递

调用存储过程的参数列表是按照形参定义的顺序从左至右列出的。使用这种方式需考虑参数个数、类型和顺序。

（3）混合传递

调用存储过程的参数列表既包括按参数名称传递的参数又包括按参数位置传递的参数。使用这种方式必须将按参数位置传递的参数写在参数列表的左边,将按参数名称传递的参数写在右边。

【例 11-33】 采用输入参数赋值的 3 种方式调用例 11-29 创建的存储过程。

```
SQL> exec update_dname(v_dname = >'Chicago',v_dno = > 10);    --按名称传递
```

或者

```
SQL> exec update_dname(v_dno = > 10,v_dname = >'Chicago');    --按名称传递
SQL> exec update_dname(10,'Chicago');                         --按位置传递
SQL> exec update_dname(10,v_dname = >'Chicago');              --混合传递
```

对于有带 OUT 参数的存储过程,在调用时需要事先定义好绑定变量来接收 OUT 参数输出的值,并进行输出。

【例 11-34】 用绑定变量接收例 11-30 创建的存储过程的输出参数值并进行打印输出。

```
SQL> variable var_dname varchar2(20);
SQL> exec select_dname (10,:var_dname);
SQL> print var_dname;
```

11.6.3　管理存储过程

存储过程创建后,用户可对其进行管理,包括查看存储过程、删除存储过程等操作。

1. 查看存储过程

用户可通过数据字典 USER_SOURCE、ALL_SOURCE、USER_ERRORS 查看定义的存储过程信息。

【例 11-35】 查看当前用户定义的存储过程 select_dname 的信息。

```
SQL> select name,type,line,text
2      from user_source
3      where name ='SELECT_DNAME';    --数据字典中的数据对象名都以大写方式存储
```

2. 删除存储过程

删除存储过程的时候需要用户具有 DROP PROCEDURE 系统权限,其语法格式如下:

```
DROP PROCEDURE procedure;
```

【**例 11-36**】 删除存储过程 select_dname。

SQL > drop procedure select_dname;

11.7 函 数

如果在应用程序中经常需要通过执行 SQL 语句返回特定的数据,那么就可以基于这些操作创建一个特定的函数。函数与存储过程相似,它也是由 PL/SQL 语句编写而成的,可以输入参数,也可以向用户输出返回值。函数与存储过程相比最大的区别在于函数必须有返回值,而存储过程可以没有返回值。

11.7.1 创建函数

创建函数的语法格式如下:

函数

```
CREATE [ OR REPLACE ] FUNCTION function
[(argument [IN] datatype,...)]
RETURN return_type
{ IS | AS }
  说明部分;
BEGIN
  ...
  return 返回值表达式;
  ...
EXCEPTION
  异常处理部分;
END [function_name];
```

说明:创建函数语法中的 RETURN 语句是必需的,并且返回值类型应与函数首部声明的返回值类型一致。在异常处理部分也可使用 RETURN 语句返回函数值。

【**例 11-37**】 创建函数 get_ename,该函数可根据 eno 获取 ename 的值。

```
SQL > set serveroutput on
SQL > create or replace function get_ename(v_eno number)
2     return varchar2
3     as
4       v_ename emp.ename % type;
5     begin
6       select ename into v_ename from emp where eno = v_eno;
7       return v_ename;
8       exception
9         when no_data_found then dbms_output.put_line('no data found');
10        when others then dbms_output.put_line('unknown error');
11    end;
12    /
```

【**例 11-38**】 创建函数 get_divide,该函数用于计算两个数的除数。

```
SQL > set serveroutput on
```

```
SQL> create or replace function get_divide(v_a number,v_b number)
2      return number
3      as
4      begin
5        return (v_a / v_b);
6        exception
7          when zero_divide then dbms_output.put_line('divided by 0');
8          when others then dbms_output.put_line('unknown error');
8          return 0;
9      end;
10     /
```

11.7.2 调用函数

函数具有返回值,因此可以将调用函数作为表达式的一部分来使用,而不能像调用存储过程那样作为一个独立的语句使用。

通常,调用函数有以下 3 种方式。

① 使用 SQL 语句直接调用。利用虚表,将函数作为 SELECT 列表的一项进行调用。其语法格式如下:

```
SELECT function_name FROM DUAL;
```

② 使用绑定变量接收函数的返回值。

③ 使用 DBMS_OUTPUT 调用。

【例 11-39】 采用上述 3 种方式调用例 11-37 创建的函数。

```
--利用虚表在 SQL 语句中直接调用
SQL> select get_ename(7064) from dual;
--使用绑定变量接收函数的返回值
SQL> variable var_ename varchar2(20);
SQL> exec :var_ename := get_ename(7064);
SQL> print var_ename;
--使用 DBMS_OUTPUT 调用
SQL> set serveroutput on
SQL> exec dbms_output.put_line('ename is' || get_ename(7064));
```

【例 11-40】 采用上述 3 种方式调用例 11-38 创建的函数。

```
--利用虚表在 SQL 语句中直接调用
SQL> select get_divide(1,2) from dual;
--使用绑定变量接收函数的返回值
SQL> variable var_divide number;
SQL> exec :var_divide := get_divide(1,2);
SQL> print var_divide;
--使用 DBMS_OUTPUT 调用
SQL> set serveroutput on
SQL> exec dbms_output.put_line('result is' || get_divide(1,2));
```

11.7.3 管理函数

函数创建后,用户可对其进行管理,包括查看函数、删除函数等操作。

1. 查看函数

与存储过程一样,用户可以通过数据字典 USER_SOURCE、ALL_SOURCE、USER_ERRORS 查看定义的函数信息。

【例 11-41】 查看当前用户定义的函数 get_ename 的信息。

```
SQL> select name,type,line,text
2    from user_source
3    where name='GET_ENAME';    --函数名以大写形式存储在数据字典中
```

2. 删除函数

删除函数的语法格式如下:

```
DROP FUNCTION function;
```

【例 11-42】 删除函数 get_ename。

```
SQL> drop function get_ename;
```

11.8 触 发 器

触发器(Trigger)是一种发生数据库事件时会自动执行的 PL/SQL 程序块,它在数据库里以独立的对象存储。触发器的程序结构与存储过程和函数类似,都有声明、执行和异常处理过程的部分。但是触发器与存储过程和函数不同的是,存储过程与函数需要用户显式调用才执行,而触发器是由与表、视图、方案或数据库等相关的事件触发自动运行的,即触发器会当某个事件发生时自动地隐式运行。触发器是一个独立的事务,它被当作一个事务整体执行,在执行过程中如果发生错误,则整个事务会自动回滚。

触发器与表紧密相连,当用户对表或视图的数据进行更新时,触发器会自动执行。在 Oracle 数据库中,触发器还支持对数据库的操作,如数据库的启动与关闭等。因此,用户可以使用触发器来完成由数据库的完整性约束难以完成的复杂业务规则的功能,或者用来监视对数据库进行的各种操作、实现审计等功能。

11.8.1 触发器的类型与组成

1. 触发器的类型

触发器

按照触发事件的不同,可以把触发器分成 DML 触发器、INSTEAD OF 触发器、DDL 触发器和系统触发器。

(1) DML 触发器

DML 触发器由 DML 语句触发,如 INSERT、UPDATE 和 DELETE 语句。

根据触发器触发的时间,可将 DML 触发器分为以下两种。

- BEFORE 触发器:表示该触发器在触发语句执行之前被触发。
- AFTER 触发器:表示该触发器在触发语句执行之后被触发。

按照触发时对 DML 操作影响的记录范围,又可将 DML 触发器分为以下两种。

- 语句级触发器:在创建触发器时未设置 FOR EACH ROW,则表示该触发器是语句级触发器。语句级触发器针对某一条语句触发一次。
- 行级触发器:在创建触发器时设置了 FOR EACH ROW,则表示该触发器是行级触发器。行级触发器是指用户的 DML 语句每操作一行数据,该触发器就执行一次。

例如,某条 UPDATE 语句将修改表中的 10 条记录,那么针对 UPDATE 事件的语句级触发器将触发 1 次,而行级触发器将触发 10 次。

(2) INSTEAD OF 触发器

INSTEAD OF 触发器为替代触发器,用于执行一个替代操作来代替触发事件。也就是说,数据库将只运行触发器操作而不再运行触发语句的操作。例如,针对 INSERT、UPDATE 或 DELETE 事件的触发器,它由 INSERT、UPDATE 或 DELETE 语句触发,当出现 INSERT、UPDATE 或 DELETE 语句时,该语句不会被执行,而是执行 INSTEAD OF 触发器中定义的语句。

这里需要注意的是,INSTEAD OF 触发器只能基于视图创建,而不能基于表创建。

(3) DDL 触发器

DDL 触发器是在数据库中执行 DDL 操作(CREATE、ALTER 和 DROP)时触发的触发器。

根据触发器触发的时间,可将 DDL 触发器分为以下两种。

• BEFORE 触发器,即事前 DDL 触发器。

• AFTER 触发器,即事后 DDL 触发器。

如果按照触发时对数据库影响的范围,又可将 DLL 触发器分为以下两种。

• 数据库级 DDL 触发器:数据库中的任何用户执行了相应的 DDL 操作,该触发器就触发。

• 用户级 DDL 触发器:只有在创建触发器时指定方案的用户执行了相应的 DDL 操作时该触发器才被触发,其他用户执行该 DDL 操作时该触发器不会被触发。

(4) 系统触发器

系统触发器在 Oracle 数据库系统的事件中被触发,如 Oracle 数据库系统的启动与关闭等。

2. 触发器的组成

触发器的结构相对比较复杂,在编写触发器之前应对触发器的组成有所了解。触发器由以下几个部分组成。

(1) 触发事件

触发事件是指引起触发器被触发的事件,如 DML 语句(INSERT、UPDATE、DELETE 语句对表或视图执行数据处理操作)、DDL 语句(CREATE、ALTER、DROP 语句在数据库中创建、修改、删除方案对象)、数据库系统事件(系统启动或退出、异常错误等)、用户事件(登录或退出数据库等)。

(2) 触发时间

触发时间是指该触发器是在触发事件发生之前触发还是在触发事件发生之后触发,也就是触发事件和触发器的执行顺序。

(3) 触发操作

触发操作是指该触发器被触发之后的目的和意图,是触发器本身要做的事情,即触发器中的 PL/SQL 程序块。

(4) 触发对象

触发对象包括表、视图、模式、数据库。只有在这些对象上发生了符合触发条件的触发事件,才会执行触发操作。

（5）触发条件

触发条件是由 WHEN 子句指定的一个逻辑表达式。只有当该表达式的值为 TRUE 时，遇到触发事件才会自动执行触发器，使其执行触发操作。

（6）触发频率

触发频率是指触发器内定义的动作被执行的次数，即语句级触发器或行级触发器。

触发器作为一种特殊的存储过程，它比数据库本身提供的功能有更精细和更复杂的数据控制能力。一般来说，用户可以使用触发器实现下列功能：

- 允许/限制对表的修改；
- 自动生成派生列，如自增字段；
- 强制数据一致性；
- 提供审计和日志记录；
- 防止无效的事务处理；
- 执行复杂的业务逻辑。

11.8.2 创建触发器

创建触发器需要使用 CREATE TRIGGER 语句。由于各种类型的触发器在创建时需要的语法不尽相同，因此本节将分别介绍各类触发器的具体创建方法。

1. 创建 DML 触发器

创建 DML 触发器的语法格式如下：

```
CREATE [OR REPLACE] TRIGGER [schema.]trigger
{BEFORE | AFTER}
{DELETE | INSERT | UPDATE [ OF column1,...]}
ON [schema.]table
[REFERENCING { OLD [AS] old | NEW [AS] new }]
[FOR EACH ROW]
[WHEN (when_condition)]
  pl/sql_block;
```

说明：

① BEFORE | AFTER 用于定义触发器为事前触发器或事后触发器。

② REFERENCING 子句说明相关名称，在行触发器的 PL/SQL 程序块和 WHEN 子句中可以使用相关名称参照当前的新、旧列值，默认的相关名称分别为 OLD 和 NEW。触发器的 PL/SQL 程序块中应用相关名称时，必须在它们之前加冒号（"："），但在 WHEN 子句中则不能加冒号。也就是说，在触发器的主体 PL/SQL 程序块中引用新、旧值行的列时应按照如下格式。

- 新值行的列：

:new.列名

- 旧值行的列：

:old.列名

INSERT 触发器只能使用"：new"，DELETE 触发器只能使用"：old"，而 UPDATE 触发器则两者都可以使用，因为执行 UPDATE 操作时旧的数据行表示为"：old"，新的数据行表示为"：new"。

③ FOR EACH ROW 用于定义触发器为行级触发器,即每操作一条记录就会调用一次触发器。如果没有此子句,则表示触发器为语句级触发器,不管影响多少条记录,触发器只触发一次。

④ WHEN 子句表示触发器被触发的条件。只有触发语句和触发条件都满足,触发器才被触发。

【例 11-43】 为员工表 emp 创建一个触发器,当删除员工表 emp 中的记录时,把被删除记录写到员工表 emp 对应的 emp_his 表(emp_his 表的结构应与员工表 emp 的结构相同)中。

```
SQL> create table emp_his as select * from emp where 1 = 2;      --先创建 emp_his 表
SQL> create or replace trigger trigger_del_emp
2      after delete                                   --事后触发器
3      on emp
4      referencing OLD as old NEW as new
5      for each row                                   --行级触发器
6      begin
7         insert into emp_his(eno,ename,job,mgr,sal,hiredate,dno)
8         values(:old.eno,:old.ename,:old.job,:old.mgr,:old.sal,:old.hiredate,:old.dno);
9      end;
10     /
```

上述语句创建的触发器是事后触发器而且是行级触发器。为判断该触发器是否起作用,可执行下列语句进行验证:

```
SQL> delete from emp where eno = 7064;
SQL> select * from emp_his;
```

【例 11-44】 为员工表 emp 创建一个触发器,当修改员工表 emp 的 dno 字段时,将给出提示信息。

```
SQL> set serveroutput on
SQL> create or replace trigger trigger_dno_emp
2      before update of dno                           --事前触发器
3      on emp
4      begin
5         dbms_output.put_line('正在修改 emp 表的 dno 列');
6      end;
7      /
```

上述语句创建的触发器是事前触发器而且是语句级触发器。为判断该触发器是否起作用,可执行下列语句进行验证:

```
SQL> update emp set dno = 40 where dno = 30;
```

如果员工表 emp 中存在 dno 为 30 的记录,不论存在一条、两条还是多条,该触发器都将在 UPDATE 语句执行之前被触发执行一次。

例如,如果我们要修改一个根本不存在的部门编号,则执行如下语句:

```
SQL> update emp set dno = 11 where dno = 33;
```

上述语句执行后,该触发器依然被触发执行一次,即使员工表 emp 中根本没有进行 UPDATE 的操作。至此,相信用户对语句级触发器的执行有了更深的理解。

如果用户更关心对表所实施的访问本身,而不是该次访问影响的数据行数,那么则在表上创建语句级触发器。

在为数据库对象创建 DML 触发器时,用户需要注意触发事件的响应顺序,响应顺序依次为:

① BEFORE 语句触发器;

② BEFORE 行触发器;

③ AFTER 行触发器;

④ AFTER 语句触发器。

当在触发器中同时包含多个触发事件(INSERT、UPDATE、DELETE)时,为了区分具体的触发事件,Oracle 数据库提供了 3 个条件谓词可以对各种 DML 操作做出区分。

① INSERTING:若触发事件是 INSERT,则 INSERTING 为 TRUE。

② UPDATING:若触发事件是 UPDATE,则 UPDATING 为 TRUE。UPDATING 还可带列名参数,如"UPDATING('sal')"表示对员工表 emp 的 sal 字段进行修改。

③ DELETING:若触发事件是 DELETE,则 DELETING 为 TRUE。

【例 11-45】 为员工表 emp 创建一个触发器用于记录用户对表中数据进行的任何修改。

```
SQL> create table emp_log (content varchar2(100),ctime date);        --先创建 emp_log 表
SQL> create or replace trigger trigger_log_emp
2      after insert or update or delete                              --事后触发器
3      on emp
4      begin
5        if inserting then
6          insert into emp_log values ('insert',sysdate);
7        end if;
8        if updating then
9          insert into emp_log values ('update',sysdate);
10       end if;
11       if deleting then
12         insert into emp_log values ('delete',sysdate);
13       end if;
14     end;
15     /
```

上述语句使用 IF 语句和条件谓词进行判断后分别向 emp_log 表插入相应的记录。本例创建的触发器是事后触发器而且是语句级触发器。

2. 创建 INSTEAD OF 触发器

在 Oracle 数据库中,若视图的数据源来自单表,则可以对该视图进行更新。若视图数据源来自两个以上的表时,这个视图不可更新。有时为了操作方便,需要对多表视图进行更新。这时,可通过建立替代触发器来替代该视图原有的更新以达到多表更新的效果。

创建 INSTEAD OF 触发器的语法格式如下:

```
CREATE [OR REPLACE] TRIGGER trigger
INSTEAD OF event1 [OR event2 OR event3] ON view
[REFERENCING OLD AS old | NEW AS new]
[FOR EACH ROW]
  trigger_body;
```

说明：

① INSTEAD OF 选项只适用于视图。

② FOR EACH ROW 用于定义触发器为行级触发器，在 INSTEAD OF 触发器中可以省略。也就是说，在 INSTEAD OF 触发器中即使不写 FOR EACH ROW 子句，定义的也是行级触发器。

【例 11-46】 为员工表 emp 和部门表 dept 创建视图，在该视图上创建一个 INSTEAD OF 触发器，允许用户利用视图修改表中的数据。

```
SQL> create view v_emp_dept
2      as
3      select eno,ename,sal,dname
4      from emp e,dept d
5      where e.dno = d.dno;
```

如果直接利用该视图修改 eno 是 7715 的部门为 Marketing，则需要执行下列语句：

```
SQL> update v_emp_dept set dname ='Marketing' where eno = 7715;
```

上述语句在执行时会报错，原因是不允许在多表的视图上修改数据。

为了实现在多表的视图上修改数据，为该视图创建一个 INSTEAD OF 触发器，代码如下：

```
SQL> create or replace trigger trigger_update_view
2      instead of update on v_emp_dept                    --替代触发器
3      declare
4        v_dno dept.dno%type;
5      begin
6        select dno into v_dno from emp where eno = :old.eno;
7        update dept set dname = :new.dname where dno = v_dno;
8      end;
9      /
```

为了验证创建的替代触发器是否有效，再次执行下列语句进行验证：

```
SQL> update v_emp_dept set dname ='Marketing' where eno = 7715;
SQL> select * from dept;
```

上述 update 语句执行成功。可查看部门表 dept 的数据表明可以在该视图上修改数据。因此，从本例可以看出，使用替代触发器可以对不可更新的视图实现更新操作。

3. 创建 DDL 触发器

DDL 触发器一般用于监控用户对方案对象的创建、修改、删除等行为，该触发器是由 DDL 语句触发的。创建 DDL 触发器需要用户具有 DBA 权限。

创建 DDL 触发器的语法格式如下：

```
CREATE [OR REPLACE] TRIGGER trigger
{BEFORE | AFTER}
[ddl_event1 [OR ddl_event2 OR ...]]
ON {DATABASE|SCHEMA}
  trigger_body;
```

说明：

① ddl_event 是 DDL 事件，包括 CREATE、ALTER、DROP 操作。

② DDL 触发器作用的数据库对象包括 FUNCTION、INDEX、PROCEDURE、ROLE、SEQUENCE、SYNONYM、TABLE、TABLESPACE、TRIGGER、VIEW 和 USER 等。

【例 11-47】 为 SYSTEM 用户创建一个基于 CREATE 命令的 DDL 事后触发器。

```
SQL > conn system/systempwd@orcl
SQL > create or replace trigger ddl_after_create
2       after create on schema
3       begin
4         dbms_output.put_line('create sucessfully');
5       end;
6       /
```

为了验证上述语句创建的触发器是否有效,可使用下列语句进行测试:

```
SQL > set serveroutput on
SQL > create table t1(id number);
```

4. 创建系统触发器

系统触发器用于对用户登录连接、退出系统进行监视,或者对启动数据库、停止数据库以及发生的特定异常进行监视,可进一步提高系统的安全性。创建系统触发器需要用户具有 DBA 权限。

创建系统触发器的语法格式如下:

```
CREATE [OR REPLACE] TRIGGER trigger_name
timing
[database_event1 [OR database_event2 OR ...]]
ON {DATABASE|SCHEMA}
 trigger_body;
```

说明:触发时机 timing 和数据库系统时间 database_eventl 的常用组合包括 AFTER SERVERERROR、AFTER LOGON、BEFORE LOGOFF、AFTER STARTUP、BEFORE SHUTDOWN 等。而 SHUTDOWN 和 STARTUP 时间触发器只建立在 DATABASE 上。

【例 11-48】 创建简单的数据库启动触发器和关闭触发器。

```
SQL > create table db_log
2       (uname varchar2(10),
3        operation varchar2(10),
4        utime timestamp);
SQL > create or replace trigger trigger_startup
2       after startup
3       on database
4       begin
5         insert into db_log values(user,'startup',sysdate);
6       end;
7       /
SQL > create or replace trigger trigger_shutdown
2       before shutdown
3       on database
4       begin
5         insert into db_log values(user,'shutdown',sysdate);
```

```
6      end;
7      /
```

为了验证上述语句创建的触发器是否有效,可使用下列语句进行测试:

```
SQL> shutdown
SQL> startup
SQL> select * from db_log;
```

触发器的功能强大,可以实现许多复杂的功能。但是如果用户过度使用触发器,势必会产生复杂的互相依赖,增加数据库维护的难度。因此,用户在设计和使用触发器时应遵循以下指导原则。

① 触发器不传递参数。

② 在一个表上的触发器越多,对该表进行 DML 操作的性能影响就越大。一个表上最多可有 12 个触发器,但同一时间、同一事件、同一类型的触发器只能有一个,而且各触发器之间不能互相矛盾。

③ 触发器的执行部分只能用 DML 语句,不能用 DDL 语句。

④ 触发器中不能包含事务控制语句(COMMIT、ROLLBACK、SAVEPOINT)。

⑤ 建议为集中进行的全局性处理使用触发器。

⑥ 不要为 Oracle 数据库已经实现的功能设计触发器。

⑦ 若触发器代码很长,应将代码设计成子程序,然后在触发器中调用它们。

11.8.3　管理触发器

当触发器创建完成后,用户可以对触发器中的内容、状态进行修改,也可以删除不必要的触发器或者使触发器无效。

1. 查看触发器

用户可以通过数据字典 USER_TRIGGERS、ALL_TRIGGERS、DBA_TRIGGERS 查看触发器信息。

【例 11-49】 查看当前用户定义的触发器的信息。

```
SQL> select trigger_type,trigger_name
2     from user_triggers;
```

2. 启用和禁用触发器

触发器在创建后有两种状态:启用(Enable)和禁用(Disable)。通常,触发器是启用状态。当不需要触发器时,可以禁用该触发器。

在 Oracle 数据库中,使用 ALTER TRIGGER 语句启用或禁用触发器,其语法格式如下:

```
ALTER TRIGGER trigger DISABLE | ENABLE;
```

【例 11-50】 禁用例 11-43 中的触发器 trigger_del_emp。

```
SQL> alter trigger trigger_del_emp disable;
```

如果要启用或禁用一个表上的所有触发器,其语法格式如下:

```
ALTER TABLE table ENABLE ALL TRIGGERS;
ALTER TABLE table DISABLE ALL TRIGGERS;
```

【例 11-51】 禁用员工表 emp 上的所有触发器。

```
SQL> alter table emp disable all triggers;
```

3. 删除触发器

删除触发器的语法格式如下：

DROP TRIGGER trigger;

【例 11-52】 删除例 11-43 的触发器 trigger_del_emp。

SQL > drop trigger trigger_del_emp;

本 章 小 结

本章主要介绍的是 PL/SQL。PL/SQL 将 SQL 语言与过程化程序设计语言有机地结合在一起，实现了对数据库的方案对象和数据进行处理的功能。

PL/SQL 的基础知识包括 PL/SQL 结构体，PL/SQL 支持的字符集、运算符、表达式、数据类型、常量和变量等内容。运用 PL/SQL 语言，还必须掌握 PL/SQL 支持的 SQL 语句和流程控制语句，这是编写过程化程序的基础。

用户利用 PL/SQL 可以编写功能强大、结构复杂的程序块，还可以编写游标、异常、存储过程、函数、触发器等常用的数据对象。游标可以用于需要逐条处理查询各个记录的场合，并且可以更新数据库中的数据。异常的处理使得用户可以在 PL/SQL 程序块执行的过程中捕获到各种错误信息并且进行处理，进一步增强了程序的容错性和健壮性。存储过程是一个经过编译的程序块，其执行效率高于 SQL 语句。函数与存储过程相似，但是函数必须带有返回值。触发器可以帮助用户完成由数据库的完整性约束难以完成的复杂业务规则的功能，或者用来监视对数据库进行的各种操作、实现审计等功能。

思 考 题

1. 如何定义和使用 PL/SQL 中的替换变量和绑定变量？
2. LOOP 循环语句在使用时如何跳出循环体？
3. 游标的作用是什么？举例说明游标的使用步骤。
4. 游标有哪些属性？在什么情况下可以使用它们？
5. 在游标中如何提取当前数据记录？请举例说明。
6. 举例说明用户自定义异常的使用过程。
7. 什么是存储过程？使用什么命令创建存储过程？
8. 简述存储过程的输入参数和输出参数的作用和区别。
9. 触发器中的条件谓词有哪些？在触发器中如何使用它们？
10. 语句级触发器和行级触发器有什么区别？试举例说明。
11. INSTEAD OF 触发器的作用是什么？INSTEAD OF 触发器的作用对象是什么？

第 12 章　数据库备份与恢复

数据库的备份与恢复技术是指为了防止数据库受损或者在数据库受损后进行数据重建的各种策略、步骤和方法。在数据库的维护过程中,数据库的备份和恢复对 DBA 而言是非常重要的工作。若数据库的数据丢失,那么给用户带来的损失是无法估量的。因此,在保证数据不丢失的情况下提高系统性能是最起码的要求。

12.1　备份与恢复机制

任何数据库在长期使用过程中,都会存在一定的安全隐患。对 DBA 来说,不能仅寄希望于计算机操作系统的安全运行,而是要建立一整套的数据库备份与恢复机制。当数据库发生故障后,能够重新建立一个完整的数据库,该处理称为数据库恢复。为了保证在故障发生后,数据库系统能够从错误状态恢复到某种逻辑一致的状态,DBMS 还必须提供备份的功能。数据库的备份是一个长期的过程,而恢复只在发生事故后进行,恢复可以看作备份的逆过程,恢复程度的好坏在很大程度上依赖备份的情况。此外,DBA 在恢复时采取的步骤正确与否也直接影响最终的恢复结果。

Oracle 数据库提供了完善的备份和恢复机制,只要 DBA 采用科学的备份和恢复策略,就可以保证数据库的安全性和完整性。

备份与恢复
机制

12.1.1　数据库的故障类型

在任何一个数据库系统中,计算机硬件故障、系统软件错误、应用软件错误和数据库用户的失误都是不可避免的。这些故障轻则造成事务的非正常中断,影响数据库的数据正确性;重则破坏数据库,使数据库的数据部分或全部丢失。

数据库系统中可能发生的故障大致可分为以下几类。

1. 语句故障

语句故障是指 Oracle 数据库中处理 SQL 语句时发生的逻辑错误,例如,分配的表空间不够、数据违反了完整性约束、试图执行一些权限不足的操作等都会引起语句故障。语句故障发生时,数据库系统会返回给用户一个错误信息。用户只需在根据错误提示信息修改相应的内容后重新执行即可。数据库不会因为语句故障而产生任何不一致,因此语句故障通常不需要DBA 干预进行恢复。

2. 用户故障

用户故障是指用户在使用数据库时所产生的错误,如用户错误地修改或删除了表或表中的记录等。通过对数据库人员进行培训可减少这类故障,也可以通过正确分配权限尽可能地避免用户发生此类故障。另外,提前做好有效的备份是减少由用户故障而带来的损失的有效方法。用户故障需要 DBA 的干预来进行恢复。

3．事务故障

事务故障是指在运行过程中由种种原因(如运算溢出、并发事务、发生死锁等操作)导致事务未能运行至正常终止点就中断了。事务故障可能使数据库处于不正确的状态,恢复程序要在不影响其他事务运行的情况下,强行回滚事务,即撤销该事务已经做出的任何对数据库的修改,使得数据库恢复到该事务发生前的状态。

4．系统故障

系统故障是指造成系统停止运转随之要求系统重新启动的事件,如操作系统故障、突然停电、CPU 故障等。系统故障会导致所有运行的事务都以非正常的方式终止,内存中的数据库缓冲区的数据会全部丢失。

一方面,发生系统故障时,一些未完成的事务操作结果可能已部分持久化保存在物理数据库中,从而造成数据库可能处于数据不一致的状态。为了保证数据的一致性,需清除这些事务对数据库完成的所有修改,即在系统重新启动后让所有非正常终止的事务回滚,强行撤销所有未完成的事务。

另一方面,发生系统故障时,对于有些已经完成的事务,可能部分或全部的事务操作结果留在缓冲区,尚未写回到磁盘上的数据库物理文件中。系统故障使得这些事务对数据库的修改部分或全部丢失,使数据库处于不一致状态。因此需要将这些事务已提交的结果重新写入数据库,即系统重新启动后需重做所有已提交的事务。

5．介质故障

介质故障是指外存故障,如磁盘损坏、磁头碰撞等,会使存储在外存中的数据部分或全部丢失。虽然这类故障发生的可能性比前几类故障要小,但其破坏性最大。

这几类故障中,有的需要 DBA 介入(如重启数据库实例、修改程序等),通常不会造成数据的丢失,因此不需要从备份中进行恢复。用户故障和介质故障是 DBA 进行恢复的主要故障类型,而处理这类故障的有效方法是制订合适的备份和恢复策略。

DBA 的主要职责之一就是备份数据库和在数据库发生故障时提供高效安全的方法恢复数据库。

12.1.2　备份方法

备份就是把数据库的内容复制到转储设备的过程。其中,转储设备是指用于放置数据库拷贝的磁带或磁盘。通常也将存放于转储设备中的数据库的拷贝称为原数据库的备份或转储。备份是数据库系统中需要考虑的最重要的工作。备份工作只有在数据库进行恢复的时候才能真正体现出其重要性。当丢失数据或发生介质故障时,如果备份不能够提供恢复的必要信息,使得恢复不能进行,这样的备份不能算是一个好的备份。备份是为了防止意外的数据丢失和应用错误。

Oracle 数据库的备份是对数据库的物理结构文件(包括数据文件、日志文件和控制文件)进行的备份。Oracle 数据库提供了多种方式的备份,根据不同的需求可以选择不同的备份方法。

1．物理备份和逻辑备份

物理备份是将实际组成数据库的操作系统文件从一处复制到另一处的备份过程,通常是从磁盘到磁带。可以使用Oracle数据库的恢复管理器(Recovery Manager,RMAN)或操作系统命令进行数据库的物理备份。物理备份又分为冷备份和热备份,它只涉及组成数据库的文件,不考虑其逻辑内容。

逻辑备份是利用SQL从数据库中抽取数据并存于二进制文件的过程。Oracle数据库提供的逻辑备份工具是EXP。逻辑备份是物理备份的补充。

2. 一致性备份和不一致性备份

对数据库整体或部分进行一致性备份后,备份中的所有数据文件及控制文件都经历过相同的检查点,拥有相同的系统改变号(System Change Number,SCN),并且数据文件不包含当前SCN之外的任何改变。在做数据库检查点时,Oracle数据库使所有的控制文件和数据文件一致。对于只读表空间和脱机表空间,Oracle数据库也认为它们是一致的。因此,使数据库处于一致状态的唯一方法是数据库正常关闭(SHUTDOWN NORMAL 或 SHUTDOWN IMMEDIATE)。

不一致备份是数据库的可读写数据库文件和控制文件的SCN在不一致条件下的备份。对一个7×24小时工作的数据库来说,由于其不可能关机,而数据库中的数据又是不断改变的,因此只能进行不一致备份。在SCN不一致的条件下,数据库必须在通过应用重做日志使SCN一致的情况下才能启动。因此,如果进行不一致备份,则数据库必须设为归档状态,并对重做日志归档,这样才有意义。在下述条件中的备份是不一致性备份:

- 数据库处于打开状态;
- 数据库处于关闭状态,但是是使用非正常手段关闭的。例如,数据库是通过 SHUTDOWN ABORT 或机器停电等方法关闭的。

3. 完全数据库备份和部分数据库备份

完全数据库备份是对构成数据库的全部数据库文件、在线日志文件和控制文件进行的一个备份。完全数据库备份只能是脱机备份,并且是在数据库正常关闭后进行的。在数据库关闭的时候,文件的同步号与当前检查点一致,不存在不同步的问题。对于这一类备份方法,在复制回数据库备份文件后不需要进行数据库恢复。

部分数据库备份可以在数据库关闭和运行的时候进行。例如,在数据库关闭时备份一个数据文件或在数据库联机时备份一个数据表空间。部分数据库备份由于存在数据库文件之间的不同步,在备份文件复制回数据库时需要进行数据库恢复,所以这种方式只能在归档日志模式下使用,使用归档日志进行数据库恢复。

4. 联机备份和脱机备份

联机备份是指在数据库打开状态下进行的备份,这种方式的备份只能运行在归档日志模式下。

脱机备份是指在数据文件或表空间脱机后进行的备份。脱机备份能有效地确保数据的一致性。

Oracle数据库的备份方法很多,无论使用哪种备份方法,目的都是为了在数据库出现故障后能够以尽可能少的时间和尽可能少的代价恢复系统。例如,使用EXPORT程序导出数据库对象、使用Oracle备份数据库、使用Oracle对称复制、使用Oracle并行服务器、使用Oracle冷备份、使用Oracle热备份等各种备份方法都有其优缺点、适用的场合和相应的软硬件要求。本章将对冷备份、热备份和逻辑备份(EXPORT/IMPORT)这3种标准的备份方法进行介绍。

12.1.3 恢复方法

当数据库系统发生故障后,利用已备份的数据文件或控制文件重新建立一个完整的数据库,把数据库由存在故障的状态转变为无故障状态的过程称为数据库恢复。

Oracle 数据库恢复的类型如下。

1. 实例恢复和介质恢复

根据出现故障的原因,可将数据库恢复分为实例恢复和介质恢复。

- 实例恢复是数据库实例出现失败后 Oracle 数据库自动进行的恢复。
- 介质恢复是当存放数据库的介质出现故障时所做的恢复。

2. 完全恢复和不完全恢复

根据数据库的恢复程度,可将数据库恢复分为完全恢复和不完全恢复。

- 完全恢复是将数据库恢复到数据库失败时的数据库状态,即恢复到失败前的最近时间点。这种恢复是通过装载数据库备份和应用全部的重做日志来实现的。
- 不完全恢复是将数据库恢复到数据库失败前的某一时刻数据库的状态。这种恢复是通过装载数据库备份和应用部分的重做日志来实现的。

事实上,如果数据库备份是一致性的备份,则装载后的数据库即可使用,从而也可以不用重做日志恢复到数据库备份时的点。这也是一种不完全恢复。

在 Oracle 数据库中,恢复数据库所使用的结构有以下内容。

① 数据库备份:当介质故障发生时进行数据库恢复,利用备份文件恢复损坏的数据文件或控制文件。

② 日志:每个数据库实例的日志记录了数据库所做的全部修改。

③ 回退段:回退段用于存储正在进行的事务(未提交的事务)所修改数据的旧数据,该信息在数据库恢复过程中用于撤销任何非提交的修改。

④ 控制文件:一般用于存储数据库物理结构的状态,控制文件中的某些状态信息在实例恢复和介质恢复期间用于引导 Oracle 数据库。

举例说明磁盘失效后如何保护和恢复数据库,执行过程如下所示。

① 正常工作时,每晚备份数据库,包含所有的数据文件。

② 某天,存储数据库中某个数据文件的磁盘坏了,一部分数据不可用,因此要执行数据库恢复。

③ 把有问题的磁盘更换成新的磁盘。

④ 将最近的数据库备份存入新的磁盘中以恢复丢失的数据文件。但是,恢复的数据文件丢失了备份发生后所提交的事务工作。

⑤ 执行数据库恢复工作。在恢复过程中,读取事务日志,把过去提交的事务工作重做,使数据库文件成为当前文件。

⑥ 数据库恢复后,打开数据库,供用户使用。

当然,能够进行什么样的恢复取决于有什么样的备份。因此,作为 DBA,有责任从以下 3 个方面维护数据库的可恢复性。

① 使数据库的失效次数减到最少,从而使数据库保持最大的可用性。

② 当数据库失效后,使恢复时间减到最少,从而使恢复的效益达到最高。

③ 当数据库失效后,确保尽可能少的数据丢失或确保数据根本不丢失,从而使数据具有最大的可恢复性。

12.2 冷备份与恢复

冷备份(脱机备份)是最简单的一种备份方式,是在数据库关闭后进行的备份。进行冷备份时,用户不能访问数据库,是一种完全备份。对备份 Oracle 数据库而言,冷备份是最快和最安全的备份方法。

若要进行冷备份,需要备份下列数据库中的核心内容:
- 控制文件,通过数据字典 V＄CONTROLFILE 获取;
- 重做日志文件,可进行数据的灾难恢复,通过数据字典 V＄LOGFILE 获取;
- 数据文件/表空间文件,通过数据字典 V＄DATAFILE 和 V＄TABLESPACE 获取;
- 核心操作的配置文件 PFILE,通过 SHOW PARAMETER PFILE 命令获取。

需要注意的是,冷备份必须在数据库关闭的情况下进行,当数据库处于打开状态时,执行数据库文件系统的备份是无效的。

【例 12-1】 冷备份的完整例子。

① 以 DBA 登录。

```
SQL> conn system/systempwd as sysdba;
```

② 查找需要的备份文件。

```
SQL> select * from v＄controlfile;      --控制文件
SQL> select * from v＄logfile;          --重做日志文件
SQL> select * from v＄tablespace;       --表空间文件
SQL> select * from v＄datafile;         --数据文件
SQL> show parameter pfile;             --pfile 文件
```

③ 关闭数据库。

```
SQL> shutdown immediate;
```

④ 将所有查找到的数据备份到磁盘上。

⑤ 重启数据库。

```
SQL> startup
```

冷备份恢复的步骤与冷备份的过程相逆,具体步骤如下所示。

① 以 DBA 的身份执行 SHUTDOWN 命令,关闭数据库。

② 用 HOST XCOPY 命令执行逆向拷贝,用备份文件覆盖数据库原有的物理文件。

③ 执行 STARTUP 命令重启数据库正常工作。

作为专业的 DBA,必须熟悉 Oracle 数据库冷备份与恢复的步骤,才能在数据库出现灾难之后进行及时的恢复。

冷备份作为一种完全备份,它有以下优点:
- 备份速度非常快(只需复制文件);
- 容易归档(简单复制即可);
- 容易恢复到某个时间点上(只需将文件再复制回去);
- 能与归档方法相结合,做到数据库"最佳状态"的恢复;
- 低度维护,高度安全。

但是,冷备份也存在以下不足:

- 单独使用时,只能提供"某一时间点上"的恢复;
- 在实施备份的全过程中,数据库必须进行备份而不能进行其他工作。也就是说,在冷备份过程中,数据库必须是关闭状态;
- 若磁盘空间有限,只能拷贝到磁带等其他外部存储设备上,速度会比较慢;
- 不能按表或按用户恢复。

12.3 热备份与恢复

热备份(联机备份)是在数据库运行时进行的备份。执行热备份的前提是数据库运行在可归档日志模式下,它适用于 7×24 小时不间断运行的关键应用系统。在备份进行过程中,用户仍可访问数据库。热备份要求数据库运行在归档日志模式下。在该模式下,联机重做日志被归档,数据库中所有事务的完整记录由 Oracle 数据库以循环方式写入联机重做日志文件。

热备份时,一般备份数据库的数据文件、控制文件和日志文件。由于热备份需要消耗较多的系统资源,因此,DBA 应安排在数据库使用率较低的情况下进行热备份。

【例 12-2】 热备份。

① 以 DBA 登录。

SQL> conn system/systempwd as sysdba;

② 查看数据库是否已经启动归档日志。

SQL> archive log list;

若归档日志模式未启动,则执行下列语句,将数据库修改为归档日志模式:

SQL> shutdown immediate;

SQL> startup mount;

SQL> alter database archivelog;

③ 将数据库置为备份模式。

SQL> alter database open;

SQL> alter database begin backup;

④ 将数据库的数据文件、控制文件和日志文件备份到磁盘上。

⑤ 结束数据库的备份状态。

SQL> alter database end backup;

SQL> alter system archive log current;

在进行热备份恢复时,首先需要把要恢复的表空间或数据文件设置为 OFFLINE 状态,其次修复备份文件(将备份文件复制回数据库的原位置),再次恢复归档日志文件和重做日志文件中提交的数据(从备份到系统崩溃期间的数据),这样才能保证数据不丢失,最后将表空间或数据文件设置为 ONLINE 即可完成恢复,整个过程是不需要关闭数据库的。

【例 12-3】 热备份恢复。

① 以 DBA 登录。

SQL> conn system/systempwd as sysdba;

② 使出现问题的表空间处于脱机状态。

SQL> alter database datafile 'c:\oracle\oradata\orcl\test.dbf' offline;

③ 将备份文件复制到数据库的原位置,覆盖原文件。

④ 使用 RECOVER 命令进行介质恢复。

SQL> recover database datafile'c:\oracle\oradata\orcl\test.dbf';

⑤ 将表空间恢复为联机状态。

SQL> alter database datafile'c:\oracle\oradata\orcl\test.dbf' online;

至此,表空间数据库恢复完成。

热备份有以下优点。

- 可在表空间或数据文件级备份,备份时间短。
- 备份时数据库仍可使用。
- 可恢复到某一时间点上。
- 可对几乎所有的数据库实体进行恢复。
- 恢复快速,在数据库仍工作时进行恢复。

同时,热备份也存在以下不足。

- 不能出错,否则后果严重。因为难于维护,所以需要特别小心,不允许以失败而告终。
- 执行过程复杂。由于数据库不间断运行,测试比较困难。热备份可能造成 CPU、I/O 过载。因此,应选择在数据库不太忙时进行热备份。

12.4　逻辑备份与恢复

逻辑备份与恢复也称为导出(Export)与导入(Import)。Oracle 数据库提供了两个独立的命令行工具 EXPORT 和 IMPORT,利用它们可以在 Oracle 数据库之间进行数据的导出/导入操作,从而实现在不同数据库之间迁移数据的目的。

逻辑备份是指利用工具 EXPORT 将数据库部分或全部对象的结构及其数据导出,并将其存储到一个二进制文件(*.dmp)的过程。逻辑恢复是指利用工具 IMPORT 读取被导出的二进制转储文件并将其恢复到数据库的过程。

逻辑备份与恢复主要用于恢复被意外删除或截断的数据库对象,或者在不同的计算机、不同的 Oracle 数据库或不同版本的 Oracle 数据库之间迁移数据,在不同的数据库之间迁移表空间等。与物理备份相比,逻辑备份并不算是一种好的备份方式。确切地说,它们只是一种好的转储工具,比较适用于小型数据库的转储、表的迁移等。

Oracle 数据库支持 3 种方式的导出/导入操作。

- 表方式(T方式):导出/导入一个指定表,包括表的定义、表中的数据以及在表上建立的索引、约束等。
- 用户方式(U方式):导出/导入一个指定用户的所有对象,包括表、视图、存储过程和序列等。
- 全库方式(Full方式):导出/导入数据库中的所有对象。

12.4.1　EXP 导出

EXP 是 EXPORT 的英文缩写,表示从数据库中导出数据。使用 EXP 命令可以将数据库中的数据导出到文件中,从而实现数据库的备份。EXP 导出的默认文件扩展名为.dmp。

EXP 命令中包含的常用参数如表 12-1 所示。

表 12-1　EXP 命令中包含的常用参数

参数名	说明(缺省值)	参数名	说明(缺省值)
USERID	用户名/口令	FULL	导出整个库(N)
BUFFER	数据缓冲区尺寸	OWNER	导出所有者的用户名
FILE	导出文件的名字,后缀为*.dmp	TABLES	导出表的列表
COMPRESS	压缩区	PARFILE	参数文件名
INDEXES	导出索引(Y)	CONSTRAINTS	导出约束(Y)
ROWS	导出数据行(Y)	GRANTS	导出授权(Y)

用户可以通过交互提示、命令行参数、参数文件 3 种方式启动 EXP。

(1) 交互提示方式

用户在命令窗口中直接输入 EXP 命令,然后根据提示输入或选择参数值来完成导出操作,如图 12-1 所示。

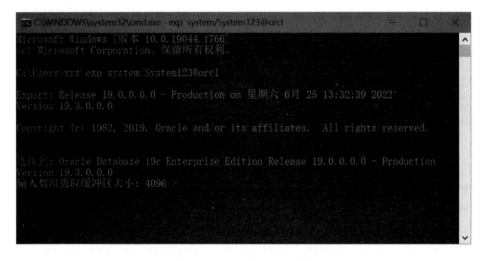

图 12-1　以交互提示方式启动 EXP

可采用下面的形式启动交互提示方式:

C:\> EXP

或

C:\> EXP 用户名/口令

或

C:\> EXP 用户名/口令@主机字符串

然后根据提示为参数选择适当的值,EXP 工具将导出数据库中的数据。

在该交互提示方式下,输入"EXP-help"或"EXP help＝y"显示 EXPORT 实用程序的可用选项和关键字。

(2) 命令行参数方式

在命令窗口中输入 EXP 命令和它的各种参数,这样在导出过程中就不需要人为干预。可采用下面的形式启动命令行参数方式:

C:\ EXP 用户名/口令@主机字符串 参数1＝值1 参数2＝值2 ...

或

```
C:\ EXP 用户名/口令@主机字符串 参数1=(值1,值2,...)
```

【例 12-4】　使用命令行参数方式导出员工表 emp 和部门表 dept。

在命令行处输入下列命令：

```
exp system/systempwd@orcl tables=(emp,dep) rows=y file=d:\exp1.dmp
```

操作过程如图 12-2 所示。

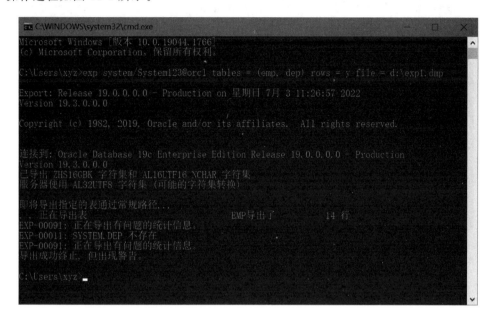

图 12-2　以命令行参数方式启动 EXP

命令行方式中的参数个数有限，因为书写的命令行字符不能超过操作系统规定的长度。当参数较多时，建议使用交互提示方式或参数文件方式。

（3）参数文件方式

参数文件是指定义了有效的参数名和参数值的文本文件。可以使用任何文本编辑器来生成参数文件。把参数和参数值存储在一个文件中可使修改更容易，而且该文件还可以多次使用。在参数文件中，每个参数和对应的参数值占一行。

参数文件中的参数行可以有下面 3 种形式：

```
参数名=值
参数名=(值)
参数名=(值1,值2,...)
```

参数文件建立后，可使用下面的命令启动 EXPORT：

```
EXP 用户名/口令@主机字符串 PARFILE=参数文件名
```

【例 12-5】　使用参数文件方式导出员工表 emp 和部门表 dept。

先编写参数文件 exp_emp_dept.txt，内容如下：

```
file=d:\exp1.dmp
tables=(emp,dept)
rows=y
grants=y
```

在命令行处输入下列命令,使用参数文件方式进行导出:

```
exp system/systempwd@orcl parfile = d:\exp_emp_dept.txt
```

操作过程如图 12-3 所示。

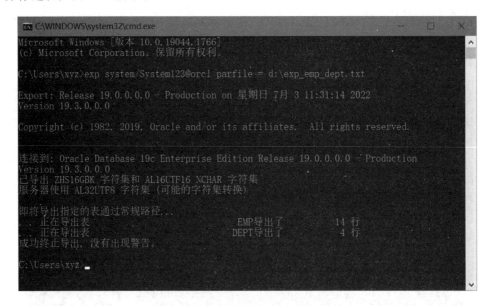

图 12-3 以参数文件方式启动 EXP

12.4.2 IMP 导入

IMP 是 IMPORT 的英文缩写,表示导入数据到数据库中。使用 IMP 命令可以从 EXP 导出的二进制文件中读取数据并将其导入数据库中,从而实现数据库的恢复。IMP 并非必须将导出文件中包含的所有内容全部导入数据库中,也可以从导出文件中选择性地提取出对象或数据进行导入。

IMP 命令中包含的常用参数如表 12-2 所示。

同 EXP 一样,用户可以通过交互提示、命令行参数、参数文件 3 种方式启动 IMP,它们的操作方式相似,这里不再赘述。

表 12-2 IMP 命令的常用参数

参数名	说明(缺省值)	参数名	说明(缺省值)
USERID	用户名/口令	FULL	导入整个文件(N)
FILE	输入文件的名字,后缀为 *.dmp	FROMUSER	所有者的用户名列表
PARFILE	参数文件名	TABLES	表名列表
INDEXES	导入索引(Y)	TOUSER	导入目标用户名
ROWS	导入数据行(Y)	GRANTS	导入授权(Y)

(1)交互提示方式

可采用下面的形式启动交互提示方式:

```
C:\> IMP
```

或

```
C:\> IMP 用户名/口令
```

或

```
C:\> IMP 用户名/口令@主机字符串
```

（2）命令行参数方式

可采用下面的形式启动命令行参数方式：

```
C:\ IMP 用户名/口令@主机字符串 参数1＝值1 参数2＝值2...
```

或

```
C:\ IMP 用户名/口令@主机字符串 参数1＝（值1，值2，...）
```

（3）参数文件方式

参数文件的内容与格式要求与 EXPORT 命令的参数文件类似。可用下面的命令启动
IMPORT：

```
IMP 用户名/口令@主机字符串 PARFILE＝参数文件名
```

【例 12-6】　使用参数文件方式导入员工表 emp 和部门表 dept。

先编写参数文件 imp_emp_dept.txt，内容如下：

```
file = d:\exp1.dmp
tables = (emp,dept)
rows = y
grants = y
ignore = y
fromuser = system
touser = system
```

在命令行处输入下列命令使用参数文件方式进行导入：

```
imp system/systempwd@orcl parfile = d:\imp_emp_dept.txt
```

操作过程如图 12-4 所示。

图 12-4　以参数文件方式启动 IMP

本 章 小 结

数据库的备份和恢复是减少数据库数据损失的有效手段。备份是一个长期的过程,而恢复是在事故发生后进行的。恢复可以看作备份的逆过程,恢复的好坏在很大程度上取决于备份的程度。Oracle 数据库提供了完善的备份和恢复机制以保证系统的安全性和可靠性。

本章介绍了数据库的备份与恢复机制及常用的备份与恢复方法,主要有冷备份与恢复、热备份与恢复、逻辑备份与恢复。

思 考 题

1. 数据库备份的种类有哪些?
2. 当恢复数据库时,用户是否可以使用正在恢复的数据库?
3. 简述冷备份和热备份的概念和区别。
4. Oracle 数据库支持哪 3 种方式的导出和导入操作?

第 13 章 实 训 练 习

13.1 实训一 数据模型和关系规范化

一、实验目的

① 理解数据模型中对现实世界数据的抽象过程。
② 理解实体-联系方法,掌握 E-R 图的画法。
③ 掌握关系模型的转换方法,并根据关系规范化理论对关系模型进行改进。
④ 理解范式的要求。

二、实验内容

① 请解释图 13-1 所示的 E-R 图。

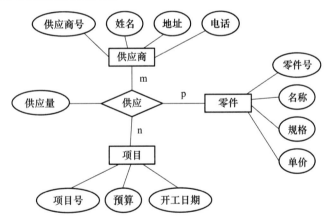

图 13-1 E-R 图

② 请分析并设计员工在公司中工作的实体联系图。
③ 请分析并设计购物网站中的实体联系图。
④ 设有表 13-1 所示的关系 R,主码是员工号和部门号。

表 13-1 关系 R

员工号	姓名	年龄	性别	部门号	部门名
E1	万千里	20	女	D3	开发部
E2	于得水	25	男	D1	财务部
E3	张乐	33	男	D3	开发部
E4	高芳芳	26	女	D3	开发部

- 请问它为第几范式？为什么？
- 是否存在删除异常？若存在，请说明是在什么情况下发生的。
- 请将它分解为高一级范式。
- 分解后的关系如何解决分解前可能存在的问题？

⑤ 请确定下列关系的关键字、范式等级。若不属于3NF，请将其转化为3NF。

- 仓库(<u>仓库号</u>、面积、电话号码、<u>零件号</u>、零件名称、规格、库存数量)

注：零件可存放在不同的仓库中。

- 项目(<u>部门编号</u>，部门名称，部门所在城市，<u>员工编号</u>，员工姓名，<u>项目编号</u>，项目名称，预算，职务，参加项目日期)

注：一个员工可参与多个项目；职务是指某员工在某项目中的职务。

13.2　实训二　关系代数

一、实验目的

① 理解关系代数的运算对象与运算结果。
② 掌握关系代数的基本运算。

二、实验内容

① 设有图 13-2 所示的关系 R_1 和 S_1，试求 $R_1 \div S_1$。

R_1

A	B	C	D
2	1	a	c
2	2	a	d
3	2	b	d
3	2	b	c
2	1	b	d

S_1

C	D	E
a	c	5
a	c	2
b	d	6

图 13-2　关系 1

② 设有图 13-3 所示的关系 R_2 和 S_2，属性值 $a < b < c < \cdots < z$，试求 $R_2 \div (\pi_{A_1, A_2}(\sigma_{1 < 3}(S_2)))$。

R_2

A_1	A_2	A_3
a	b	c
b	a	d
c	d	d
d	f	g

S_2

A_1	A_2	A_4
a	z	a
b	a	h
c	d	d
d	s	c

图 13-3　关系 2

③ 设有图 13-4 所示的关系 R_3、W 和 D，请计算下列关系代数。

R_3			
P	Q	T	Y
2	b	c	d
9	a	e	f
2	b	e	f
9	a	D	e
7	g	e	f
7	g	c	d

W		
T	Y	B
c	d	m
c	d	n
d	f	n

D	
T	Y
c	d
e	f

图 13-4 关系 3

- $R_{31} = \pi_{Y,T}(R)$。
- $R_{32} = \sigma_{P>5 \cap T=e}(R)$。
- $R_{33} = R \bowtie W$，条件为 $[4] = [2]$。
- $R_{34} = \prod_{\lfloor 2 \rfloor, \lfloor 1 \rfloor, \lfloor 6 \rfloor} (\sigma_{\lfloor 3 \rfloor = \lfloor 5 \rfloor}(R \times D))$。
- $R_{35} = R \div D$。

④ 设有 4 个关系。

学生信息：S(S♯,SNAME,AGE,SEX)。

教师信息：T(T♯,TNAME,AGE,SEX)。

课程信息：C(C♯,CNAME,T♯)。

选修：SC(S♯,C♯,GRADE)。

请用关系代数表达式表示下列查询语句。

- 查询年龄大于 20 岁的男生的学号与姓名。
- 查询刘明老师所授课程的课程号、课程名。
- 查询学号为 S3 的学生所学课程的课程名与课程的任课教师名。

⑤ 设有以下关系：

学生(学号,姓名,性别,专业,出生日期)；

教师(教师编号,姓名,所在部门,职称)；

授课(教师编号,学号,课程编号,课程名称,教材,学分,成绩)。

请用关系代数表达式表示下列查询语句。

- 查找教授"数据库原理"课程的任课教师编号和姓名。
- 查找学习"英语"课程的"计算机应用"专业学生的学号、姓名和成绩。

13.3 实训三 SQL 基础

一、实验目的

掌握基本的 SQL,能根据给出的关系要求进行 DDL/DML/DCL 的编写。

二、实验内容

1. 建立基本表和视图

① 创建系表 dept3,其由以下属性组成:

系号 dno(int,主码);

系名 dname(varchar2,长度为 20,非空)。

② 创建学生表 student3,其由以下属性组成:

学号 sno(int,主码);

姓名 sname(varchar2,长度为 10,非空,唯一);

性别 sex(char,长度为 1);

所在系 dno(int)。

其中 dno 为外键,参照表 dept3 的 dno。

③ 创建教师表 teacher3,由以下属性组成:

教师编号 tno(int 型,主码);

教师姓名 tname(varchar2,长度为 20,非空)。

④ 创建课程表 course3,由以下属性组成:

课程号 cno(int);

课程名 cname(varchar2,长度为 20,非空);

授课教师编号 tno(int);

学分 credit(int)。

其中 cno 为主码,tno 为外键,参照表 teacher3 的 tno。

⑤ 创建学生选课表 sc3,其由以下属性组成:

学号 sno;

课程 cno;

成绩 grade。

所有属性均为 int 型,其中:(sno,cno)为主码;sno 为外键,参照学生表 student3 的 sno;cno 为外键,参照课程表 course3 的 cno。

⑥ 创建一个名为 cs_student3 的视图,显示系名为"信息技术"的学生记录。

2. 修改基本表

① 在学生 student3 中加入属性 sage(int)。

② 将学生 student3 中的属性 sage 类型改为 smallint 类型。

3. 插入数据

① 向系表 dept3 插入下列数据:

10,信息技术;

20,软件工程;

30,网络工程。

② 向学生表 student3 插入下列数据(性别字段的值为 0 表示男生;性别字段的值为 1 表示女生):

1001,张天,0,10,20;

1002,李兰,1,10,21;

1003,刘茜,1,20,21;

1004,马朝阳,0,30,22。

③ 向教师表 teacher3 插入下列数据：

101,张星；

102,李珊；

103,赵天。

④ 向课程表 course3 插入下列数据：

1,数据结构,101,4;

2,数据库原理,102,3;

3,离散数学,103,4;

4,C 语言程序设计,101,2。

⑤ 向学生选课表 sc3 插入下列数据：

1001,1,80;

1001,2,85;

1002,1,78;

1002,2,82;

1002,3,86;

1003,1,92;

1003,3,90;

1004,4,90。

4. 进行单表查询

① 查询所有学生的信息。

② 查询所有女生的姓名和年龄。

③ 查询 cno 为 1 的成绩在 80 至 89 之间的所有学生考试成绩,查询结果按成绩的降序排列。

④ 统计各个系的学生人数。

⑤ 查询视图 cs_student3 的数据。

5. 进行连接查询

① 查询"软件工程"系的年龄在 21 岁及以下的女生姓名及年龄。

② 查询"数据结构"课程的考试成绩。

③ 查询选修了"数据结构"课程的学生学号和姓名。

④ 统计"软件工程"系的学生人数。

6. 修改数据

① 将刘茜的年龄改为 20。

② 将张天的"数据结构"课程的分数减 10 分。

7. 删除数据和视图

① 删除马朝阳同学的所有选课记录。

② 删除视图 cs_student3。

13.4 实训四 Oracle 数据库环境

一、实验目的

① 学会安装与卸载 Oracle 数据库,熟悉 Oracle 数据库安装后的环境变量,了解常用的 Oracle 数据库服务和数据库用户。

② 掌握 Oracle 数据库管理工具的使用方法和相关配置文件。

二、实验内容

① 安装 Oracle 数据库。

将安装压缩包解压至一个文件夹内。然后按照 4.3 节的步骤进行操作,成功安装 Oracle 数据库。

② 熟悉配置文件,理解各配置文件的内容。

a. 查看监听程序配置文件 listener.ora。

b. 查看本地 Net 服务名文件 tnsnames.ora。

c. 查看客户端配置概要文件 sqlnet.ora。

③ 验证 Oracle 数据库安装成功,同时熟悉 Oracle 的管理工具。(以 Windows 为例。)

a. 数据库配置助手 DBCA——用于建立/配置/删除数据库。

方法:单击"计算机"→"开始"→"程序"→"Oracle-OraDB19cHome1"→"Database Configuration Assistant"。

b. SQL *Plus——允许用户使用 SQL 命令访问数据库。

打开 SQL *Plus 的方法 1:单击"计算机"→"开始"→"程序"→"Oracle-OraDB19cHome1"→"SQL Plus",以 system 登录。

打开 SQL *Plus 的方法 2:在 DOS 窗口的命令行下输入

sqlplus system/systempwd@orcl

c. 查看 Oracle 数据库的版本标识。

方法:在 SQL *Plus 中执行。

select * from product_component_version;

例如,对于 19.3.0.0.0,19 是数据库的主版本号,3 是维护版本号,0 是应用程序器版本号,0 是组件相关版本号,0 是平台相关版本号。

d. 企业管理器 Enterprise Manager。

前提:OracleDBConsoleorcl 服务启动。

方法:在计算机安装的浏览器地址栏中输入 https://< host_name >:< em_port >/em。例如,输入 https://localhost:5500/em,以 sys/syspwd/SYSDBA 登录。

若无法访问,可修改端口号,然后继续访问。

在 SQL Plus 中执行如下脚本:

SQL> show parameter dispatchers;

SQL> exec dbms_xdb_config.sethttpport(8088);

用新的端口号访问 https://localhost:8088/em。

使用内容：一般信息/性能/管理/维护。

e. Net Manager——用于配置/管理网络环境。

方法：单击"计算机"→"开始"→"程序"→"Oracle-OraDB19cHome1"→"Net Manager"。

使用内容：概要文件、服务命名、监听程序、Oracle Names Server。

f. Net Configuration Assistant——用于实现 Oracle Net Services。

方法：单击"计算机"→"开始"→"程序"→"Oracle-OraDB19cHome1"→"Net Configuration Assistant"。

使用内容：监听程序配置、命名方法配置、本地 net 服务器配置、目录使用配置。

④ 查看常用的 Oracle 数据库服务，如图 13-5 所示。Oracle 数据库服务的说明如表 13-2 所示。

图 13-5　Oracle 数据库服务

表 13-2　Oracle 数据库服务的说明

服务名	服务说明	默认设置
OracleServiceORCL	数据库服务，会自动地启动和停止数据库，ORCL 是数据库实例标识	自动启动
OracleOraDB19cHome1TNSListener	监听器服务，只有在数据库远程访问时才需要	自动启动
OracleJobScheduleORCL	Oracle 数据库作业调度进行，ORCL 是数据库实例标识	禁用

⑤ 在安装 Oracle 数据库后创建环境变量。

安装完 Oracle 数据库后，系统会自动创建一组环境变量，如表 13-3 所示。请查找这些变量的值。

表 13-3　Oracle 数据库的环境变量

环境变量名	说明	位置
NLS_LANG	使用的语言	注册表 HKEY_LOCAL_MACHINE/SOFTWARE/ORACLE/KEY_OraDB19Home1
ORACLE_BASE	安装 Oracle 数据库服务器的顶层目录	注册表 HKEY_LOCAL_MACHINE/SOFTWARE/ORACLE/KEY_OraDB19Home1
ORACLE_HOME	安装 Oracle 数据库软件的目录	注册表 HKEY_LOCAL_MACHINE/SOFTWARE/ORACLE/KEY_OraDB19Home1
ORACLE_SID	默认创建的数据库实例	注册表 HKEY_LOCAL_MACHINE/SOFTWARE/ORACLE/KEY_OraDB19Home1
PATH	Oracle 数据库可执行文件的路径	系统环境变量

⑥ 创建数据库默认用户。

在创建 Oracle 数据库时,以下用户被自动创建。

SYS:系统用户、数据字典所有者、超级权限所有者(SYSDBA)。

SYSTEM:数据库默认管理用户。其拥有 DBA 角色的权限。

⑦ 卸载 Oracle 数据库。

a. 在图 13-6 所示的界面中停止 Oracle 数据库的所有服务。

b. 单击"计算机"→"开始"→"程序"→"Oracle-OraDB19cHome1"→"Universal Installer",卸载所有的 Oracle 数据库产品,如图 13-6 所示。

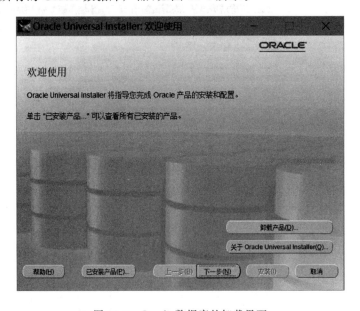

图 13-6　Oracle 数据库的卸载界面

c. 删除注册表和环境变量(CLASSPATH、PATH)中与 Oracle 数据库相关的内容。

d. 在"开始"→"程序"菜单中删除与 Oracle 数据库有关的选项。

e. 在资源管理器中删除 Oracle 数据库的安装目录。

f. 重启计算机。

13.5 实训五 数据库创建与表空间维护

一、实验目的

① 掌握数据库创建和删除方法。
② 掌握对表空间进行维护的方法。

二、实验内容

① 练习使用 DBCA 向导工具创建数据库、删除数据库。
② 创建和维护表空间。

三、实验步骤

① 练习使用 DBCA 向导工具创建数据库。其中,全局数据库名为 db1,SID 也为 db1,设置密码为 system。其他选项可默认,但请查看每一步的具体内容。在最后数据库创建成功的 DBCA 界面中,若勾选"生成数据库创建脚本"的选项,那么在数据库创建成功后,就可以查看其数据库创建的 SQL 代码的脚本了。进入 SQL Plus,以 system 登录该实例 db1。查看当前实例名:

```
select instance_name from v$instance;
```
查看系统表空间:
```
select tablespace_name from dba_tablespaces;
```
并在资源管理器中找到相应的数据库目录查看。

② 创建和维护表空间,操作步骤如表 13-4 所示。

表 13-4 表空间创建和维护

步骤	具体操作
1	以 system 登录实例 db1
2	创建用户 u1,密码为 u1,为其授予连接数据库、创建/修改/删除表空间和修改数据库的权限
3	以用户 u1 登录,创建名为 data1 的数据表空间,路径为%oracle_base%\oradata\db1\ds1.dbf,其大小为 50 MB,区间统一为 128 KB,并在资源管理器中找到相应的数据库文件
4	为表空间 data1 增加数据文件 ds2.dbf,其大小为 10 MB,并在资源管理器中找到相应的数据库文件
5	重置数据文件 ds2.dbf 的大小为 15 MB
6	创建临时表空间 temp1,其数据文件名为 temp1dbf,路径同数据表空间,大小为 10 MB
7	以 system 登录,修改用户 u1 的默认表空间为 data1,临时表空间为 temp1

③ 练习使用 DBCA 向导工具删除数据库 db1。删除后请查看安装目录,将未删除的文件进行删除。

13.6　实训六　用户与权限的管理

一、实验目的

掌握 Oracle 数据库的用户管理和权限管理。

二、实验内容

进行用户与权限的管理。

三、实验步骤

① 创建一个可连接数据库的用户 u2,操作步骤如表 13-5 所示。

表 13-5　创建用户连接数据库

步骤	具体操作
1	以 system 登录
2	创建用户 u2,密码是 u2
3	以用户 u2 登录,请解释运行的结果
4	为用户 u2 授权,再次以用户 u2 登录
5	修改用户 u2 的密码为 u22

② 创建用户 u3,为其授予 create table 的权限并进行验证,操作步骤如表 13-6 所示。

表 13-6　创建用户 u3 并为其授予权限并验证

步骤	具体操作
1	以 system 登录
2	创建用户 u3,为其设置默认的表空间为 users,配额是 2 MB(users 是系统表空间,可通过语句 select tablespace_name from dba_tablespaces 查看)
3	授予用户 u3 以下权限:create session,create table
4	以用户 u3 登录
5	创建一个表 t1,字段有 empID varchar2(10)、empName varchar2(10)
6	撤销用户 u3 的 create table 权限

③ 创建角色 managers,为角色授权,操作步骤如表 13-7 所示。

表 13-7　创建角色并为其授予权限并验证

步骤	具体操作
1	以 system 登录
2	创建角色 managers
3	授予 managers 以下权限:create session、create table、create view
4	创建用户 u4,为其设置表空间的配额,将 managers 授予用户 u4
5	以用户 u4 登录
6	创建一个表 t2,字段自行设置
7	查询系统表 role_sys_privs 中 role='MANAGERS'的权限

④ 授权与收回系统权限,操作步骤如表 13-8 所示。

表 13-8　系统权限的授权与收回

步骤	具体操作
1	以 system 登录
2	创建用户 u5 和 u6
3	授予用户 u5 以下系统权限:connect、resource,并可级联授权
4	以用户 u5 登录
5	授予用户 u6 以下系统权限:connect
6	以 system 登录
7	收回用户 u5 的 connect、resource 系统特权
8	以用户 u5 登录,请解释运行的结果
9	以用户 u6 登录,请解释运行的结果

⑤ 授权与收回对象权限,操作步骤如表 13-9 所示。

表 13-9　对象权限的授权与收回

步骤	具体操作
1	以 system 登录
2	创建用户 u7 和 u8
3	授予用户 u7 和 u8 以下系统权限:connect、resource
4	创建一个表 t3,并插入一条记录
5	授予用户 u7 对于表 t3 的 select 权限,并可级联授权
6	以用户 u7 登录
7	查询 t3 的数据
8	授予用户 u8 对于表 t3 的 select 权限
9	以用户 u8 登录
10	查询 t3 的数据
11	以 system 登录
12	保留用户 u7 和 u8 的系统权限,收回用户 u7 的 select 权限
13	以用户 u7 登录,查询 t3 的数据,请解释运行的结果
14	以用户 u8 登录,查询 t3 的数据,请解释运行的结果

13.7　实训七　表

一、实验目的

掌握基本表的操作和管理。

二、实验内容

① 创建基本表。

② 利用子查询创建表。

③ 设置完整性约束。

④ 插入、修改和删除表数据。

三、实验步骤

前提：以 system 登录，编写下述题目的 SQL 脚本。

① 创建表 t1，其字段如下：

eno number(4) not null primary key,

ename varchar2(20) not null,

sex char(1) not null,

birthday date,

salary number(7,2) default(0)

② 在表 t1 中插入数据，插入的数据如表 13-10 所示。（sex：0 表示男；1 表示女。）

表 13-10　表 t1 的数据

eno	ename	sex	birthday	salary
1	丁一	0		
2	丁二	1		

③ 利用子查询创建表 t2，子查询的条件是：表 t1 中性别为男的员工记录。

④ 利用子查询创建表 t3，要求：只获取 t1 的表结构。

⑤ 查看完整性约束，操作步骤如表 13-11 所示。

表 13-11　查看完整性约束的操作步骤

步骤	具体操作
1	查看表 t2 的约束(请解释与表 t1 相比，表 t2 缺少了什么？为什么？)： select table_name,constraint_type,constraint_name, search_condition from user_constraints where table_name='T2' order by table_name,constraint_type;
2	为表 t2 增加缺少的约束

⑥ 管理表，操作步骤如表 13-12 所示。

表 13-12　管理表的操作步骤

步骤	具体操作
1	创建表 author，其字段如下： id number(3), name varchar2(20), sal number(6,2)
2	为表 author 增加字段 address，类型为 varchar2(100)。
3	修改表 author 的 sal 字段名为 salary
4	为字段 id 增加主键约束
5	为字段 salary 增加值在 0 到 10 000 内的约束
6	删除字段 address
7	删除该表

⑦ 进行带子查询的 INSERT 操作,操作步骤如表 13-13 所示。

表 13-13 带子查询的 INSERT 操作

步骤	具体操作
1	创建表 stu1 和 stu2,其字段和数据分别如下。 表 stu1: create table stu1(sno varchar(9), name varchar2(20), age int, sex int); insert into stu1 values (1,'丁一',11,1); insert into stu1 values (3,'丁三',33,1); insert into stu1 values (5,'丁五',55,1); insert into stu1 values (7,'丁七',77,1); 表 stu2: create table stu2(sno varchar(9), name varchar2(20), age int, sex int); insert into stu2 values (2,'丁二',22,0); insert into stu2 values (4,'丁四',44,0); insert into stu2 values (6,'丁六',66,0);
2	用子查询的方式将表 stu2 的数据插入表 stu1 中。

⑧ 进行带子查询的 UPDATE 操作,操作步骤如表 13-14 所示。

表 13-14 带子查询的 UPDATE 操作

步骤	具体操作
1	对表 stu1 和 stu2 的数据进行如下处理。 表 stu1: delete from stu1; insert into stu1 values (1,'丁一',11,1); insert into stu1 values (3,'丁三',33,1); insert into stu1 values (5,'丁五',55,1); insert into stu1 values (7,'丁七',77,1); 表 stu2: delete from stu2; insert into stu2 values (2,'丁二',22,0); insert into stu2 values (4,'丁四',44,0); insert into stu2 values (6,'丁六',66,0); insert into stu2 values (7,'丁七七',17,1);
2	分别查看表 stu1 和 stu2 的数据,请观察拥有相同 sno 的数据,即条件为 where sno=7 的数据
3	利用子查询修改表 stu1,将其 sno=7 的数据修改为 stu2 中 sno=7 的数据

13.8　实训八　Oracle 数据库支持的 SQL 查询

一、实验目的

掌握 Oracle 数据库支持的 SQL 查询语句。

二、实验内容

进行 Oracle 数据库支持的 SQL 查询。

三、实验步骤

前提：以 system 登录，编写下述题目的 SQL 脚本。其中使用的数据源如表 13-15 所示。

表 13-15　数据源表

表　名	创建表的代码	插入数据的代码

dept8	create table dept8
	(
	　dno number(3) primary key,
	　dname varchar2(20),
	　loc varchar2(40)
	);
		insert into dept8 values(10,'accounting','new york');
		insert into dept8 values(20,'research','dallas');
		insert into dept8 values(30,'sales','chicago');
		insert into dept8 values(40,'operations','boston');

emp8	create table emp8 (　eno number(4) primary key, 　ename varchar2(10), 　job varchar2(9), 　mgr varchar2(9), 　hiredate date, 　sal number(7,2), 　comm number(7,2), 　dno number(3), 　foreign key (dno) references dept8(dno));	insert into emp8 values(7369,'SMITH','CLERK',7902,'17-12 月-15',4800,NULL,20); insert into emp8 values(7499,'ALLEN','SALESMAN',7698,'20-2 月-22',4600,300,30); insert into emp8 values(7521,'WARD','SALESMAN',7698,'22-2 月-16',5250,500,30); insert into emp8 values(7566,'JONES','MANAGER',7839,'02-4 月-09',5975,NULL,20); insert into emp8 values(7654,'MARTIN','SALESMAN',7698,'28-9 月-19',5250,1400,30); insert into emp8 values(7698,'BLAKE','CLERK',7839,'01-5 月-18',4850,NULL,30); insert into emp8 values(7782,'CLARK','MANAGER',7839,'09-6 月-15',6450,NULL,10); insert into emp8 values(7788,'SCOTT','ANALYST',7566,'19-4 月-14',5000,NULL,20); insert into emp8 values(7839,'KING','PRESIDENT',NULL,'17-11 月-19',8000,NULL,10); insert into emp8 values(7844,'TURNER','SALESMAN',7698,'08-9 月-20',5500,0,30); insert into emp8 values(7876,'ADAMS','CLERK',7788,'23-5 月-14',4300,NULL,20); insert into emp8 values(7900,'JAMES','CLERK',7698,'03-12 月-13',5950,NULL,30); insert into emp8 values(7902,'FORD','ANALYST',7566,'03-12 月-17',6000,NULL,20); insert into emp8 values(7934,'MILLER','CLERK',7782,'23-1 月-21',5300,NULL,10);

① 选择部门 30 的所有员工。

② 列出所有 CLERK 的姓名、员工编号和部门编号。

③ 以首字母大写的方式显示员工姓名。

④ 显示姓名正好为 5 个长度的所有员工。

⑤ 显示姓名带有 R 的员工的详细信息。

⑥ 显示员工姓名的前三个字符。

⑦ 列出满 5 年雇佣期限的员工的详细信息。

⑧ 显示员工的详细资料,并按姓名排序。

⑨ 显示员工的姓名和受雇日期,并按照老的员工排在前面的方式显示出来。

⑩ 显示所有员工的姓名、工作和薪金,按工作的降序排列,工作相同则按照薪金的升序排列。

⑪ 使用 to_char 函数定制 hiredate 的数据显示为"yyyy-mm-dd"。

⑫ 使用 concat 连接字符串描述每个员工的工资,显示为"xxx's salary is xxxx"(名字需小写)。

⑬ 使用 in 操作符查询职位是 ANALYST 或 SALESMAN 的员工。

⑭ 查询在部门 research 工作的员工信息。

⑮ 查询工资高于公司平均工资的员工的信息。

⑯ 查询每个部门的员工数量和平均工资(平均工资取整数)。

⑰ 查询各种职位的最低工资、最高工资和平均工资。

⑱ 查询工资最高的 3 个人。

⑲ 查询入职最早和最晚的员工姓名和入职时间(提示:可借助于 union 完成)。

⑳ 查询每个员工的姓名和被雇佣的工作月数(结果需取整),并按降序排列。

㉑ 获取当前日期。

㉒ 改变当前日期的显示格式为"mm-dd-yyyy"。

㉓ 获取当前日期所在月的最后一天的日期。

13.9　实训九　索引/视图/序列/同义词

一、实验目的

① 掌握索引的管理。

② 掌握视图、序列和同义词的应用。

二、实验内容

① 创建、查看和使用索引。

② 创建和使用视图。

③ 创建和使用序列。

④ 创建和使用同义词。

三、实验步骤

① 创建索引并查看和使用该索引,操作步骤如表 13-16 所示。

表 13-16　创建、查看和使用索引

步骤	具体操作
1	创建表 employee,并插入记录: create table employee(id number(3) primary key, name varchar2(20), salary number(6,2)); insert into employee values(45,'Mike',5000); insert into employee values(12,'Jane',6000);
2	执行下列语句会出错,请解释是否与索引有关,为什么? insert into employee values(45,'Gordon',5500);
3	为字段 name 建立唯一索引
4	查看该表的索引定义
5	执行下列语句,执行后会出错,请解释原因: insert into employee values(61,'Mike',6800);

② 创建视图并使用该视图,操作步骤如表 13-17 所示。

表 13-17　创建和使用视图

步骤	具体操作
1	创建表 stu,并插入记录: create table stu(sno number(3) primary key not null, name varchar2(20), age int, sex int); insert into stu values (78,'丁一',25,1); insert into stu values (53,'丁二',19,0); insert into stu values (116,'丁三',21,0); insert into stu values (351,'丁四',25,0); insert into stu values (149,'丁五',18,1); insert into stu values (84,'丁六',22,0); insert into stu values (275,'丁七',33,1);
2	创建视图 v_stu1,查询男生(sex=0)的信息,按学号倒序排序。
3	查询视图 v_stu1 的信息
4	查询视图 v_stu1 中学号大于 100 的人数
5	删除视图 v_stu1

③ 创建序列并使用该序列,操作步骤如表 13-18 所示。

表 13-18 创建和使用序列

步骤	具体操作
1	以 system 登录
2	创建序列 sno_seq：初值为 100，序列增量为 1，序列最大值为 999，不允许缓存，不允许循环使用序列值
3	创建表 stu，字段如下： create table stu(sno varchar(12) primary key, name varchar2(20), age int, sex int);
4	向表 stu 插入 2 条数据，sno 采用'23A'＋序列号的形式
5	查询表 stu 的所有学生
6	显示序列 sno_seq 的当前值
7	显示当前用户所有序列的名称、序列增量及最大值

④ 创建同义词并使用该同义词，操作步骤如表 13-19 所示。

表 13-19 创建和使用同义词

步骤	具体操作
1	以 system 登录，创建一个用户 u9
2	为用户 u9 授予连接数据库、创建表和创建公共同义词的权限
3	以用户 u9 登录
4	创建一个表 table1，并插入 2 条记录
5	为表 table1 创建公共同义词 t1
6	使用 t1 查询数据
7	以 system 登录，在数据字典 dba_synonyms 中查看 table_owner='U9'的同义词。

13.10 实训十 PL/SQL 程序块练习

一、实验目的

掌握 PL/SQL 程序块的书写和应用。

二、实验内容

编写 PL/SQL 程序块。

三、实验步骤

前提：以 system 登录 orcl 数据库，编写下述题目的 SQL 脚本。数据源来自 13.8 节的表 emp8 和表 dept8。

① 编写 PL/SQL 程序块计算 1＋2＋3＋…＋100 的值。

② 定义变量 v_eno，其类型与表 emp8 的字段 eno 一致，设置该变量的值为 7369。查询该

员工的姓名并打印输出。

③ 编写 PL/SQL 程序块,使用变量定义员工号为 7900,使用记录变量接收该员工号的员工信息(员工姓名、工资和所在部门名称),并分别将其姓名、工资和所在部门名称打印输出。

④ 编写 PL/SQL 程序块更新表 emp8,定义变量部门编号并为其赋值,根据部门编号的值更新该部门的员工工资。先对部门编号进行 if 判断。若该部门对应人数为 0,则显示"该部门人数为 0",否则使用 case 执行以下步骤:

部门 10 的员工增加 10% 的工资;

部门 20 的员工降低 5% 的工资;

其他部门的员工增加 500 元的工资。

13.11 实训十一 游标和异常

一、实验目的

掌握游标和异常的应用。

二、实验内容

① 定义和使用游标。

② 定义和引发异常。

三、实验步骤

前提:以 system 登录 orcl 数据库,编写下述题目的 SQL 脚本。数据源来自 13.8 节的表 emp8 和表 dept8。

① 使用显式游标逐行对表 emp8 中的员工姓名和工资打印输出。

② 使用游标修改各部门的总人数。操作步骤如表 13-20 所示。

表 13-20 使用游标修改各部门总人数

步骤	具体操作
1	为表 dept8 增加一个字段 totalPerson,用来记录该部门的总人数 totalPerson int
2	定义一个游标用于在表 dept8 里进行各部门对应的 totalPerson 数据的修改
3	打开游标开始循环
4	获取游标所指的当前记录的部门编号
5	在表 emp8 中查询当前部门编号的员工人数
6	用游标修改表 dept8 中记录的 totalPerson 字段
7	循环结束,关闭游标
8	查看表 dept8 中字段 totalPerson 的数据是否正确

③ 编写 PL/SQL 程序块,定义变量为员工编号,根据给定的员工编号进行查询,执行时需

进行以下异常处理：

　a. 当发生 no_data_found 时进行捕捉和处理；

　b. 当发生 too_many_rows 时进行捕捉和处理；

　c. 当查询的员工工资低于 3000 时，引发用户自定义异常并进行提示。

配置适当的数据进行 3 种异常的引发，并查看结果是否正确。

13.12　实训十二　存储过程、函数和触发器

一、实验目的

掌握存储过程、函数和触发器的应用。

二、实验内容

① 定义和执行存储过程。

② 定义和调用函数。

③ 定义和触发触发器。

三、实验步骤

前提：以 system 登录 orcl 数据库，编写下述题目的 SQL 脚本。其中使用的数据源如表 13-21 所示。

表 13-21　数据源表

表名	创建表的代码	插入数据的代码

dept12	create table dept12
	(
	　dno number(3) primary key,
	　dname varchar2(14),
	　loc varchar2(13),
	　totalPerson int
	);
		insert into dept12 values(10,'accounting','new york',0);
		insert into dept12 values(20,'research','dallas',0);
		insert into dept12 values(30,'sales','chicago',0);
		insert into dept12 values(40,'operations','boston',0);

emp12	create table emp12
	(
	　eno number(4) primary key,
	　ename varchar2(10),
	　sal number(7,2),
	　dno number(3),
	　 foreign key（dno）references dept(dno)
	）; dept12(dno).
		insert into emp12 values(7369,'SMITH',4800,20);
		insert into emp12 values(7499,'ALLEN',5600,30);
		insert into emp12 values(7521,'WARD',3250,30);
		insert into emp12 values(7566,'JONES',6975,20);
		insert into emp12 values(7654,'MARTIN',5250,30);
		insert into emp12 values(7698,'BLAKE',4850,30);
		insert into emp12 values(7782,'CLARK',5450,10);
		insert into emp12 values(7788,'SCOTT',6000,20);
		insert into emp12 values(7839,'KING',7000,10);
		insert into emp12 values(7844,'TURNER',4500,30);
		insert into emp12 values(7876,'ADAMS',3100,20);
		insert into emp12 values(7900,'JAMES',6950,30);
		insert into emp12 values(7902,'FORD',5000,20);
		insert into emp12 values(7934,'MILLER',6300,10);

① 编写存储过程,查询指定员工编号所在的部门名称,要求使用 IN/OUT 型参数。

处理异常:

当 no_data_found 时,给出'no data'的信息提示;

其他异常时,给出'unknown error'的信息提示。

② 编写函数,求 a、b、c 的最大值。

其功能是:对输入的 3 个参数比较大小,输出最大的参数。

函数中需有异常处理:若 3 个参数的值小于 0 则提示错误信息。

③ 编写触发器。

a. 为表 emp12 创建一个触发器 trig_insert,其当用户向表 emp12 中插入新数据后被触发,该触发器将统计表 emp12 中的总记录数并输出。

b. 删除触发器 trig_insert。

c. 为表 emp12 创建触发器 empdepTrg,如表 13-22 所示。

表 13-22 创建触发器 empdepTrg 的操作步骤

步骤	具体操作
1	删除 emp 中所有记录
2	创建触发器 empdepTrg,实现下面的功能: 当新增员工时,其对应的部门人数需+1 当删除员工时,其对应的部门人数需−1 当修改员工部门时,原部门人数需−1,新部门人数需+1

3	用下列数据进行测试,查看表 dept12 的 totalPerson 数据是否正确:
	insert into emp12 values(7369,'SMITH',4800,20);
	insert into emp12 values(7499,'ALLEN',5600,30);
	insert into emp12 values(7521,'WARD',3250,30);
	insert into emp12 values(7698,'BLAKE',4850,30);
	insert into emp12 values(7782,'CLARK',5450,10);
	insert into emp12 values(7788,'SCOTT',6000,20);
	insert into emp12 values(7839,'KING',7000,10);
	insert into emp12 values(7844,'TURNER',4500,30);
	insert into emp12 values(7876,'ADAMS',3100,20);

4	增加下列数据后,记住表 dept 的 totalPerson 数据: insert into emp12 values(9999,'tiger',6700,40);
5	在将员工编号 9999 的部门编号改为 30 后,查看表 dept12 的 totalPerson 数据有何变化

13.13 实训十三 数据管理

一、实验目的

掌握数据库备份与恢复的技术。

二、实验内容

① 使用 EXPORT/IMPORT 工具。

② 冷备份数据库。

三、实验步骤

① 练习使用 EXPORT 和 IMPORT 工具。其中使用的数据源如表 13-23 所示。操作步骤如表 13-24 所示。

表 13-23 数据源表

表名	创建表的代码	插入数据的代码

dept13	create table dept13
	(
	    dno number(3),
	    dname varchar2(14),
	    loc varchar2(13),
	    totalPerson int
	);
		insert into dept13 values(10,'accounting','new york',0);
		insert into dept13 values(20,'research','dallas',0);
		insert into dept13 values(30,'sales','chicago',0);
		insert into dept13 values(40,'operations','boston',0);

表 13-24 使用 EXPORT 和 IMPORT 的操作步骤

步骤	具体操作
1	用 EXPORT 导出数据
2	删除表 dept13
3	用 IMPORT 导入数据
4	查看表 dept13 的数据是否已正确导入

② 练习查看冷备份时需要的数据库文件。

a. 查看控制文件。

SELECT * FROM v $ controlfile;

b. 查看重做日志文件。

SELECT * FROM v $ logfile;

c. 查看表空间文件。

SELECT * FROM v $ tablespace;

SELECT * FROM v $ datafile;

d. 查看 pfile 文件。

SHOW PARAMETER pfile;

③ 冷备份数据库,操作步骤如表 13-25 所示。

表 13-25 冷备份数据库的操作步骤

步骤	具体操作
1	以 DBA 身份登录
2	关闭数据库
3	将控制文件、重做日志文件、表空间文件和 pfile 文件进行备份
4	重启数据库

参 考 文 献

[1] 唐远新,曲卫平,李晓峰. Oracle 数据库实用教程. 北京:中国水利水电出版社,2009.

[2] 石彦芳,李丹. Oracle 数据库应用与开发. 北京:机械工业出版社,2022.

[3] 张华. Oracle 19C 数据库应用. 北京:清华大学出版社,2022.

[4] 方巍,等. Oracle 数据库应用与实践. 北京:清华大学出版社,2020.

[5] 王英英. Oracle 19c 从入门到精通. 北京:清华大学出版社,2021.

[6] 王珊,萨师煊. 数据库系统概论. 5 版. 北京:高等教育出版社,2014.

[7] 姚世军,等. Oracle 数据库原理与应用. 北京:中国铁道出版社,2010.

[8] 尹为民,等. 数据库原理与技术(Oracle 版). 3 版. 北京:清华大学出版社,2014.

[9] Kroenke D M, Auer D J. 数据库原理. 姜玲玲,冯飞,译. 3 版. 北京:清华大学出版社,2008.

[10] 明日科技. Oracle 从入门到精通. 4 版. 北京:清华大学出版社,2021.

[11] 徐飞,苗凤君. Oracle 数据库基础与案例开发详解. 北京:清华大学出版社,2014.

[12] 祝锡永. 数据库:原理、技术与应用. 北京:机械工业出版社,2011.